高等学校计算机课程规划教材

Visual Basic 2013
程序设计技术

尚展垒 程静 孙占锋 韩怿冰 陈嫄玲 包空军 蒋亚平 编著

U0319342

清华大学出版社
北京

内 容 提 要

本书根据普通高校实际情况编写，主要目的是让读者了解编程的基本思想，掌握在 Visual Studio 2013 的平台上编程的基本技能。全书内容共分 14 章，分别为：Visual Basic . NET 2013 简介、数据类型和表达式、顺序结构程序设计、选择结构程序设计、循环程序设计、程序调试与部署、数组、过程与函数、常用算法、文件、Windows 高级界面设计、ADO. NET 数据库编程、数据控件以及动态网页开发初步。

本书内容密切结合教育部关于该课程的基本教学要求，兼顾计算机软件技术的发展，以当前流行的 Visual Basic . NET 2013 为平台进行讲解。本书结构严谨、层次分明、叙述准确，适合高等学校理工科非计算机专业作为"程序设计技术"课程教材，也可作为计算机培训教材和自学用书。

图书在版编目（CIP）数据

Visual Basic 2013 程序设计技术/尚展垒等编著. --北京：清华大学出版社，2015
高等学校计算机课程规划教材
ISBN 978-7-302-41567-1

Ⅰ. ①V… Ⅱ. ①尚… Ⅲ. ①BASIC 语言－程序设计－高等学校－教材　Ⅳ. ①TP312

中国版本图书馆 CIP 数据核字（2015）第 221671 号

责任编辑：汪汉友
封面设计：傅瑞学
责任校对：李建庄
责任印制：何　芊

出版发行：清华大学出版社
　　　　网　　　址：http://www.tup.com.cn，http://www.wqbook.com
　　　　地　　　址：北京清华大学学研大厦 A 座　　　　邮　　编：100084
　　　　社　总　机：010-62770175　　　　　　　　　　邮　　购：010-62786544
　　　　投稿与读者服务：010-62776969，c-service@tup.tsinghua.edu.cn
　　　　质量反馈：010-62772015，zhiliang@tup.tsinghua.edu.cn
　　　　课件下载：http://www.tup.com.cn,010-62795954
印　装　者：北京鑫海金澳胶印有限公司
经　　销：全国新华书店
开　　本：185mm×260mm　　　**印　张**：24.25　　　**字　　数**：607 千字
版　　次：2015 年 12 月第 1 版　　　　　　　　　**印　　次**：2015 年 12 月第 1 次印刷
印　　数：1～2000
定　　价：44.50 元

产品编号：065883-01

出 版 说 明

信息时代早已显现其诱人魅力,当前几乎每个人随身都携有多个媒体、信息和通信设备,享受其带来的快乐和便宜。

我国高等教育早已进入大众化教育时代。而且计算机技术发展很快,知识更新速度也在快速增长,社会对大学生计算机能力的要求也在不断翻新。这就使得我国目前的计算机教育面临严峻挑战。我们必须更新教育观念——弱化知识培养目的,强化对学生兴趣的培养,加强培养学生理论学习、快速学习的能力,强调培养学生的实践能力、动手能力、研究能力和创新能力。

教育观念的更新,必然伴随教材的更新。一流的计算机人才需要一流的名师指导,而一流的名师需要精品教材的辅助,而精品教材也将有助于催生更多一流名师。名师们在长期的一线教学改革实践中,总结出了一整套面向学生的独特的教法、经验、教学内容等。本套丛书的目的就是推广他们的经验,并促使广大教育工作者更新教育观念。

在教育部相关教学指导委员会专家的帮助和指导下,在各大学计算机院系领导的协助下,清华大学出版社规划并出版了本系列教材,以满足计算机课程群建设和课程教学的需要,并将各重点大学的优势专业学科的教育优势充分发挥出来。

本系列教材行文注重趣味性,立足课程改革和教材创新,广纳全国高校计算机优秀一线专业名师参与,从中精选出佳作予以出版。

本系列教材具有以下特点。

1. 有的放矢

针对计算机专业学生并站在计算机课程群建设、技术市场需求、创新人才培养的高度,规划相关课程群内各门课程的教学关系,以达到教学内容互相衔接、补充、相互贯穿和相互促进的目的。各门课程功能定位明确,并去掉课程中相互重复的部分,使学生既能够掌握这些课程的实质部分,又能节约一些课时,为开设社会需求的新技术课程准备条件。

2. 内容趣味性强

按照教学需求组织教学材料,注重教学内容的趣味性,在培养学习观念、学习兴趣的同时,注重创新教育,加强"创新思维","创新能力"的培养、训练;强调实践,案例选题注重实际和兴趣度,大部分课程各模块的内容分为基本、加深和拓宽内容 3 个层次。

3. 名师精品多

广罗名师参与,对于名师精品,予以重点扶持,教辅、教参、教案、PPT、实验大纲和实验指导等配套齐全,资源丰富。同一门课程,不同名师分出多个版本,方便选用。

4. 一线教师亲力

专家咨询指导,一线教师亲力;内容组织以教学需求为线索;注重理论知识学习,注重学习能力培养,强调案例分析,注重工程技术能力锻炼。

经济要发展,国力要增强,教育必须先行。教育要靠教师和教材,因此建立一支高水平的教材编写队伍是社会发展的关键,特希望有志于教材建设的教师能够加入到本团队。通过本系列教材的辐射,培养一批热心为读者奉献的编写教师团队。

清华大学出版社

前　　言

为适应 21 世纪经济建设对人才知识结构、计算机文化素质与应用技能的要求,适应高等学校学生知识结构的变化,我们总结了多年来的教学实践和组织计算机等级考试的经验;同时,根据"程序设计技术"课程教学的要求组织编写了这本教材。本书以 Microsoft 公司开发的 Visual Studio. NET 2013 为平台,以 Visual Basic. NET 组件为开发工具,以介绍程序设计的方法和计算机的常用算法为主题,以学习可视化软件开发工具的应用为基础,以实现算法的实践中学习可视化编程工具,在学习可视化编程工具的过程中理解利用计算机解决实际工程问题的每个步骤。

在编写过程中我们特别注重了培养学生利用计算机处理实际问题的思维方法和实践能力,为进一步学习和应用计算机打下基础。本书内容可分为两大部分:基础部分和提高部分。通过对基础部分的学习,使读者能够掌握程序设计的基本方法和技能,编写简单的应用程序;为了满足更高层次的要求,我们在提高部分对比较先进的技术进行了介绍。基础部分包括第 1 章～第 10 章。在第 1 章～第 5 章中讲述了 Visual Basic. NET 的编程基础和程序的基本流程控制,第 6 章介绍讲述了调试程序常用方法和技巧,在第 7 章中,通过对数组和结构体的阐述的同时,强化了前面学过的知识,第 8 章和第 9 章,讲述了过程和常用算法,使读者了解程序设计的模块化思想,掌握用计算机解决实际工程问题的基本方法,第 10 章,介绍文件的使用,使读者掌握通过文件存储大量的输入和输出数据,并且这些数据可以脱离程序长期保存。提高部分包括第 11 章～第 14 章,主要讲述了 Windows 高级界面设计、数据库的相关操作以及利用该平台进行网页设计。

本书编写力求结构严谨,层次分明,叙述准确。本书的最大特点是采用案例式教学的方法,通过对大量例子的讲解,不但可以使读者掌握基本的语法,同时还可以掌握相关的编程方法、思想和技能。

本书由尚展垒、程静、孙占锋、韩怿冰等编著,其中郑州轻工业学院的尚展垒任主编,郑州轻工业学院的程静、孙占锋、韩怿冰任副主编,参加本书编写的还有郑州轻工业学院的陈嫄玲、包空军、蒋亚平。尚展垒还负责了本书的统稿和组织工作。在本书的编写和出版过程中,得到了郑州轻工业学院、河南省高校计算机教育研究会、清华大学出版社的大力支持,在此由衷地向他们表示感谢!

由于编者水平有限,书中的选材和叙述难免会有不足和疏漏之处,谨请各位读者批评指正。

编　者
2015 年 10 月

目　　录

第 1 章　Visual Basic.NET 编程简介

本章以 Microsoft Visual Studio 2013 平台为基础,详细讲述了 Visual Basic 2013 编程环境的使用。通过实例,向读者介绍了项目的新建、控件的使用、程序的运行等操作。通过本章的学习,能够使读者以此平台为基础,设计并能运行一个简单的程序。

Visual Basic,简称 VB,是由 Microsoft 公司开发的结构化、模块化、面向对象的,包含协助开发环境的,以事件驱动为机制的可视化程序设计语言。它来源于 BASIC,是目前公认的编程效率最高的程序设计语言。从开发功能强大、性能可靠的商务软件,到编写能处理实际问题的实用小程序,Visual Basic 都是最快速、最简便的;从任何标准来说,Visual Basic 都是世界上使用人数最多的语言。

1.1　从 BASIC 到 Visual Basic.NET

1.1.1　BASIC

BASIC(Beginners' All-purpose Symbolic Instruction Code,初学者的全方位符号式指令代码),是一种设计给初学者使用的程序设计语言。原来被作者写为 BASIC,只是后来被微软广泛的称为 Basic 了。BASIC 是一种直译式的编程语言,在完成编写后无须经由编译及连接等环节即可执行,但是如果需要单独执行时仍然需要将其建立成可执行文件。

BASIC 语言是由 Dartmouth 学院的 John G. Kemeny 与 Thomas E. Kurtz 两位教授于 20 世纪 60 年代中期设计的。由于 BASIC 具有语言简单、易学的基本特性,很快就流行起来。几乎所有的小型计算机、微型计算机,甚至部分大型计算机都支持以此种语言撰写程序。因为 BASIC 语言可使微型计算机的操作功能充分发挥,从而成为微型计算机的主要编程语言之一。

随着计算机科学技术的迅速发展,特别是微型计算机的广泛使用,计算机厂商在原有的 BASIC 基础上进行不断地功能扩充,出现了多种 BASIC 版本,例如 TRS-80 BASIC、Apple BASIC、GW BASIC、IBM BASIC(即 BASICA)和 True BASIC。此时 BASIC 已经由初期小型、简单的学习语言发展成为功能丰富的使用语言。它的许多功能已经能与其他优秀的计算机高级语言相媲美,而且有的功能(如绘图)甚至超过其他语言。

许多种类的计算机都有 BASIC 语言,但是各自的语法、规则、功能并不完全相同,而同一种计算机所使用的 BASIC 语言也可能有不同版本。它们也可能是不同的软件开发公司编写的不同品牌的 BASIC 语言,只是大家一致地继承了 BASIC 创始者所设计的基本形态与精神,而分别赋予一些独特的设计手法或增添一些功能。

BASIC 语言的发展经历了以下阶段。

1. 初期 BASIC 语言

语言功能很弱、语句很少,只有 14 条语句,后来发展到 17 条语句,这就是所谓的“基本的 BASIC"。这个时期的 BASIC 语言主要在小型计算机上使用,以编译方式执行。

2. 微型计算机 BASIC 语言

20 世纪 70 年代,BASIC 语言发展成为一种广泛使用的通用语言,也正是在这个年代,微型计算机诞生了。第一个使微型计算机运行 BASIC 语言的是微软(Microsoft)公司的总裁比尔·盖茨,那时他才 19 岁。此后,各种计算机都相继配备了 BASIC 语言,因为机型不同,所以对基本 BASIC 语言的扩展也不相同,从而导致了同是 BASIC 语言编写的程序却不能互相兼容的局面。这个时期的 BASIC 语言开始采用解释执行方式,方便了用户对程序的维护。

3. 结构化 BASIC 语言

结构化程序设计思想是 20 世纪 70 年代开始萌发的,其主要思想是尽量使程序按传统书写顺序执行,减少语句之间的跳转,采用模块化设计,各模块完成相对简单的功能。结构化程序能增加程序的可读性。

20 世纪 80 年代中期,美国国家标准化协会(ANSI)根据结构化程序设计的思想,提出了一个新的 BASIC 标准草案。在此之后,出现了一些结构化的 BASIC 语言,如 Quick BASIC、True BASIC 等。它们不仅完全适应结构化、模块化的程序设计的要求,而且保留了 BASIC 语言易学、易用、易维护等优点,同时提供了解释执行方式和编译执行方式。

1.1.2　Visual Basic

20 世纪 80 年代中期,微软公司推出 Windows 操作系统,它提供了图形方式的用户界面,通过鼠标、菜单等控制计算机,使操作变得更直观、更简单,使用计算机更容易、更方便。

Visual Basic 是基于 Windows 操作系统的 BASIC 语言,VB 拥有图形用户界面(GUI)和快速应用程序开发(RAD)系统,可以轻易地使用 DAO、RDO、ADO 连接数据库,或者轻松地创建 ActiveX 控件。程序员可以轻松地使用 Visual Basic 提供的组件快速建立一个应用程序。

Visual Basic 一出现就受到高度重视,发展潜力巨大,比尔·盖茨宣称:"Visual Basic 是迎接计算机程序设计挑战最好的例子。"

1975 年,比尔·盖茨创立了微软(Microsoft)公司,并成功地把 BASIC 语言的编译器移植到使用 Intel 处理器的 ALR 计算机中,IBM 在 1982 年选定微软公司创作 PC 的操作系统时,也选定了微软公司的 BASIC 作为其计算机的 ROM-BASIC。微软公司还在其发布的 DOS 操作系统中免费加入了 GW-BASIC、Quick BASIC 等当时最好的 BASIC 解释程序。Quick BASIC 是微软公司 1987 年推出的。

1991 年,伴随着 MS-DOS 5.0 的推出,微软公司同时推出了 Quick BASIC 的简化版——QBASIC,并将其作为操作系统的组成部分免费提供给用户。自从 Windows 操作系统出现以来,图形用户界面(GUI)的 BASIC 语言(即 Visual Basic)已经得到广泛应用。

微软在随后的 4 年内接连推出 2.0、3.0、4.0 三个版本。并且从 Visual Basic 3.0 开始,微软将 Access 的数据库驱动集成到了 Visual Basic 中,这使得 Visual Basic 的数据库编程能力大大提高。从 Visual Basic 4.0 开始,Visual Basic 也引入了面向对象的程序设计思想。Visual Basic 功能强大,学习简单。而且,Visual Basic 还引入了"控件"的概念,使得大量已经编好的 Visual Basic 程序可以被我们直接拿来使用。

1998 年 10 月,微软推出 Visual Basic 6.0。Visual Basic 6.0 已经是非常成熟稳定的开发系统,能让企业快速建立多层的系统以及 Web 应用程序,成为当前 Windows 上最流行的 Visual Basic 版本。(目前全国计算机二级考试所用的版本也是 Visual Basic 6.0)

1.1.3　Visual Basic.NET

2001 年,随着 Visual Studio.NET 的全新登场,作为其组件之一的 Visual Basic.NET 也同时与广大用户见面。它在.NET 框架的基础上对 Visual Basic 6.0 进行了非常大的改进,使操作变得更加容易,功能变得更加强大,而且给它被赋予了过去需要使用 C++ 这样的语言才具有的访问某些系统资源的能力。在 Visual Basic 6.0 中使用的是基于事件和对象的思想,而在.NET 中由于使用了.NET 框架,并且微软公司为了将新的编译环境与潮流接轨,面对对象的思想在.NET 中尤为突出,在 Visual Basic 6.0 中过程的思想还能运用,但是在.NET中过程的思想已经完全被 OOP(面向对象编程)的思想取代了。即 Visual Basic 6.0 及其以前的产品是 DOS 时代到 Windows 可视化时代的一个转变,Visual Basic.NET 是为建造基于因特网的分布式计算的新时代的解决方案提供基础构造的一个转变。

Visual Basic.NET 的发展如下。

2001 年推出 Visual Basic.NET。

2003 年 4 月推出 Visual Basic.NET 2003。

2005 年 11 月在 Visual Studio.NET 2005 内推出 Visual Basic.NET 2005。

2007 年 11 月在 Visual Studio.NET 2008 内推出 Visual Basic.NET 2008。

2010 年 4 月在 Visual Studio.NET 2010 内推出 Visual Basic.NET 2010。

2012 年 5 月在 Visual Studio.NET 2012 内推出 Visual Basic.NET 2012。

2013 年 11 月在 Visual Studio.NET 2013 内推出 Visual Basic.NET 2013。

1.2　Visual Studio 2013

Microsoft Visual Studio 使开发人员能够快速创建高质量、用户体验丰富而又紧密联系的应用程序,充分展示了 Microsoft 开发智能客户端应用程序的构想。借助 Visual Studio 采集和分析信息将变得更为简捷,业务决策也会因此变得更为有效。Visual Studio 2013 提供多种强大的工具和服务,支持在 Windows 8.1 预览版中开发 Windows 应用商店应用程序,具体表现在对工具、控件和模板进行了许多更新、对于 XAML 应用程序支持新近提出的编码 UI 测试、用于 XAML 和 HTML 应用程序的 UI 响应能力分析器和能耗探查器、增强了用于 HTML 应用程序的内存探查工具以及改进了与 Windows 应用商店的集成。

Visual Studio 2013 在 3 个方面为开发人员提供了关键改进:

(1) Windows 应用商店应用程序开发的改进;

(2) 高效的团队协作;

(3) 突破性的用户体验。

Visual Studio 2013 提供的主要新功能如下:

(1) 支持 Windows 8.1 App 开发;

(2) 敏捷项目管理(Agile Portfolio Management);

（3）版本控制；

（4）轻量代码注释（Lightweight Code Commenting）；

（5）整合微软 System Center IT 管理平台；

（6）定价与许可。

1.2.1 版本

1. Visual Studio Ultimate with MSDN

Ultimate 代表着 Visual Studio 所提供的最佳产品。专为企业级开发而创建，Visual Studio Ultimate with MSDN 可以帮助您的团队处理高可用性、性能、伸缩和复杂度等需求。它提供了提高工作效率和生成高质量应用程序所需的高级工具以及所有软件、服务和资源。

2. Visual Studio Premium with MSDN

Premium 简化了开发团队中所有成员之间的协作。专为高效的团队开发设计，Visual Studio Premium with MSDN 允许根据自己的节奏采用敏捷做法，从而使团队能够更快地完成更多任务。使用针对项目管理、测试用例管理、团队协作、发布管理等的工具，以保持团队专注、高效。

3. Visual Studio Professional with MSDN

使用 Visual Studio Professional with MSDN，可以跨设备和服务创建应用程序，无论是创建五星级消费者体验还是使业务应用程序实现现代化，都可以使用单一解决方案和一致的开发体验。获取这些工具后，需要交付的是跨设备、网站、云服务等交付台式计算机、Windows 应用商店、Windows Phone 和 Office 应用程序以及移动 Web 应用程序。

4. Microsoft Visual Studio Team Foundation Server 2013

Microsoft Visual Studio Team Foundation Server 2013 是一个处于 Microsoft 应用程序生命周期管理（ALM）工具套件核心部位的源代码管理、项目管理和团队协作平台，可帮助团队更加灵活、更有效地进行协作和更连贯地交付高质量的软件。

对于个人开发者，建议安装使用 Visual Studio Professional with MSDN。

1.2.2 安装的要求

1. 系统要求

支持的操作系统如下：

- Windows 8.1（x86 和 x64）；
- Windows 8（x86 和 x64）；
- Windows 7 SP1（x86 和 x64）；
- Windows Server 2012 R2（x64）；
- Windows Server 2012（x64）；
- Windows Server 2008 R2 SP1（x64）。

2. 硬件要求

对硬件的要求如下：

- 1.6 GHz 或更快的处理器；
- 1 GB RAM（如果在虚拟机上运行，则为 1.5 GB）；

- 10 GB 可用硬盘空间；
- 5400 RPM 硬盘驱动器；
- 与 DirectX 9 兼容的视频卡，其显示分辨率为 1024×768 或更高。

1.2.3 安装过程

Visual Studio 2013 的安装步骤如下。

（1）把 Visual Studio 2013 安装光盘插入光驱，运行其中的 Setup.exe 文件，如图 1-1 所示。运行后会弹出一个安装界面，如图 1-2 所示。单击对话框中的 Vs_professional 安装程序进行安装。若安装光盘已被制作成镜像文件，可以运行虚拟光驱软件，并从"资源管理器"窗口中找到这个虚拟光驱，打开并运行把光盘镜像文件中的 Vs_professional.exe 文件，操作步骤同上。

图 1-1 "资源管理器"窗口中查看加载的光驱

（2）安装页中，可以选择安装的功能组件，界面如图 1-3 所示。

（3）在接下来的安装页中，就开始安装选择的功能和组件。安装过程中等待时间最长的就是这一部分，安装时的界面如图 1-4 所示。

（4）安装完成之后，会出现如图 1-5 所示的对话框。

（5）单击图 1-5 中所示的"立即重新启动"按钮，重新启动计算机即可使用。

重新启动计算机后，就可以启动运行 Visual Studio 2013。

1.2.4 使用介绍

Visual Studio 2013 是一个集成开发环境（IDE），它使开发人员能够在其中用多种语言（包括 Visual Basic）之一来创建用于 .NET Framework（.NET 框架）的程序。.NET Framework 是一个开发和执行环境，可让不同的编程语言和库无缝协作，创建 Windows、Web、Mobile 和 Office 应用程序。

Visual Studio 2013 引入了一种联网 IDE 体验，当首次启动 Visual Studio 2013 时，将被要求使用 Microsoft 账户（您可能已在 MSDN 或 Team Foundation Service 订阅中用到它）

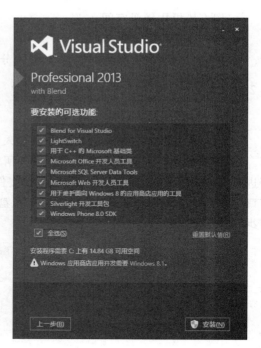

图 1-2　Visual Studio 2013 安装界面　　　图 1-3　Visual Studio 2013 安装向导选择功能组件

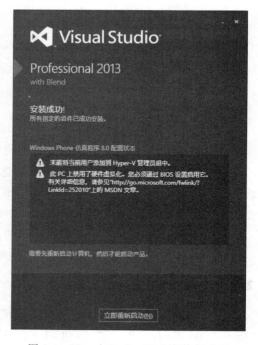

图 1-4　Visual Studio 2013 安装向导安装过程　　　图 1-5　Visual Studio 2013 安装完成页

进行登录。登录后,即注册您的 Visual Studio 2013 副本供您使用,无须任何额外步骤。
Visual Studio 2013 还将自动在采用联网 IDE 体验的设备上同步设置。同步的设置包括快
捷键、Visual Studio 外观(主题、字体等)各种类别,同时使您保持对"同步设置"选项的完全

控制。

1. 进入和退出 Visual Studio 2013 集成开发环境

Visual Studio 2013 的产品组件共用一个集成开发环境,此环境由下面的若干元素组成:菜单栏、标准工具栏以及停靠或自动隐藏在左侧、右侧、底部和编辑器空间中的各种工具窗口。可用的工具窗口、菜单和工具栏取决于所处理的项目或文件类型。根据所应用的设置以及随后执行的任何自定义,IDE 中的工具窗口及其他元素的布置会有所不同。

要进行 Visual Basic 项目的开发,首先要启动整个 Visual Studio 2013 开发环境。执行"开始"|"所有程序"|Microsoft Visual Studio 2013 菜单命令,即可打开 Visual Studio 2013 起始页窗口,如图 1-6 所示。

图 1-6　Visual Studio 2013 的"起始页"窗口

要退出 Visual Studio 2013 集成开发环境,可单击窗口右上角的"关闭"按钮,或执行"文件"|"退出"菜单命令。如果没有保存当前的应用程序,就会显示一个提示用户保存的对话框,单击"是"按钮,即可保存用户所做的工作并退出开发环境。

2. 创建一个新的 Visual Basic 项目

要在 Visual Studio 2013 中创建一个新的 Visual Basic 项目,操作步骤如下。

(1)通过单击"新建项目"按钮或执行"文件"|"新建"|"项目"菜单命令,将显示"新建项目"对话框,如图 1-7 所示,在左边"项目类型"树状列表中选择"模板"|Visual Basic|Windows 结点,在右边项目模板中选择一种模板,如"Windows 窗体应用程序"模板。

(2)在"名称"文本框中为新建的项目输入一个名称,也可使用应用程序的默认名称,即 WindowsApplicationN,其中 N 为一个常数。

(3)在"位置"文本框中可直接输入应用程序所在的目录的名称,也可通过单击"浏览"按钮,在弹出的"项目位置"对话框中选择存放新建 Visual Studio 项目的文件夹。

(4)单击"确定"按钮,可以看到系统自动创建一个名称为 Form1 的空白窗体并进入 Visual Studio 2013 集成开发环境,如图 1-8 所示。

在 Visual Studio 2013 中,编写 Visual Basic 程序意味着创建一个项目,一个项目由一个或多个存放在独立文件夹中的文件和子文件夹组成。每当创建一个项目时,Visual

图 1-7 "新建项目"对话框

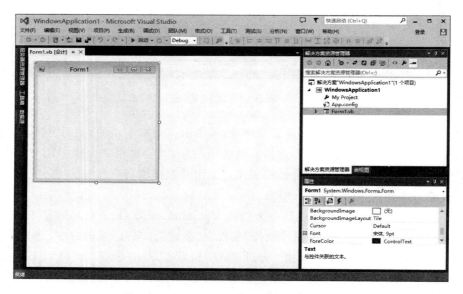

图 1-8 Visual Studio 2013 集成开发环境

Studio 2013 将创建一个名字与图 1-8 所示"新建项目"对话框的"位置"栏中名称一致的文件夹,用于保存该项目中的所有文件和子文件夹。

3. 打开现有项目

在 Visual Studio 2013 集成开发环境中,要打开一个已经存在的 Visual Basic 项目,操作步骤如下。

(1)单击"打开项目"按钮或执行"文件"|"打开"|"项目"菜单命令将显示"打开项目"对

话框,在对话框中选择项目所在的文件夹并打开,将显示构成项目的文件列表,如图 1-9
所示。

图 1-9 "打开项目"对话框

（2）在文件列表中可以通过单击鼠标选择要打开的项目文件。当鼠标指针在文件上移
动时,将出现一个提示窗口,显示箭头所指文件的类型、修改日期和大小。

（3）单击"打开"按钮,可显示项目内容并可根据需要进行修改。

此外,在"起始页"窗口中还显示出了最近打开过的项目,只需单击想要打开的项目名称
即可打开这个项目。

4. 集成开发环境的构成

Visual Studio 2013 产品组件共用一个集成开发环境（IDE）,此环境由菜单栏、标准工
具栏以及停靠或自动隐藏在左侧、右侧、底部和编辑器空间中的各种工具窗口组成。可用的
工具窗口、菜单和工具栏取决于所处理的项目或文件类型。

（1）项目系统。Visual Studio 2013 提供了解决方案和项目这两类容器来有效地管理
开发工作所需的项,如引用、数据连接、文件夹和文件。此外,Visual Studio 2013 还提供解
决方案文件夹,用于将相关的项目组织成项目组,然后对这些项目组执行操作。作为查看和
管理这些容器及其关联项的界面,"解决方案资源管理器"是集成开发环境（IDE）的一
部分。

解决方案和项目包含一些项,这些项表示创建应用程序所需的引用、数据连接、文件夹
和文件。解决方案容器可包含多个项目,而项目容器通常包含多个项。解决方案资源管理
器用于显示解决方案、解决方案的项目及这些项目中的项。通过解决方案资源管理器,可以
打开文件进行编辑,向项目中添加新文件,以及查看解决方案、项目和项属性。

解决方案资源管理器提供项目及其文件的有组织的视图,并且提供对项目和文件相关
命令的便捷访问。与此窗口关联的工具栏提供适用于列表中突出显示的项的常用命令。若
要访问解决方案资源管理器,可执行"视图"|"解决方案资源管理器"菜单命令,窗口如
图 1-10 所示。

只有列表中选定项的按钮才会显示在解决方案资源管理器工具栏上。例如,如果选择

一个.asax 文件,则工具栏上会出现一组按钮。然而,如果选择.asp 文件,将只显示"属性"按钮。由于选定的项目确定了工具栏图标,因而此列表只表示在使用解决方案资源管理器时可能遇到的一部分图标。

(2)窗体设计器。Windows 窗体设计器为创建基于 Windows 的应用程序提供了一种快速的开发解决方案。在该设计器中可以进行可视化的、基于客户端的窗体设计,如图 1-11 所示。可从工具箱中将某一控件拖曳到窗体控件中,并对其进行排列,为事件编写代码。可以使用设计器来完成以下操作。

图 1-10　解决方案资源管理器

图 1-11　窗体设计器

① 向某个窗体添加组件、数据控件或基于 Windows 的控件。

② 双击设计器中的窗体并为该窗体编写 Load 事件中的代码,或双击窗体上的控件并为该控件的默认事件编写代码。

③ 通过选择某个控件并输入一个名称来编辑该控件的 Text 属性。

④ 通过使用鼠标或箭头键移动选定的控件来调整该控件的位置。同样,使用 Ctrl 键和箭头键可更精确地调整控件的位置。最后,通过使用 Shift 键和箭头键调整控件的大小。有关一次调整多个控件位置的信息,请参见如何:在 Windows 窗体上对齐多个控件。

⑤ 按住 Shift 键并单击或按住 Ctrl 键并单击可选择多个控件。当对齐或操控大小时,如果按住 Shift 键并单击,则第一个选定的控件是主导控件。按住 Ctrl 键并单击,最后选定的控件是主导控件,因此每次添加新控件时,主导控件会随之更改。或者,也可以单击窗体,拖动鼠标,在想要选择的控件周围划出一个矩形选择框,以选择多个控件。

(3)工具箱。"工具箱"窗口中显示可以被添加到 Visual Studio 项目中的项的图标。"工具箱"可从"视图"菜单中打开,如图 1-12 所示。您可以停靠"工具箱",将其设置为打开状态,或将其设置为"自动隐藏"。

可将每个"工具箱"图标拖放到设计视图的图面上,或将其粘贴到 Visual Studio 集成开发环境(IDE)的代码编辑器中。每项操作都会添加基础代码,以在活动项目文件中创建"工具箱"项的实例。

可以执行"视图"|"工具箱"菜单命令打开"工具箱"工具。对"工具箱"可以进行如下操作。

① 隐藏"工具箱"。执行"窗口"|"隐藏"菜单命令。若要重新打开"工具箱",可执行"视图"|"工具箱"菜单命令。

② 将"工具箱"设置为自动关闭。执行"窗口"|"自动隐藏"菜单命令。

③ 将"工具箱"设置为保持打开。取消"窗口"|"自动隐藏"菜单命令。

④ 将"工具箱"移动到其他位置。先取消"窗口"|"自动隐藏"菜单命令,然后执行"窗口"|"浮动"菜单命令,再将"工具箱"窗口拖到所需的位置。

⑤ 停靠"工具箱"。打开"工具箱"窗口;取消"窗口"|"自动隐藏"菜单命令,然后执行"窗口"|"可停靠"菜单命令;当停靠箭头出现时,选择指向要将"工具箱"附加到的父级框架边缘的箭头。

⑥ 将"工具箱"显示为选项卡式编辑窗口。打开"工具箱";取消"窗口"|"自动隐藏"菜单命令,然后执行"窗口"|"选项卡式文档"菜单命令。

⑦ 恢复"工具箱"的所有默认选项卡及其默认图标。右击"工具箱"窗口,从弹出的快捷菜单中选择

图1-12　工具箱

"重置工具箱"项,或执行"工具"|"选择工具箱项"菜单命令,在弹出的对话框中单击"重置"按钮。

（4）"属性"窗口。属性就是用来描述对象性质的,可以用一组属性来刻画其特征。比如一个皮球,可以用颜色、大小、材质等来描述其特征,对于窗体和控件,也有宽度、高度和位置等属性来描述其特征。通过"属性"窗口,能够非常方便地设计窗体和控件的属性,可以节省开发时间,提高工作效率。需要注意的是,不同的控件所显示的"属性"窗口的内容是有差异的。

若要访问"属性"窗口,可以通过执行"视图"|"属性窗口"菜单命令打开。

在上面的基础上,可以通过工具箱在窗体上放置一个名称为Button1的按钮控件,然后打开"属性"窗口,显示如图1-13所示。

从图1-13中可以看出,除窗口标题外,"属性"窗口分为4个部分:对象框、属性显示方式、属性列表和对当前属性的简单解释。对象框位于"属性"

图1-13　Button1 控件的"属性"窗口

窗口的顶部,通过单击其右端的下拉箭头可以显示列表,其内容为应用程序中每个对象的名字及其所继承的类。在下拉列表中选择不同的对象,在属性列表部分会显示出该对象所对应的属性。

属性显示方式分为两种:按字母顺序和按分类顺序。分别通过单击相应的按钮来实现。

在属性列表部分,可以滚动显示当前活动对象的所有属性,以便观察该项属性的当前值或修改属性值,属性的变化将改变对象相应的特征。在属性设置时,有些属性的取值是有一定限制的,例如对象的 Visible(可见性)属性只能设置为 True 或 False,而有些属性可以为任何文本,如对象的 Text 属性。在实际的应用程序设计中,不可能也没有必要设置每个对象的所有属性,很多属性可以使用默认值。

每选择一种属性,在“属性解释”部分会显示该属性的简要介绍。如选中 Text 属性,会显示“与控件关联的文本”。

(5)代码编辑器。完成了用户界面设计之后,就要进入真正的编写程序代码阶段,而代码的编写是在代码编辑窗口进行的。可以执行“视图”|“代码”菜单命令或单击“解决方案资源管理器”窗口左上角的“查看代码”按钮打开代码编辑窗口,如图 1-14 所示。

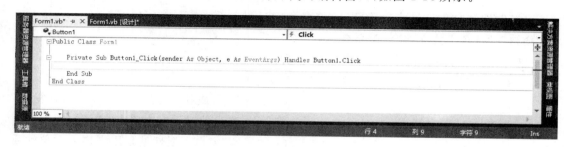

图 1-14　代码编辑窗口

(6)“输出”窗口。程序编写完成后,需要进行运行和测试。在添加新代码后,通常需要运行程序以查看代码是否按所期望的运行,如果没有,则必须修复,此过程称为“调试”。执行“调试”|“启动调试”菜单命令,或按 F5 键,就可以进行调试。“输出”窗口用来输出程序运行时产生的信息,这些信息包括编程环境给出的信息,如在编译项目时发生的生成错误等,以及程序里设定要输出的信息。该窗口可以通过执行“视图”|“输出”菜单命令打开,如图 1-15 所示。

图 1-15　输出窗口

当然,除了上述介绍的内容之外,在集成开发环境中还有其他对象,如类视图、对象浏览器、命令窗口、任务列表等,本书介绍的只是集成开发环境中最主要的也是最常用的几种,有兴趣的读者可以参考其他书籍。

5. 帮助的使用

在开发过程中,使用帮助系统可非常方便地获得大量的帮助信息,它是一个非常好的辅助学习工具。Visual Studio 2013 中的联机帮助系统是基于 MSDN Library 的。一般情况下,通过以下途径获取联机帮助。

(1)使用浏览器启动帮助。帮助系统中的内容以树状结构组织,就像 Windows 的资源管理器一样,单击三角形结点可以展开或收缩相应的内容。并且在帮助系统中显示的内容可以通过该窗口顶端的"筛选依据"列表框进行过滤。通过执行"帮助"|"目录"菜单命令,可以显示"目录"帮助窗口,如图 1-16 所示。

图 1-16　使用浏览器启动帮助

(2)使用帮助查看器查看帮助。帮助查看器是 Microsoft 工具、产品、技术和服务的任何用户都可以使用的重要信息来源。使用帮助查看器,需要下载 MSDN。通过帮助查看器,可以访问操作方法和参考信息、代码示例、技术文章等。若要查找所需的内容,可浏览目录、使用全文搜索或使用关键字索引导航内容。图 1-17 中显示了使用帮助查看器查看帮助窗口。

图 1-17　使用帮助查看器查看帮助窗口

1.3　设计一个简单的 Visual Basic.NET 应用程序

在 Visual Studio 2013 中设计 Visual Basic.NET 应用程序,首先要确定用户能看到的窗口外观,就是设计界面。在 Visual Studio 2013 中可以直观地绘制用户界面,就像使用一个绘图软件一样,界面设计完成之后,界面上的各种对象就可以自动识别用户的各种动作。然后要做的就是编写程序代码,使各种对象对于时间的响应可以按照代码编写的方式来进行响应。传统的面向过程的编程语言程序执行的顺序是自上而下的,而在 Visual Studio 2013 中设计 Visual Basic.NET 应用程序所采用的是一种面向对象的编程模式。它的内核是一个相互独立的指令组的集合,这些指令组由事件来激活,是由程序执行时的用户而不是编程员来确定事情发展的先后顺序。在 Visual Studio 2013 中设计 Visual Basic.NET 应用程序的步骤如下。

(1) 设计用户所看到的窗口外观。

(2) 确定在窗口上的控件能识别的事件。

(3) 为事件编写事件响应过程的代码。

(4) 调试运行程序。

在程序运行过程时操作步骤如下。

(1) Visual Studio 2013 监视窗口中的控件,以检测控件所能识别的各种事件(包括鼠标移动、单击、键盘输入等)。

(2) 当检测到一个事件,就检查程序代码,查看是否为该事件编写了时间响应过程。

(3) 如果编写了事件过程,就运行该事件过程的指令,并返回到步骤(1)。

(4) 如果没有编写事件过程,就忽略该事件,并返回步骤(1)。

下面通过一个简单的例子来加深对集成开发环境的了解,掌握在 Visual Studio 2013 中开发 Visual Basic. NET 应用程序的一般方法。

【例 1-1】 设计如图 1-18 所示的用户界面,并实现以下功能:当程序启动之后,单击"隐藏"按钮,则显示"欢迎使用 VB.NET"的文本框将被隐藏;单击"显示"按钮,则被隐藏的文本框重新显示在窗体上;并且当单击"隐藏"或"显示"按钮时,初始显示为"请观察界面的变化"的标签内容会同时发生变化;单击"退出"按钮,可结束程序。

图 1-18　设置完成后的用户界面

1.3.1　新建项目

按照前面介绍的方法,执行"开始"|"所有程序"| Microsoft Visual Studio 2013 菜单命令,在 Microsoft Visual Studio 2013 集成开发环境通过单击"新建项目"按钮或执行"文件"|"新建"|"项目"菜单命令,将显示"新建项目"对话框,在左边"已安装"树状列表中选择"模板"| Visual Basic| Windows 菜单命令,在右边项目模板中选择"Windows 窗体应用程序"模板,并将名称设为"WinApp1",位置设置为"D:\VB. NET",然后单击"确定"按钮,即在 D:\VB.NET 目录下创建了一个名为"WinApp1"的项目,并且自动创建一个名为 Form1 的窗体并打开,如图 1-19 所示。

1.3.2　设计用户界面

1. 在窗体上加控件

在工具箱中单击 TextBox 控件图标,再移动鼠标到 Form1 窗体上确定要放置的位置,然后单击该处,则控件即以默认大小显示在所选的位置上。再用相同的方法在窗体 Form1 上放置 3 个 Button 控件和一个 Label 控件,设置完成后如图 1-20 所示。

2. 设定对象属性

在 Visual Studio 2013 中通过设定对象属性可以控制对象显示时的外观特征和执行行为。设定对象属性既可以在设计时期(Design Time)也可以在运行时期(Run Time)进行。

图 1-19 "新建项目"对话框

图 1-20 设计中的用户界面

在此,先介绍在设计时期进行属性设定的方法。

要设定一个控件对象的属性,必须先选定它。被选定的控件周围会显示选取边框和 8 个操作点。选定控件有如下几种方法。

(1) 单击 Form 上的某个控件。

(2) 单击"属性"窗口对象选择下拉框右侧的按钮,再在对象下拉列表中选择对象。

(3) 若要一次选定多个控件,可以先按住 Shift 键,再逐个单击要选的控件;也可以在要选定的控件外按住鼠标左键并拖动,当虚线框包围所有要选的控件后放开。

注意:单击窗体上没有控件的地方,即选中了窗体对象本身。

现在,按照表 1-1 中的要求通过以下的操作步骤来设定各个控件的属性。

表 1-1 例 1-1 中各控件的主要属性值

控　　件	属　　性	属　性　值
Form1	Name	Form1
	Text	我的第一个应用程序
TextBox1	Name	Txt1
	Text	欢迎使用 VB.NET
	Font	字体:宋体,字形:粗体,大小:小四
Label1	Name	Lbl1
	Text	请观察界面的变化
	Font	字体:黑体,字形:粗斜体,大小:四号
Button1	Name	Button1
	Text	隐藏
Button2	Name	Button2
	Text	显示
Button3	Name	Button3
	Text	退出

(1) 用鼠标单击窗体空白处,移动鼠标到窗体的某尺寸调整手柄上,当光标变成双箭头时按住左键并保持,再拖动鼠标调整窗体至合适的大小,若要进行精确调整,则可以在"属性"窗口中选择 Size 属性,它就是用来设置控件大小的,可以直接输入宽度和高度,或者展开 Size 属性,单独设置 Width 和 Height 的值。

(2) 继续在"属性"窗口中选择 Text 属性,输入文字"设计一个简单的应用程序"。可以在单击"属性"窗口左侧的属性名称 Text 后直接输入,也可以双击属性名称 Text 后输入;输入之后的"属性"窗口如图 1-21(a)所示。输入完成之后会发现窗体标题栏的内容由"Form1"变为了"设计一个简单的应用程序",该属性就是用来设置控件上所显示的内容的。

(3) 对于 TextBox 控件、Label 控件和 Button 控件按相同的方法调整其大小,并分别修改其 Text 属性。

(4) 如果要调整 TextBox 控件、Label 控件和 Button 控件的位置,一种方法是可以在选中控件之后使用鼠标拖动的方法将其拖动到合适位置,另一种方法是选中了控件之后,在"属性"窗口中选择 Location 属性,这个属性就是用来精确确定控件的位置的,可以直接输入位置值,也可以展开 Location 属性,单独设置 X 和 Y 的值;对于 TextBox 控件设置完成之后的"属性"窗口如图 1-21(b)所示。

(5) 对于 TextBox 控件和 Label 控件中的文字则通过设定其 Font 属性来设置文字的字体、字形和大小。对于 Label 控件,选定 Font 属性后的"属性"窗口将如图 1-21(c)所示。单击 Font 属性值栏右边的"..."按钮,将弹出字体设定的对话框,如图 1-22 所示。在字体对话框中分别将字体设为宋体、字形设为粗体、字号设为小四号,然后单击"确定"按钮。对于 Label 控件也用同样的方法将字体设为黑体、字形设为粗斜体、字号设为四号。

图 1-21　设置对象属性中的"属性"窗口

图 1-22　"字体"对话框

（6）最后，按照表 1-1 的要求，分别将 TextBox 控件和 Label 控件"属性"窗口中的 Name 属性修改为 Txt1 和 Lbl1。

现在，窗体及其上的控件的相关属性已经设置完成了，接下来的工作就要是如何能使应用程序"动"起来，完成前面所要求的功能，这就必须通过代码编写才能够实现。

1.3.3　编写事件过程代码

1. 事件和事件过程

Visual Basic.NET 是事件驱动编程机制的语言，也就是只有在事件发生时程序才会运行，没有事件时，程序处在停滞状态。

那么什么是事件呢？其实事件就是由 Visual Studio 2013 集成开发环境预先设置好的、

能够被对象识别的动作,例如鼠标的单击、双击、拖曳等都是常见的事件。当事件被触发,如单击鼠标时,对象就会对该事件做出响应,响应后所执行的操作是通过编写程序代码来实现的,这样的程序代码叫做事件过程。不同的对象能够识别的事件不一样,并且不同对象对同一事件的反应也不尽一样。这是因为通常情况下,每个对象对每个事件都有一个不同的事件过程的缘故,如单击"确定"按钮与单击"取消"按钮的事件结果正好相反,就是因为这两个事件过程不同所致。

对于对象而言,事件就是发生在该对象上的事情。当在对象上发生了事件后,应用程序就要处理这个事件,而处理的步骤就是事件过程。它是针对某一对象的过程,并与该对象的一个事件相联系。Visual Basic.NET 应用程序设计的主要工作就是为对象编写事件过程中的程序代码。当第一次创建事件过程时,Visual Studio 2013 会在代码设计器中显示一个空的事件过程,所有空的事件过程由两行组成,例如,如下代码给出了按钮控件的 Click 事件过程:

```
Private Sub Button1_Click(sender As Object, e As EventArgs) Handles Button1.Click
End Sub
```

任何事件过程的第一行包括以下几部分内容。

(1) Private Sub:将过程当作一个子程序。

(2) 对象名称:指的是该对象的 Name 属性,本例中对象是名为 Button1 的按钮。

(3) 一条下划线。

(4) 事件名称:是由系统预先定义好的赋予该对象的事件,而这个事件必须是对象能识别的。至于一个对象可以识别哪些事件,无须用户操心,因为在建立了一个对象后,Visual Studio 2013 能自动确定与该对象相配的事件,并显示出来供用户选择。本例中事件为鼠标单击事件。

(5) 一对括号,其中包含了两个参数:参数 sender 为产生事件的对象引用,参数 e 包含与事件相关的信息。

(6) Handles 关键字:连接事件与事件过程。

要了解某个对象它能识别哪些事件,可以在代码编辑窗口中的左侧"类名"下拉列表框中选择所要察看的对象名称,然后单击右侧的"方法名称"下拉列表框即可看到该对象所能识别的事件列表,图 1-23 为 Button 控件所对应的事件列表。

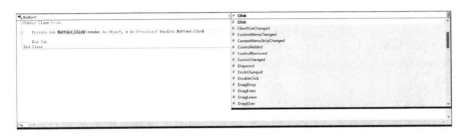

图 1-23　Button 控件的事件列表

2. 编写事件过程代码

利用前面介绍的窗体窗口和工具箱窗口可以完成用户界面的设计,其中对于对象属性

的设定是在设计时期通过"属性"窗口设置的,除此以外,也可以在运行时期在程序代码中通过赋值来实现。其具体使用格式如下:

对象名.属性名=属性值

等号(=)表示赋值语句,在执行时是从右向左赋值的,即是将赋值号右侧的属性值赋给左侧指定对象的指定属性,即修改了对象的属性值。

例如,给一个对象名为 Button1 的命令按钮的 Text 属性赋值为字符串"确定",其在程序代码中的书写格式为:

```
Button1.Text="确定"
```

下面为例 1-1 中的 Button3 控件的 Click 事件编写简单的事件过程代码,具体操作步骤如下。

双击 Text 属性值为"退出"的按钮,以为其添加 Click 事件过程 Button3_Click 并显示代码窗口,如图 1-24 所示。通常,双击一个控件即可进入该控件最常用的事件处理过程,对于 Button 控件,Click 事件即为其默认事件。从图中可以看到,在 Visual Studio 2013 中,代码都被放到了由左边的加号(+)和减号(-)来指明的区域内。为了简化查看方式,这些区域可以被折叠起来也可以展开。

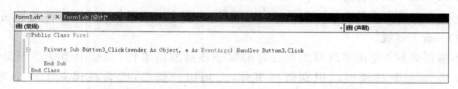

图 1-24 显示 Button3_Click 事件过程的代码窗口

双击该按钮即可进入按钮的默认事件的处理过程中,过程的开头和结尾由系统自动给出,如下所示:

```
Private Sub Button3_Click(sender As Object, e As EventArgs) Handles Button3.Click
End Sub
```

若要在运行该应用程序时,单击"退出"按钮就能结束程序执行,则仅需在 Private Sub 和 End Sub 之间添加能实现该功能的语句 Close( )即可。

编写好的 Button3_Click 事件过程程序代码如下:

```
Private Sub Button3_Click(sender As Object, e As EventArgs) Handles Button3.Click
    Close()
End Sub
```

同理,如果想在运行该应用程序时,单击"隐藏"按钮就能将操作界面上显示"欢迎使用 VB.NET"的文本框隐藏起来,那么就需要知道控件的哪个属性是用来控制其在窗体上是否可见的,通过对控件各个常用属性的功能了解可知,Visible 属性可以确定控件是可见还是隐藏,并且该属性的取值只能是 True 或 False,如果为 True,则控件在窗体上可见,为 False,则控件被隐藏。默认情况下,该属性被设为 True。此时仅需将文本框控件的 Visible 属性设为 False 即可。

如果通过在"属性"窗口中将文本框控件的 Visible 属性修改为 False,则程序启动运行之后,无须单击"隐藏"按钮文本框已被隐藏起来,不符合题目的要求,只能是通过添加程序代码的方法来实现。双击"隐藏"按钮进入该按钮的 Click 事件处理过程中,添加如下程序代码语句:

```
Txt1.Visible=False
```

即将控件 Txt1 的属性 Visible 的值改为 False,其中 Txt1. Visible 称为对 Txt1 控件属性 Visible 的引用,点号(.)表示了两者的父子关系,即点左为父,点右为子。添加上述语句后的 Button1_Click 程序代码如下:

```
Private Sub Button1_Click(sender As Object, e As EventArgs) Handles Button1.Click
    Txt1.Visible =False
End Sub
```

到此,该按钮的事件处理程序还没有完成,因为题目要求当单击"隐藏"按钮时不仅将文本框隐藏起来,而且还要求 Label 控件上的内容同步发生变化。由于控制控件上所显示内容的是 Text 属性,那么此时只需通过代码来修改其 Text 属性值即可。在"隐藏"按钮的 Click 事件处理过程中继续添加如下程序代码语句:

```
Lbl1.Text="文本框不见了!"
```

即将控件 Lbl1 的属性 Text 的值改为"文本框不见了!",那么当启动程序运行之后,单击"隐藏"按钮时标签控件 Lbl1 上的内容就会发生变化。

此时,"隐藏"按钮已经可以完成题目所要求的功能,其 Click 事件的完整事件处理程序代码段如下:

```
Private Sub Button1_Click(sender As Object, e As EventArgs) Handles Button1.Click
    Txt1.Visible =False
    Lbl1.Text ="文本框不见了!"
End Sub
```

对于"显示"按钮的 Click 事件处理程序的编写,在有了上面内容的基础上就简单多了。只需将 Txt1 的属性 Visible 的值改为 True,并修改 Lbl1 控件的 Text 属性值即可。代码如下:

```
Private Sub Button2_Click(sender As Object, e As EventArgs) Handles Button2.Click
    Txt1.Visible =True
    Lbl1.Text ="文本框又出现了!"
End Sub
```

这时移动代码设计器右边的垂直滚动滑块,即可看到上述 3 个事件处理过程的完整代码块。

由上述操作过程可以看到,在程序设计过程中 Visual Studio 2013 替程序员完成了大量的准备工作,程序员的主要任务就是编写能实现预订操作的过程代码。所以,在了解了 Visual Basic.NET 的程序基本结构和开发过程之后,就要把注意力逐步转移到如何分配每个对象的事件,如何在事件处理过程中实现所要求的过程功能上来。

在代码窗口中输入代码的过程中会发现，Visual Studio 2013 提供了很大的便利。当在代码窗口中输入一个对象名称，如前面的 Lbl1，然后再输入一个点之后，可以出现一个提示框，里面包含了对象的属性、事件和方法，那么在编程过程中，对于一些不确定名称的属性、事件或方法，就可以直接在提示框选择，降低了出错的可能。

3. 保存设计结果

为了避免操作失误或计算机故障等造成的劳动成果丢失，及时保存文件永远是重要的。但是把保存结果放在这里讲述，并不是说前面的操作过程中都无须执行保存操作，应该养成一个良好的习惯，在应用程序设计过程中，可每隔一定的时间间隔就执行一次保存操作。对例 1-1 中各个控件属性进行设置的过程中、设置完成后或编写代码的过程中，都可以通过执行"文件"|"全部保存"菜单命令或单击工具栏上的"全部保存"按钮进行保存。

1.3.4 调试与运行

当事件处理过程编写完成后，就可以通过执行"调试"|"启动"菜单命令或按 F5 键运行程序。

在运行程序时，Visual Studio 2013 首先要进行语法检查，若有错误，就会用波浪线把错误标记出来。查看代码错误有两种方法。

（1）把鼠标移至波浪线上，将显示简单的出错信息。例如，若将上面的语句：

```
Lbl1.Text ="文本框又出现了!"
```

错写成了

```
Lbl.Text ="文本框又出现了!"
```

则 Lbl 的下面就会出现蓝色的波浪线，把鼠标移上去就会看到如图 1-25 所示的错误提示信息，只需根据提示信息进行修改即可。

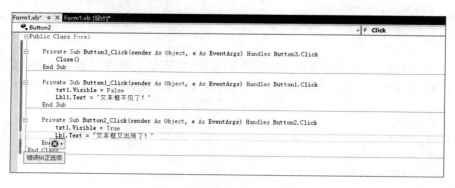

图 1-25　显示错误提示的代码窗口

（2）通过"错误列表"窗口。"错误列表"窗口中列出了需要去做的事以及需要修改的错误。如果有太多错误，使用"错误列表"窗口是最好的选择。这个窗口不仅对错误进行了描述，而且如果双击某一错误对应的记录行，就会知道编译错误的代码在哪个位置。通过执行"视图"|"其他窗口"|"错误列表"菜单命令，即可打开如图 1-26 所示的"错误列表"窗口。双击错误记录行，就可以直接定位到出错代码行，进行修改即可。

图 1-26   "错误列表"窗口

启动运行程序之后,单击"隐藏"按钮,就会看到如图 1-27(a)所示的运行结果界面;单击"显示"按钮,就会看到如图 1-27(b)所示的运行结果界面;单击"退出"按钮,结束程序的运行。

(a)

(b)

图 1-27   运行结果窗口

习　题　1

1. 简述使用 Visual Studio 2013 进行应用程序开发的优点。
2. 安装 Visual Studio 2013 对计算机硬件环境有哪些基本要求?
3. 简述.NET 框架的主要组成部分。
4. Visual Studio 2013 的集成开发环境主要由哪几个部分组成?
5. 简述如何在 Visual Studio 2013 中新建一个 Visual Basic 项目。
6. 简述事件和事件过程的基本概念。
7. 简述在 Visual Studio 2013 中进行 Visual Basic.NET 应用程序开发的一般步骤。
8. 在 Visual Studio 2013 中主要可以通过哪些方式使用联机帮助?
9. 在 Visual Studio 2013 中设计一个简单的 Visual Basic.NET 应用程序,在窗体上放置一个 Label 标签和两个 Button 按钮,实现当单击一个按钮时标签的大小发生变化(数据自定),单击另一个时将更改标签上所显示的内容。

第2章 Visual Basic.NET 数据类型与表达式

第1章已介绍了 Visual Basic.NET 2013 简单的编程以及一些基本控件的使用。通过前面的学习,已经可以利用 Visual Basic.NET 2013 所提供的功能强大的可视化控件方便地完成程序界面的设计,可以快速地编写简单的小程序。但是要使得程序可以实现预期的功能,还必须编写相应的代码。与其他任何程序设计语言一样,Visual Basic.NET 也有自己特有的"符号"和"语法",也规定了可供编程的数据类型、表达式等。

在本章中,主要介绍 Visual Basic.NET 的数据类型,基本运算符,表达式等程序语言基础知识。

2.1 标识符的概念

下面,先来看一个例子。

【例2-1】 已知圆的半径,利用 Visual Basic.NET 编写程序,计算圆的周长和面积。圆周长的计算表达式如下:L=2 * PI * R。圆面积的计算表达式如下:S=PI * R * R。

程序界面如图2-1所示。在文本框中填入半径值,单击"计算"按钮,得到如图2-2所示的结果。

图 2-1　输入圆的半径　　　　　　　　图 2-2　运行结果

程序如下:

```
Private Sub Button1_Click(sender As Object, e As EventArgs) Handles Button1.Click
    Const pi As Single = 3.1415926        '声明 pi 为常量
    Dim r As Integer                      '声明 r 为整型变量,存放圆的半径值
    Dim L As Single                       '声明 l 为单精度实型变量,存放圆的周长值
    Dim s As Single                       '声明 s 为单精度实型变量,存放圆的面积值
    r=Val(TextBox1.Text)                  '圆的半径值由 Textbox1 的 text 属性输入而得
    L=2 * pi * r                          '计算圆的周长
```

```
        s=pi * r * r                              '计算圆的面积
        Label2.Text="圆的周长为：" & Str(L)       '显示圆的周长
        Label3.Text="圆的面积为：" & Str(s)       '显示圆的面积
    End Sub
```

在各种程序设计语言当中,通常使用标识符给用户处理的对象命名。比如在例 2-1 中,使用标识符 R 代表圆的半径,标识符 L 代表圆的周长,标识符 S 代表圆的面积以及用标识符 PI 来代表圆周率。当然也可以用别的标识符来命名这些对象。这些标识符就是在Visual Basic.NET 中的编程元素。在 Visual Basic.NET 中标识符用来命名变量、常量、过程、函数以及各种控件。这些对象只有在编程环境中被命名,才能够作为编程元素使用。在使用标识符命名时有以下规则需要遵守:

标识符由字母或下划线开头,其后可由字母、下划线、数字等组成。

① 如果以下划线开头,则必须包含至少一个字母或数字。

② 标识符不能与 Visual Basic.NET 程序设计语言中的关键字相同,例如 DIM、CONST、IF、FOR 等。

③ 尽量不要使用 Visual Basic.NET 中具有特定意义的标识符,如属性和方法等。

④ Visual Basic.NET 中标识符不区分大小写。

以下是正确的标识符:

```
ab
_a
_1
wang_1
Acd
```

以下是错误的标识符:

```
_                                        '下划线开头,后面无数字或字母
1wang                                    '不应该以数字开头
han%1                                    '不应有"%"
x-y                                      '不应有"-"
wang li                                  '不应有空格
```

在例 2-1 中,对常量圆周率命名时使用了关键字 CONST,对周长、面积等可变化数据的命名时使用了 DIM。在 Visual Basic.NET 中还有如 PUBLIC、PROTECTE、FRIEND、PRIVATE、STAIC、SUB、FUNCTION、CLASS 等用来对不同类型的对象进行命名。半径 R 被定义为 INTEGER(整型),周长 L 和面积 S 被定义为了 SINGLE(单精度实型)。为什么要进行如此的设置? 将在后面一一讲述。

2.2　数　据　类　型

在现实生活中存在的数据是各种各样的。比如统计人数时不会带小数点;用米作单位表示人的身高时通常带有小数;邮政编码虽然由数字组成但是不代表数值,不能参与运算;人名地址等数据又是由一连串的字符组成的。在计算机中要描述这一类的数据,就需要规

定这些数据应该表示出彼此之间的不同。而数据类型即是用来区分数据之间的不同。数据类型不仅仅定义了某一个数据是整数、小数还是字符……而且还决定了对不同类型的数据在计算机中的存储方式和空间分配的不同以及参与的运算的不同。

通用类型系统(Common Type System,CTS)定义了公共语言运行时环境所支持的数据类型。Visual Basic.NET 使用的数据类型与 CTS 中的数据类型直接对应。

Visual Basic.NET 中提供的数据类型如图 2-3 所示。本章主要介绍基本数据类型,复合数据类型将在后续章节中介绍。

图 2-3　Visual Basic.NET 数据类型

2.2.1　基本数据类型

Visual Basic.NET 中共有 12 种基本数据类型,每一种都有各自的关键字,对所占存储空间和取值范围都有规定。表 2-1 列出了每一种基本数据类型的相关参数。

表 2-1　基本数据类型表

数据类型	关键字	存储空间 (字节,B)	取 值 范 围
字节型	Byte	1	0～255
短整型	Short	2	−32 767～32 768
整型	Integer	4	−2 147 483 648～2 147 483 647
长整形	Long	8	−9 223 372 036 854 775 808～ −9 223 372 036 854 775 808
单精度实型	Single	4	负数范围：$-3.402\,823\times10^{38}\sim-1.401\,298\times10^{-45}$ 整数范围：$1.401\,298\times10^{-45}\sim3.402\,823\times10^{38}$
双精度实型	Double	8	负值取值范围：$-1.797\,693\,134\,862\,315\,70\times10^{308}\sim$ $-4.940\,656\,458\,412\,465\,44\times10^{-324}$ 正值取值范围：$4.940\,656\,458\,412\,465\,44\times10^{-324}\sim$ $1.797\,693\,134\,862\,315\,70\times10^{308}$

数据类型	关键字	存储空间 （字节，B）	取 值 范 围
定点数型	Decimal	16	−79 228 162 514 264 337 593 543 950 335～ 79 228 162 514 264 337 593 543 950 335
字符型	Char	2	0～65 535
字符串型	String	取决于现实平台	0 到大约 20 亿个 Unicode 字符
逻辑型	Boolean	2	TRUE 或 FALSE
日期型	Date	8	0001 年 1 月 1 日午夜 0：00：00 到 9999 年 12 月 31 日 晚上 11：59：59
对象型	Object	4	任何类型都可以存储在 Object 类型的变量中

基本数据类型可大致分为 3 类,数值数据类型、字符数据类型以及其他数据类型。表 2-1 列出了各种数据类型的基本情况,下面的章节是对各种数据类型用法的补充介绍。

2.2.2 数值数据类型

1. 字节型（Byte）

字节型（Byte）保存 8 位（1 字节）无符号整数,值的范围为 0～255。用 Byte 数据类型可包含二进制数据。Byte 的默认值为 0。下面的语句是将名为 Mybyte 的变量声明为 byte 类型,并将数值 64 赋值给变量 mybyte:

```
Dim Mybyte As Byte
Mybyte=64
```

字节是计算机的基本存储单元,以字节为单位处理数据速度较快。

2. 短整型（Short）

短整型保存 16 位（2 字节）有符号整数,值的范围为 −32 768～32 767。使用 Short 数据类型以包含不需要 Integer 整个数据宽度的整型值。在某些情况下,公共语言运行库（CTS）可以将 Short 变量紧密地打包在一起,以节省内存消耗。Short 的默认值为 0。下面的语句是将名为 Myshort 的变量声明为 short 类型,并将数值 30000 赋值给变量 Myshort:

```
Dim Myshort As Short
Myshort=30000
```

3. 整型（Integer）

整型（Integer）保存 32 位（4 字节）有符号整数,值的范围为 −2 147 483 648 ～ 2 147 483 647。Integer 数据类型提供了针对 32 位处理器的优化性能。其他整数类型在内存中加载和存储的速度都要稍慢一些。Integer 的默认值为 0。在例 2-1 中将圆的半径 R 设置为了整型数据。下面的语句是将名为 Myinteger 的变量声明为 integer 类型,并将数值 −23564 赋值给变量 Myinteger:

```
Dim Myinteger As Integer
Myinteger=-23564
```

4. 长整型（Long）

长整型（Long）保存 64 位（8 字节）有符号整数，值的范围为 $-9\,223\,372\,036\,854\,775\,808$ $\sim 9\,223\,372\,036\,854\,775\,807(\approx 9.2\times 10^{18})$。长整型（Long）的默认值为 0。下面的语句是将名为 Mylong 的变量声明为 long 类型，并将数值 $-12\,323\,564$ 赋值给变量 Mylong：

```
Dim Mylong  As long
Mylong=-12323564
```

5. 单精度实型（Single）

单精度实型（Single）存储有符号的 IEEE 32 位（4 个字节）单精度浮点数，负数取值范围为 $-3.402\,823\,5\times 10^{38}\sim -1.401\,298\times 10^{-45}$，正数取值范围为 $1.401\,298\times 10^{-45}\sim 3.402\,823\,5\times 10^{38}$。单精度数值存储实数数值的近似值。Single 的默认值为 0。在例 2-1 中将圆的周长 L 和面积 S 设置为了单精度实型数据。下面的语句是将名为 Mysingle 的变量声明为 single 类型，并将数值 12.458 赋值给变量 Mysingle：

```
Dim Mysingle As single
Mysingle=-12323564
```

6. 双精度实型（Double）

双精度实型（Double）存储带符号的 IEEE 64 位（8 个字节）双精度浮点数，负值取值范围为 $-1.797\,693\,134\,862\,315\,70\times 10^{308}\sim -4.940\,656\,458\,412\,465\,44\times 10^{-324}$，正值取值范围为 $4.940\,656\,458\,412\,465\,44\times 10^{-324}\sim 1.797\,693\,134\,862\,315\,70\times 10^{308}$。双精度数值存储实数数值的近似值。Double 数据类型提供数字可能的最大和最小量值。Double 的默认值为 0。下面的语句是将名为 Mydouble 的变量声明为 double 类型，并将数值 12.458 赋值给变量 Mydouble：

```
Dim Mydouble As double
Mydouble=12.458
```

7. 定点数型（Decimal）

定点数型（Decimal）存储 128 位（16 字节）的有符号值，它表示按 10 的可变幂变大或变小的 96 位（12 字节）整数。此比例因子指定小数点右边的数位，范围从 $0\sim 28$。比例为 0 时（没有小数位数），最大的可能值为

$\pm 79\,228\,162\,514\,264\,337\,593\,543\,950\,335(\pm 7.922\,816\,251\,426\,433\,759\,354\,395\,033\,5\times 10^{28})$

如果小数位数为 28，则最大值为

$$\pm 7.922\,816\,251\,426\,433\,759\,354\,395\,033\,5$$

且最小非零值为

$$\pm 0.000\,000\,000\,000\,000\,000\,000\,000\,000\,1\,(\pm 1\times 10^{-28})$$

Decimal 数据类型提供数字的最大数量的有效数位。它最多支持 29 个有效数位，并可以表示超过 7.9228×10^{28} 的值。它特别适用于需要使用大量数位但不能容忍舍入误差的计算，如金融方面的计算。Decimal 的默认值为 0。

下面的语句是将名为 Mydecimal 的变量声明为 decimal 类型，并将数值 45687.24477 赋值给变量 Mydecimal：

```
Dim Mydecimal  As decimal
Mydecimal=45687.24477
```

2.2.3 字符数据类型

1. 字符型（Char）

字符型（Char）保存无符号的 16 位（双字节）码位,其值的范围从 0～65 535。每个码位（或字符代码）表示单个 Unicode 字符。在只需保存单个字符而无须保存 String 的标头时,请使用 Char 数据类型。下面的语句是将名为 Mychar 的变量声明为 char 类型,并将字母 A 赋值给变量 Mychar:

```
Dim Mychar  As char
Mydecimal=" A "
```

在给 char 类型的数据赋值时数据要使用双引号(" ")括起来。

2. 字符串型（String）

字符串型（String）存储 16 位（2 字节）无符号码位的序列,值的范围从 0～65 535。每个"码位"（或字符代码）表示单个 Unicode 字符。一个字符串可包含从 0 到将近 20 亿（2×10^{31}）个 Unicode 字符。

可使用 String 数据类型存储多个字符。String 的默认值为 Nothing（null 引用）,即为空串,但不等于""。

下面的语句是将名为 Mystring 的变量声明为 string 类型,并将字符串" Hello! Welcome! "赋值给变量 Mystring:

```
Dim  Mystring  As string
Mystring=" Hello! Welcome !"
```

必须将 String 文本放入双引号（" "）内。如果必须在字符串中包含双引号,则需要使用两个连续的引号（""）。

2.2.4 其他数据类型

1. 逻辑型（Boolean）

逻辑型（Boolean）存放只可能为 True 或 False 的值。关键字 True 和 False 对应于 Boolean 变量的两种状态。Boolean 的默认值为 False。

下面的语句是将名为 MyBoolean 的变量声明为 boolean 类型,并将字符串 True 赋值给变量 Mystring:

```
Dim  Myboolean  As boolean
Mystring=TRUE
```

2. 日期型（Date）

日期型（Date）存储 IEEE 64 位（8 个字节）值,表示从 0001 年 1 月 1 日到 9999 年 12 月 31 日的日期以及从午夜 12:00:00 到晚上 11:59:59.9999999 的时间。每个增量表示从公历第 1 年的 1 月 1 日开始经过的 100ns（纳秒）时间。最大值表示 10000 年 1 月 1 日开始前的 100 ns(纳秒)。使用 Date 数据类型包含日期值、时间值，或日期和时间值。

Date 的默认值为 0001 年 1 月 1 日的 0:00:00(午夜)。

下面的语句是将名为 Mydate 的变量声明为 date 类型，并将日期值♯5/31/1993♯赋值给变量 Mystring：

```
Dim  Mydate  As date
Mydate=♯7/7/2013♯
```

必须将 Date 文本括在数字符号（♯ ♯）内。必须以 M/d/yyyy 格式指定日期值，例如♯5/31/1993♯。此要求独立于区域设置和计算机的日期和时间格式设置。在 Visual Basic.NET 中设置界面如图 2-4，将以上的语句补充如下：

```
Private Sub Button1_Click(sender As Object, e As EventArgs) Handles Button1.Click
    Dim Mydate1, mydate2 As Date
    Mydate1=♯7/7/2014♯
    mydate2=Today                      '提取系统当前日期赋值给日期变量 mydate2
    Label1.Text=Mydate1                '在 Label1.Text 中显示出设定日期
    Label2.Text=mydate2                '在 Label2.Text 中显示系统日期
End Sub
```

运行程序后得到如图 2-5 所示结果。

图 2-4　显示日期程序界面　　　　　　　　　图 2-5　日期显示结果

3. 对象型（Object）

可以将任何数据类型的变量、常数或表达式赋给 Object 变量。

【例 2-2】　测试数据类型的取值范围。

数据类型的取值范围有时取决于计算机平台，32 位机和 64 位机中的数据类型的取值范围就不同。利用数据类型的 MINVALUE 和 MAXVALUE 成员可以获得上述数据类型在所在计算机的取值范围，若超出该有效范围，则就构成溢出。

程序如下：

```
Private Sub Button1_Click(sender As Object, e As EventArgs) Handles Button1.Click
    TextBox1.Text=Integer.MinValue     '将 Integer 类型的最小值显示在 TextBox1 中
    TextBox2.Text=Integer.MaxValue     '将 Integer 类型的最大值显示在 TextBox2 中
    TextBox3.Text=Single.MinValue
    TextBox4.Text=Single.MaxValue
    TextBox5.Text=Double.MinValue
    TextBox6.Text=Double.MaxValue
```

```
    TextBox7.Text=Date.MinValue
    TextBox8.Text=Date.MaxValue
    TextBox9.Text=Byte.MinValue
    TextBox10.Text=Byte.MaxValue
End Sub
```

程序运行结果如图 2-6 所示。

图 2-6 测试数据类型取值范围

2.2.5 类型转换

将值数据从一种数据类型转变为另一种数据类型的过程被称为类型转换。根据涉及的类型,转换可被分为扩展转换和收缩转换;根据涉及的语法的不同,可以将转换分为隐式转换和显式转换。

1. 扩展转换

不同的数值数据类型有不同的数量级。数值数据类型的数量级由低到高的排列如下:
Byte→Short→Integer→long→Decimal→Single→Double

由低数量级到高数量级的转换即为扩展转换。从 Integer 到 Single、从 Long′ 到 Single 或 Double、从 Decimal 到 Single 或 Double 的转换可能会导致精度的损失。但由于数量级不会损失,所以信息不会损失。

字符类型数据类型中 Char 类型可以扩展转换为 String 类型。同时任意数据类型可以转换为 Object 类型。

2. 收缩转换

收缩转换类似与扩展转换的反向转换。收缩转换不一定总能成功,如果目标类型不能接收被转换的值,将产生错误。例如,高数量级的数字转换为低数量级的数字可能导致溢出。编译器通常不允许执行收缩转换。当确信源数据可以被转换为目标类型,并且不会导致错误时,再使用收缩转换。

收缩转换包括如下类型:

(1)扩展转换的反向转换。

(2)Boolean 和任何数值类型间的转换。

(3)Char()数组和 String 类型的转换。

（4）String 和任何数值类型、Boolean 或 Date 类型间的转换。

（5）数据类型或对象类型到其他派生类的转换。

3. 隐式转换

隐式转换是在转换的过程中不使用特定函数的转换。例如：声明了一个名为 I 的整型变量，一个名为 J 的单精度实型变量。给 I 赋值为 123。再把 I 的值赋值给 J。

在下面的实例中，在把 I 的值赋给 J 前，Visual Basic.NET 将 I 隐式转换为了单精度浮点数。

```
Dim I As integer
Dim J As Single
I=123
J=I
```

4. 显式转换

显式转换需要使用类型转换函数，如表 2-2 所示。

表 2-2　类型转换函数

类型转换函数	目标数据类型	源数据类型
Cbool()	Boolean	任何数值类型（包括 Byte 和枚举类型，下同）、String、Object
Cbyte()	Byte	任何数值类型、Boolean、String、Object
Cchar()	Char	String、Object
Cdate()	Date	String、Object
CDbl()	Double	任何数值类型、Boolean、String、Object
Cdec()	Decimal	任何数值类型、Boolean、String、Object
Cint()	Integer	任何数值类型、Boolean、String、Object
CLng()	Long	任何数值类型、Boolean、String、Object
Cobj()	Object	任意类型
CShort()	Short	任何数值类型、Boolean、String、Object
CSng()	Single	任何数值类型、Boolean、String、Object
CStr() Str()	String	任何数值类型、Boolean、Char、Char 类型数组、Date、Object

将前面隐式转换的例子改写成显式转换，即源类型数据向 Single 类型转换，代码如下：

```
Dim I As integer
Dim J As Single
I=123
J=CSng(I)
```

5. 字符串和其他类型

（1）从数值类型到字符串类型的转换。在表 2-2 中列出的该类转换函数有 Str() 和 CStr()，两者的区别在于使用 Str() 函数转换后转换结果包含一个占位前导符。而使用 CStr() 则没有。例如：

```
Str(33.456)                    '转换后的结果为:" 33.456"
CStr(33.456)                   '转换后的结果为:"33.456"
```

除了上述两个函数之外,还有 Format()函数。

使用 Format 函数不仅可以将数值类型转换为字符串类型,还可以在转换时进行格式控制,其中不但可以包括正确的位数,而且能包含格式化字符,例如货币符号(¥)、千位分隔符(,)、小数点分隔符(.)等。Format 函数根据 Windows 控制面板中的区域设置,自动使用正确的字符。Format()函数包含两个参数,格式如下:

```
Format(数值数据,格式串)
```

在 Format()函数中,使用"0"和"♯"两个字符作为格式控制字符,其作用如下:

① "0":格式控制符。当使用"0"作为格式控制符时,会将数值类型的数据比对"0"格式串的格式进行转换输出。不足位的用"0"补位;小数点左边超出部分按原有数位进行转换,小数点右侧超出部分四舍五入进行转换。例如:

```
Format(15.14, "000.00")        '转换后的结果为: 015.14
Format(1223.45, "00000.000")   '转换后的结果为: 01223.450
Format(7723.7278, "000.000")   '转换后的结果为: 7723.728
```

② "♯":格式控制符。"♯"与"0"只有一点不同,当数值数据与格式串对比时,不足格式串位数的,则将数值串按原样转换输出。例如:

```
Format(15.14, "###.##")        '转换后的结果为: 15.14
Format(1223.45, "#####.###")   '转换后的结果为: 1223.45
Format(7723.7278, "###.###")   '转换后的结果为: 7723.728
```

当格式串中包含除了 0 和♯以外的字符,如¥或,时则根据 Windows 控制面板中的区域设置进行转换,例如:

```
Format(2235.3285, "00,000.00")
'被转换为 String 类型,并按格式串的要求输出,结果为: 02,235.33
Format(9656.75, "¥##,000.00")
'被转换为 String 类型,并按格式串的要求输出,结果为: ¥9,656.75
```

(2) 从字符串类型到数值类型的转换。使用 Val 函数能将字符串中的数字转换为数值类型,转换时 Val 函数从字符串中读取字符,遇见除数字、空格、制表符、换行符或句点外的字符则停止转换。那些通常被认为是数值的一部分的符号和字符,例如货币符号与逗号,都不能被识别。此时,Val 函数返回的结果是被正确转换的数字。例如:

```
Val("23.85 miles")             '转换后的结果为: 23.85
Val(¥33.5)                     '转换后的结果为: 33.5
```

2.3 常量和变量

在编写程序的过程中需要处理各种类型的数据,数据的形式可以是不变化的,如例 2-1 中的 PI,这类数据在编写程序的过程中其值是固定不变的,声明了之后,在语句的使用中只需要引用其名称即可,这类数据即是常量;有些数据是变化的,如例 2-1 中的半径 R,周长 L 以及面积 S,R 的值可以因输入的不同而变化,L 和 S 的值又因着 R 的不同而变化。这类数据就是变量。

2.3.1 常量

如前所述,常量(Constant)就是在程序运行过程中不变化的数据,如例 2-1 中的圆周率 PI,这类数据往往在程序中反复出现,大多数不便于记忆且在程序运行过程中不能被改变。这时使用常量便能省时省力,提高代码的可读性和可维护性。

在 Visual Basic.NET 中使用语句声明常量,语法格式如下:

Const 常量名 [As 数据类型]=表达式

常量的声明比较简单,其中的"数据类型"可以是前一小节介绍的任意类型。"表达式"可以是具体数据,也可以是运算式,它会将运算结果赋值给声明的常量。在 Const 前可以加上如 Public、Private、Friend 等关键字来标明常量的有效范围,在此不再详细说明。以下是声明常量的例子:

```
Const Sday as date =#2013-7-9#
Const I As double=1.7326
Const age As integer=25
Const T ="hello world!"
Const F As double=3+5+3.14159
```

在一行中使用逗号(,)进行分隔,可以同时声明多个常量。常量名的起名规则需要遵循标识符的命名规则。

2.3.2 变量(**Variable**)

"变量"是计算机编程中的一个重要概念。变量是一个可以存储值的字母或名称。在编写计算机程序时,可以用这个名字存储数据。如前所述之所以要使用"变量"是因为所存储的数据在编程的过程中会因各种情况而产生变化。

使用变量有 3 个步骤。
- 声明变量。告诉程序要使用的变量的名称和种类。
- 给变量赋值。赋予变量一个要保存的值。
- 使用变量。检索变量中保存的值,并在程序中使用它。

1. 声明变量

声明变量的语法格式如下:

Dim 变量名 [As 数据类型][=初始值]

在声明变量的语句中,使用 Dim 关键字,"变量名"遵循标识符起名规则,在编写程序的过程中,有时会用到多个变量,所以变量名最好做到"见名知意";"数据类型"根据需要选择。

在同一声明语句中可以声明多个相同类型或不同类型的变量。如果声明多个同一数据

类型的变量,在变量名处用","间隔。如:

```
Dim I,J,K  As integer                        '声明了 3 个整型变量
Dim Str1,Str2 As string                      '声明了 2 个字符串型变量
```

如果声明多个不同类型的变量可使用如下语句:

```
Dim I As integer,J  As double,S  As Char
'声明了 1 个整型变量,1 个双精度实型变量,1 个字符型变量
```

2. 变量赋值

在声明变量的同时可以给变量赋值,如

```
Dim I as integer= 4
```

则变量 I 的值即为整数 4。若不在变量声明时对变量赋值,也可以赋值语句中对变量赋值,此时变量的初始值由数据类型决定(请参照基本数据类型)。如:

```
Dim I As integer                             '此语句声明一个整型变量名为 I,I 的初值为 0
I=12                                         '给 I 赋值为 12
```

在声明多个不同类型变量时,可以分别对其赋值,语句如下:

```
Dim I As integer=12,T As double=3.1234,Str1 As string="欢迎光临!"
```

3. 类型字符

在 Visual Basic.NET 中提供了一组类型字符,这些符号可以在声明语句中代替关键字来指定变量或常量的数据类型,如表 2-3 所示。

表 2-3 类型字符

数 据 类 型	类 型 字 符	数 据 类 型	类 型 字 符
Integer	%	Single	!
Long	&	Double	#
Decimal	@	String	$

有了类型字符,就可以将声明语句变化为如下形式:

```
Dim I%,J%,K%                                 '声明了 3 个整型变量
Dim Str1$ ,Str2$                             '声明了 2 个字符串型变量
Const PI#= 3.1415926                         '声明了 Double 类型的常量 PI
```

在表 2-3 中只列出了 6 种数据类型的类型字符。Byte、Char、Date、Boolean、Object 和 Short 等数据类型,以及任何复合数据类型都没有类型字符。

2.4 运算符和表达式

在使用 Visual Basic.NET 编程语言编写程序时,为了让计算机能够正确地执行语句,实现编程者的意图,就需要编程者事先了解该语言的一些规定。比如针对各种数据类型能

够进行那些运算,该运算的符号又是什么。Visual Basic.NET 中运算主要分为算术运算、关系运算、逻辑运算和连接运算等。各种编程语言中都是用符号来描述数据的运算形式,Visual Basic.NET 也不例外。这些符号被称为运算符。由运算符和操作数一起组成的式子即为表达式。如 X+Y,T^2 等。

2.4.1 算术运算符

算术运算用于执行简单的算术运算,如表 2-4 所示为常用的算术运算符以及在 Visual Basic.NET 算术运算中的优先级。

表 2-4 算术运算符

运算符	说 明	优先级	运算符	说 明	优先级
^	指数运算符	1	\	整除运算符	4
—	取负运算符	2	mod	余除运算符(取模)	5
*	乘法运算符	3	—	减法运算符	6
/	浮点除运算符	3	+	加法运算符	6

在运算符两边可以是数字、变量、常量或表达式。如果连接的是数字或变量,就称为该数字或变量为"操作数"。如果某算术运算符只有一边连接操作数或表达式,则该运算符称为"单目运算符",如取负(一)运算。如果某运算符两边同时需要两个操作数的运算符,则称为"二元运算符"。例 2-2 是算术运算符示例。

图 2-7 算术运算符示例

【例 2-3】 算术运算符。界面布局如图 2-7。在图中共有 9 个 label 控件用于显示标题,还有 8 个 TextBox 以及 1 个 Button。属性设置如表 2-5 所示。

表 2-5 例 2-3 中控件的属性设置

控 件	属 性	属 性 值	控 件	属 性	属 性 值
Label1	Text	运算符示例	Label6	Text	余除运算:39 mod 11=
Label2	Text	指数运算:3^3=	Label7	Text	减法运算:12-7=
Label3	Text	乘法运算:8 * 4=	Label8	Text	加法运算:4+5=
Label4	Text	浮点除运算:34/3=	Button1	Text	计算
Label5	Text	整除运算:35\6=			

双击 Button1,进入 Button1.click 事件编写部分,编写语句如下:

```
Private Sub Button1_Click(sender As object, e As EventArgs) Handles Button1.Click
```

```
        TextBox1.Text= 3 ^ 3
        TextBox2.Text= 8 * 4
        TextBox3.Text= 34 / 3
        TextBox4.Text= 35 \ 6
        TextBox5.Text= 39 Mod 11
        TextBox6.Text= 12-7
        TextBox7.Text= 4+5
    End Sub
```

程序编写完成后,按 F5 键运行程序,再按下"计算"按钮,得到如图 2-8 所示的结果。

在例 2-3 程序的结果中,可以看到算术运算与一般算术一样,但是特别需要注意的是,在计算机中的两种除法运算符。在算术表达式中也可使用圆括号来改变运算顺序。如下列表达式:

图 2-8　例 2-2 运行结果

```
4+8 * 4/2    结果为:20
(4+8) * 4/2  结果为:24
100/5+3      结果为:23
100/(5+3)    结果为:12.5
```

2.4.2　关系运算符

关系运算符也称为比较运算符,用来比较运算符两边表达的大小,返回的结果值只可能是下列两个之一:True 或 False。表 2-6 列举出了常用的关系运算符。

表 2-6　关系运算符

序　号	运算符	说　　明
1	=	等于
2	>	大于
3	<	小于
4	>=	大于等于
5	<=	小于等于
6	<>	不等于
7	Is	比较两个变量引用的对象是否一致
8	IsNot	与 Is 运算相反
9	Like	用于两个字符串的模式匹配,匹配时结果为 True,不匹配则结果为 False

表 2-6 中的前 6 项比较运算既可用来进行数值比较也可用于字符串比较。数值比较即按照运算符两侧的数据的数值大小得到比较结果。字符串比较是按照两个字符串的 ASCII 码值来进行比较的。在比较时,首先比较两个字符串的第一个字符,ASCII 码值较大的字符所在的字符串大,如果两个字符串第一个字符相同,则依次比较第 2 个,第 3 个,……例 2-3

举例说明了比较运算符的运算规则。

【例 2-4】 比较运算符举例。

程序语句如下：

```
Private Sub Form1_Load(sender As object, e As EventArgs) Handles MyBase.Load
    Dim R1, R2, R3, R4, R5, R6, R7 As Boolean
        '定义了 R1-R7 共 7 个 Boolean 类型的变量,用于存放下列 7 个关系表达式的结果
    R1=1>10
    R2=3<5
    R3=4>=4
    R4=5<>5
    R5="ABC">"abc"
    R6="asd"<"awe"
    R7=4=5
        '下列语句是利用输出窗口显示 7 个关系表达式的结果
    Console.WriteLine("1>10 的结果是: " & R1)
    Console.WriteLine("3<5 的结果是: " & R2)
    Console.WriteLine("4>=4 的结果是: " & R3)
    Console.WriteLine("5<>5 的结果是: " & R4)
    Console.WriteLine("ABC>abc 的结果是: " & R5)
    Console.WriteLine("asd<awe 的结果是: " & R6)
    Console.WriteLine("4=5 的结果是: " & R7)
End Sub
```

输出窗口显示内容如图 2-9 所示。

图 2-9　利用输出窗口显示运行结果

Console.Writeline()是在输出窗口中显示运算结果的一种方法。与此类似的还有 Console.Write()语句,两者的区别是,Console.Writeline()在输出后会将光标移动到下一行,则后续的输出内容将会出现在下一行。而 Console.Write()输出完成后,光标不会移动到下一行,后续内容会连接在前面的内容后输出。

Is 和 IsNOt 运算符主要用于对象操作,在此不做详细介绍。

Like 运算符主要用于两个字符串的模式匹配。

语法为:

Result=字符串 A　like 模式

在进行模式匹配时用到了如表 2-7 中列出的几个模式字符。

表 2-7　Like 运算符模式字符

模式字符	说　　明
?	代表一个任意字符
*	代表一个或多个任意字符
♯	代表任意数字
[字符集 A]	代表字符集 A,如[A-G]:代表字母 A 到 G 的所有字母集合
[!字符集 A]	代表非字符集 A,如[A-G]:代表字母 A 到 G 的所包含字母之外的所有字符集合

【例 2-5】　Like 运算符的用法。

程序语句如下:

```
Private Sub Form1_Load(sender As object, e As EventArgs) Handles MyBase.Load
    Dim R1, R2, R3, R4, R5, R6, R7 As Boolean
        '定义了 R1-R7 共 7 个变量存放下列关系运算式结果
    R1="Y" Like "Y"
        '判断字符串"Y"是否匹配模式"Y",将结果存放于 R1 中
    R2="Y" Like "Yale"
        '判断字符串"Y"是否匹配模式"Yale",将结果存放于 R2 中
    R3="Yale" Like "Y?le"
        '判断字符串"Y"是否匹配模式"Y?le",将结果存放于 R3 中
    R4="Yale" Like "Y??e"
        '判断字符串"Y"是否匹配模式"Y??e",将结果存放于 R4 中
    R5="Yale" Like "*"
        '判断字符串"Y"是否匹配模式"*",将结果存放于 R5 中
    R6="Y" Like "[A-M]"
        '判断字符串"Y"是否匹配模式"[A-M]",将结果存放于 R6 中
    R7="Y" Like "[!A-M]"
        '判断字符串"Y"是否匹配模式"[!A-M]",将结果存放于 R7 中
    Console.WriteLine("Y Like Y 的结果是: " & R1)
    Console.WriteLine("Y Like Yale 的结果是: " & R2)
    Console.WriteLine("Yale Like Y?le 的结果是: " & R3)
    Console.WriteLine("Yale Like Y??e 的结果是: " & R4)
    Console.WriteLine("Yale Like* 的结果是: " & R5)
    Console.WriteLine("Y Like [A-M] 的结果是: " & R6)
    Console.WriteLine("Y Like [!A-M] 的结果是: " & R7)
End Sub
```

运行程序后,在输出窗口输出的结果如图 2-10 所示。

图 2-10 例 2-5 运行结果图

2.4.3 逻辑运算符

逻辑运算符可以对多个 Boolean 表达式进行运算，返回的结果为 Boolean 类型。在程序的编写过程中，逻辑运算通常控制着程序的流程。Visual Basic.NET 提供了如表 2-8 所示的 6 种逻辑运算符。

表 2-8 逻辑运算符

逻辑运算符	说　明	逻辑运算符	说　明
Not	逻辑非	Xor	异或
And	逻辑与	AndAlso	短路与
Or	逻辑或	OrElse	短路或

1. 逻辑非（Not）

结果 =Not 表达式

逻辑非（Not）为单目运算，运算的结果为表达式的相反值。若表达式的值为 True 则结果为 False；若表达式的结果为 False，则结果为 True。如：

```
Dim X As Boolean          '声明了一个名为 X 的 Boolean 型变量
X=Not (3>5)               '表达式"3>5"的值为 False,则 X 的值为 True
```

2. 逻辑与运算（And）

结果 =表达式 1 And 表达式 2

当 And 运算符左右两边的表达式的值都为 True 时，结果才为 True。否则，若运算符边任何一个表达式的值为 False，则结果为 False。表 2-9 为逻辑与运算的结果。

表 2-9 逻辑与 And 运算结果

表达式 1 的值	表达式 2 的值	结　　果	表达式 1 的值	表达式 2 的值	结　　果
True	True	True	False	True	False
True	False	False	False	False	False

对于逻辑与运算的解释，可以看作是要完成一件事，有两个条件，缺少任何一个条件，事情就完成不了。

3. 逻辑或运算（Or）

结果 = 表达式 1 Or 表达式 2

逻辑或运算当 Or 运算符两边的表达式的值都为 False 时，结果才为 False。若是 Or 运算符两边的表达式有任意一个为 True，则结果为 True。表 2-10 为逻辑运算结果。

表 2-10　逻辑或 Or 运算结果

表达式 1 的值	表达式 2 的值	结　　果	表达式 1 的值	表达式 2 的值	结　　果
True	True	True	False	True	False
True	False	False	False	False	False

4. 异或运算（Xor）

结果 = 表达式 1　Xor 表达式 2

如果两个表达式值同为 True 或 False，则结果为 False。否则为 True。例如：

```
Dim Test  As Boolean     '声明了一个名为 Test 的 Boolean 型变量
Test= (5<>3)Xor (4>4)    '5<>3 的值为 True,4>4 的结果为 False,Test 为 True
Test= (5<>3)Xor (4=4)    '5<>3 的值为 True,4>4 的结果为 true,Test 为 False
```

5. 短路与（AndAlso）

AndAlso 运算与 And 十分相似。都是对表达式执行与操作。不同的是，若 AndAlso 左侧的表达式的值为 False 时，则不计算 AndAlso 右侧表达式的值。直接得出结果 False。

6. 短路或（OrElse）

OrElse 运算与 Or 十分相似。都是对表达式执行与操作。不同的是，若 OrElse 左侧的表达式的值为 True 时，则不计算 OrElse 右侧表达式的值。直接得出结果 True。

2.4.4　连接运算符

在字符串运算中还有一种运算为连接运算，该运算可以将多个字符串连接合并为一个字符串。在 Visual Basic.NET 中有两个连接运算符：+和 &。在例 2-4 和例 2-5 的输出语句中都有字符串连接运算。

【例 2-6】字符串连接运算。

程序界面如图 2-11 所示，单击"字符串连接"按钮后，弹出如图 2-12 所示的消息框。

图 2-11　例 2-6 的界面

图 2-12　消息框

语句如下：

```
Private Sub Button1_Click(sender As object, e As EventArgs) Handles Button1.Click
    Dim S1, S2, test As String        '定义了 3 个字符串变量 S1,S2 和 Test
    S1="北京"                          '给 S1 赋值为字符串"北京"
    S2="欢迎你!"                        '给 S2 赋值为字符串"欢迎你!"
    test=S1 & S2                      'S1 和 S2 作连接运算,将结果赋值给 test
    MsgBox(test)                      '利用消息框将 Test 的值显示输出
End Sub
```

Msgbox()函数,是利用弹出消息框的形式来显示输出数据。该函数的具体用法将在下一章介绍。

【例 2-7】 字符串运算常见错误。

在用＋做字符串运算符时,经常会出现一些错误。比如要将两个数值类型的数据的数值并列输出时,应该将数值类型的数据分别先转换为字符串类型再用＋做连接运算才能得到正确的结果。否则将会先执行算术加法运算后,才把结果输出。因为＋既可以作为字符串连接运算符,同时也是加法运算符。界面如图 2-13 所示。Textbox1 中将显示正确的字符串连接的结果。Textbox2 中将显示有疑义的结果。

提示：本例中出现的 Str()函数的功能是将数值类型的数据转换为字符串。

图 2-13　例 2-7 的界面

图 2-14　例 2-7 的运行结果

程序如下：

```
Private Sub Button1_Click(sender As object, e As EventArgs) Handles Button1.Click
    Dim S1, S2 As Integer
    S1=371
    S2=12580
    TextBox1.Text=Str(S1)+Str(S2)
    TextBox2.Text=Str(S1+S2)
End Sub
```

单击"演示"按钮后,得到如图 2-14 所示结果。

2.4.5　运算符的优先级

当一个计算中同时出现了多种不同类型的运算符时,不同类型的运算符有如下的先后顺序：圆括号→算术运算符→连接运算符→关系运算符→逻辑运算符。

2.4.6　表达式

1．表达式的含义

在第 2.4 节一开始讲到由运算符和操作数一起组成的式子即为表达式。运算符就是上述讲到的 4 类。操作数又包含哪些内容呢。这里的操作数可以是变量、常量、函数。有时为了确定运算的顺序在表示中还经常使用圆括号"()"。表达式本身只是一个式子，不带结果。只有通过运算后才会有结果，运算结果的类型由操作数和运算符来决定。下列的几个式子叫表达式：

```
3 * 8+45^2
8+2
"123"&"456"
```

而下列的几个式子则不能称为表达式：

```
X= 46+3
4+8=12
```

2．表达式的规则

(1) 乘号不能省略。例如 2 乘以 X 应该写成 2 * X，不能按照旧有习惯写为 2X。

(2) 在表示中使用的括号都是小括号"()"，无方括号和大括号。且圆括号必须成对出现。在一个表达式中可以多次嵌套使用圆括号。

(3) 在 Visual Basic.NET 表达式中，使用/来代替分数的分号。

(4) 对于类似取值范围的书写，不能写成 2＜＝X＜＝5。

正确的书写方式是 X＞＝2 And X＜＝5。

2.5　应 用 实 例

【例 2-8】　简易计算器。设计一个简单运算器，能够实现加、减、乘、除运算。界面如图 2-15 所示。

图 2-15　简易计算器界面

1. 界面设计

在这个实例中,使用了 5 个 Label 控件,3 个 TextBox 控件,4 个 RadioButton 控件,1 个 GroupBox 控件和 3 个 Button 控件。各个控件的属性设置如表 2-11 所示。

表 2-11　例 2-7 所用控件的属性设置

控　件	属　性	属性值	控　件	属　性	属性值
Label1	Text	简易计算器	Button3	Text	推出
Label2	Text	操作数 1:	RadioButton1	Text	+
Label3	Text	操作数 2:	RadioButton2	Text	-
Label4	Text	结果:	RadioButton3	Text	*
Label5	Text	=	RadioButton4	Text	/
Button1	Text	计算	GroupBox	Text	运算符
Button2	Text	清零			

2. 程序设计

程序功能:在 TextBox1 中输入操作数 1,在 4 个 RadioButton 中选择运算符,然后在 TextBox2 中输入操作数 2,然后单击"计算"按钮,得到在 TextBox3 中得到结果。"清零"按钮的功能是,清除 3 个文本框中的数据和运算符号的选择,为下一次计算做准备。

RadioButton 控件的具体用法会在后续的章节中详细介绍,这里只介绍其简单用法:

RadioButton 又称为单选按钮,其在工具箱中的图标为 ⊙ RadioButton ,单选按钮通常成组出现,用于为用户提供两个或多个互斥选项,即在一组单选按钮中只能选择一个。就如本例中同时只能执行一种运算,所以使用 GroupBox 将 4 个 RadioButton 组成一组。在本例中只使用到了 RadioButton 的 Check 属性。它是用来设置或返回该单选按钮是否被选中,选中时 Checked 属性值为 True,没有被选中时为 False。Checked 属性的默认值为 False。

(1) 下面对"计算"按钮的 Click 事件进行程序编写。分析如下:

在这个实例中,有两个操作数和一个结果,所以用到 3 个变量。首先在程序的开始声明 3 个变量,根据需要,3 个变量应该设置为实型。在输入操作数之后判断一下是哪个 RadioButton 被选中,也就是哪个 RadioButton 的 Checked 属性值为 True。则进行相应的计算。判断哪个 RadioButton 被选中使用到了 If…then… 语句。在进行除法运算时,还应该首先判断操作数 2 是否为 0。具体代码如下:

```
Private Sub Button1_Click(sender As object, e As EventArgs) Handles Button1.Click
    Dim X1, X2, Result As Double
        '声明 3 个实型变量,X1 存放操作数 1 的值
        'X2 用来存放操作数 2 的值,Result 用来存放结果
    X1=Val(TextBox1.Text)              '从 Textbox1 中得到 X1 的值
    X2=Val(TextBox2.Text)              '从 Textbox2 中得到 X1 的值
    '如果 RadioButton1 被选中,则进行加法运算
    If RadioButton1.Checked=True Then
        Result=X1+X2
```

```
        TextBox3.Text=Str(Result)          '输出运算结果
    End If
    '如果 RadioButton2 被选中,则进行减法运算
    If RadioButton2.Checked=True Then
        Result=X1-X2
        TextBox3.Text=Str(Result)          '输出运算结果
    End If
    '如果 RadioButton3 被选中,则进行乘法运算
    If RadioButton3.Checked=True Then
        Result=X1 * X2
        TextBox3.Text=Str(Result)          '输出运算结果
    End If
    '如果 X2=0,弹出提示信息
    If X2=0 Then
        MsgBox("除数不能为 0,请重新输入")
        TextBox2.Text=""
    End If
    '如果 RadioButton1 被选中并且 X2 的值不为零,则进行除法运算
    If RadioButton4.Checked=True And X2 <>0 Then
        Result=X1 / X2
        TextBox3.Text=Str(Result)          '输出运算结果
    End If
End Sub
```

（2）对"清零"按钮的 Click 事件进行程序编写。分析如下:"清零"按钮的功能是,清除 3 个文本框中的数据和运算符号的选择,为下一次计算做准备。所以点击"清零"按钮后, 3 个 Textbox 的 Text 属性值应为空串""。4 个 RadioButton 的 Checked 属性应为 False。 代码如下:

```
Private Sub Button2_Click(sender As object, e As EventArgs) Handles Button2.Click
    TextBox1.Text=""
    TextBox2.Text=""
    TextBox3.Text=""
    RadioButton1.Checked=False
    RadioButton2.Checked=False
    RadioButton3.Checked=False
    RadioButton4.Checked=False
End Sub
```

（3）对"推出"按钮的 Click 事件进行程序编写。实现功能:结束程序的运行。代码 如下:

```
Private Sub Button3_Click(sender As object, e As EventArgs)Handles Button3.Click
    Me.Close()
End Sub
```

3. 运行结果

程序运行效果如图 2-15 所示。

加法运算效果如图 2-16 所示。

图 2-16　加法运行结果

当做除法运算时,如果除数为 0,如图 2-17 所示,将会弹出消息框,提示错误信息,如图 2-18 所示。

图 2-17　除数为 0

图 2-18　除数为 0 提示信息

习 题 2

1. 选择题。

(1) Visual Basic.NET 程序中下列变量名字符合骆驼命名法规范的是(　　)。

  A) openbutton   B) openButton

  C) OpenButton   D) Open_Button

(2) 单引号 "'" 在 Visual Basic.NET 中用作(　　)。

  A) 注释引导标志符   B) 字符串连接符

  C) 字符串限定符   D) 行继续符

(3) 字符 "&." 在 Visual Basic.NET 中用作(　　)。

  A) 注释引导标志符   B) 字符串连接符

  C) 字符串限定符   D) 行继续符

(4) 下划线 "_" 在 Visual Basic.NET 中用作(　　)。

  A) 注释引导标志符   B) 字符串连接符

  C) 字符串限定符   D) 行继续符

(5) 执行下列代码后,字符串 FIRSTNAME 的值是(　　)。

```
…
DIM FIRSTNAME AS STRING= "TOM"
DIM SECONDNAME AS STRING=FIRSTNAME
SECONDNAME &="JERRY"
```

  A) TOM   B) JERRY

  C) TOM JERRY   D) TOM & JERRY

(6) 将字符串 "3.1415926" 强制转换成 DOUBLE 类型,可使用(　　)类型转换函数。

  A) CSTR   B) CDBL   C) CLNG   D) CTYPE

(7) 执行下列语句后,变量 X 的值为(　　)。(选择一项)

```
DIM X AS BOOLEAN=TRUE
X= ("DOG"="DOG")
```

  A) TRUE   B) FALSE   C) dog   D) DOG

(8) 执行下列语句后,整型变量 COUNTER 的值是(　　)。(选择一项)

```
FOR COUNTER = 0 TO 4
COUNTER += 1
NEXT COUNTER
```

  A) 3   B) 4   C) 5   D) 6

2. 列出 Visual Basic.NET 中数据类型的种类。

3. 给变量命名有哪些要求。

4. 书写表达式的规则。

5. 数学式 $2/(5X^{(X+8)})$ 的 Visual Basic.NET 表达式是_____。

6. 算术式 $x\dfrac{x+y}{1+\dfrac{4t}{a-b}}$ 的 VB.NET 表达式是_____。

7. 若 A＝2,B＝5,C＝7,D＝6,则表达式 A＋B>16 OR（B＊C>30 AND NOT D>5）DE 值是_____。

8. 程序设计题：已知圆锥体的地面半径 R 和高 H,求圆锥体的体积。PI＝3.14159,结果保留两位小数。圆锥体积公式的 Visual Basic.NET 表达式是 V＝（1/3）＊PI＊R＊R＊H,程序运行界面如图 2-19 所示。

图 2-19　求圆锥的体积

9. 已知三角形的三边长 A、B、C,求三角形的面积 S。三角形面积公式为：
$$S = \sqrt{L(L-A)(L-B)(L-C)}$$
其中 $L = \dfrac{1}{2}(A+B+C)$,界面如图 2-20 所示。

10. 一个笼子中有鸡有兔,已知鸡兔总头数 H,总脚数 F,求鸡兔各有多少只。界面如图 2-21 所示。

图 2-20　求三角形面积

图 2-21　鸡兔同笼

第3章　顺序结构程序设计

在程序代码中包含一系列语句,需要采用一定的控制结构实现对这些语句的控制,进而控制程序的执行流程。这就是平常所说的 3 种基本结构:顺序结构、选择结构(也称分支结构、条件结构)和循环结构(重复结构)。理论上已经证明:用这 3 种结构可以实现用数学方法可以解决的任何问题。

在 3 种基本结构中,顺序结构是最常见的控制结构,也是最基本和最简单的结构。顺序结构就是按照语句的书写次序依次执行。顺序结构流程如图 3-1 所示,程序的执行完全按照代码书写顺序,语句段 1 执行完后执行语句段 2,然后执行语句段 3;图中右例执行 $x=1$ 后,再执行 $y=1$,然后再执行 $z=x+y$。

图 3-1　顺序结构

一般的程序设计语言中,顺序结构的语句主要是赋值语句、输入语句和输出语句等。

为了叙述的方便,本章引入以下记号。

[ ]:表示可选项。

|:表示二选一。例 $a \mid b$,表示从 a 和 b 中选择一个。

3.1　赋　值　语　句

赋值语句是顺序结构最基本的组成部分。用赋值语句可以把指定的值或表达式的值赋给某个变量或某对象的属性。

1. 简单赋值语句

其一般格式为:

变量名 | 对象属性名=表达式

其中=称为赋值号。赋值语句的功能是先计算=右边表达式的值,然后把值赋给左边的变量或对象的属性。常用的方法如下。

1）给变量赋值

```
Sum=15+20                          '先计算 15+20 的和为 35,然后把 35 赋值给 Sum
str1="我的特长是" & "乒乓球"        '表示把字符串 "我的特长是乒乓球" 赋值给 str1
z=x+y                              '先计算 x+y 的和,然后赋值给 z
```

2）给对象的属性设定值

```
TextBox1.Text="这是一个例子!"      '在文本框 TextBox1 中显示字符串"这是一个例子!"
Label1.width=50                    '设定 Label1 的宽度为 50
```

说明：

（1）赋值语句兼有计算与赋值的双重功能,它首先计算赋值号右边表达式的值,然后把结果赋给赋值号左边的变量名或对象属性名。

需要注意以下两例情况：

① n＝n+1　表示把 n 的值与 1 相加,结果再赋值给 n。假定 n 的初值为 3,则执行此语句后,n 的值为 4。不能把＝看成数学式子中的等号,它是一个具有动态性质的符号,＝右边的"n"是变量 n 在本语句执行前的值,＝左边的"n"是变量 n 在本语句执行后的值。

② Label1.width＝Label1.width ＊ 2　表示将控件 Label1 的宽度扩大 1 倍。"＝"右边的"Label1.width"是对象 Label1 在本语句执行前的宽度值,而"＝"左边的"Label1.width"则是对象 Label1 在本语句执行后的宽度值。

（2）赋值语句中"＝"的作用和关系运算中"＝"的作用是截然不同的。赋值运算符"＝"的左边只能是合法的变量或对象属性,而不能是表达式;而关系运算符"＝"可以出现在表达式的任何位置,其功能是判断两边的值是否相等。

例如：i=j=3　表示把关系表达式"j=3"的值赋给 i。第一个＝为赋值号,第二个"＝"为关系运算符。这个表达式的功能是先判断关系表达式"j＝3"的值,即 j 的值是否为 3,若为 3,则把结果 True 赋值给 i;否则,把结果 False 赋值给 i;而不是把 3 分别赋值给 i 和 j。

（3）赋值号＝的左边必须是变量名或对象的属性名,初学者要注意避免将语句顺序写反。注意以下语句：

```
a+b=c                    '错误,若要将 a+b 的值赋给变量 c,则为 c=a+b
TextBox1.Text=a          '将变量 a 的值在 TextBox1 中输出
a=TextBox1.Text          '将变量 TextBox1 中的内容赋给变量 a
```

（4）在赋值时,若右边表达式类型与左边变量类型不同时,系统会进行适当的类型转换。例如：

① 当赋值号两端都为数值型（但精度不相同）时,表达式的值将强制转换成左边变量的精度。

```
Dim x As Integer
Dim y As Double
x=53.8+62.5              '收缩转换。先计算出结果 116.3,然后把 116.3 转换成 _
                         'Integer 类型的值 116,再赋值给 x
y=6 ＊ 4                 '扩展转换。先计算 6 ＊ 4 的结果为 24,然后把 24 转换成 _
                         'Double 类型的 24.0 再赋值给 y
```

② 当表达式为数字字符串，左边变量是数值类型时，则自动把字符串转换成数值再赋值。当表达式中含有非数字字符或是空串，则出错。

```
Dim k as Integer
k="45"                          '先把字符串"45"转换成整数 45,再赋给 k
k="45a"                         '出错
```

③ 左边变量是字符串类型，而右边为非字符类型时，则自动把计算结果转换成字符串再赋值。

```
Dim s1 As String
s1=37+89                        '先计算 37+89 的和为 126,再把 126 转换成"126"赋给 s1
```

④ 当逻辑型赋值给数值型时，True 转换为 -1，False 转换为 0；反之，当数值型赋给逻辑型时，非 0 转换为 True，0 转换为 False。注意以下语句的执行结果：

```
Dim f1, f2, f3 As Boolean
Dim a, b, c As Integer
f1=True
a=f1
b=0
f2=b
c=8                             '任意非 0 数字都可以
f3=c
```

语句执行后 a 的值为 -1，f2 的值为 False，f3 的值为 True。

2. 复合赋值语句

其一般格式如下：

变量名 复合赋值运算符 表达式

复合赋值运算符有：$+=$、$*=$、$-=$、$/=$，即把赋值表达式右边的运算符和赋值号结合起来，兼有运算和赋值双重功能的符号。其目的是简化程序代码，同时还可以提高程序的编译效果。

功能为，先计算右边表达式的值，然后与左边的变量进行相应的运算，最后把结果赋值给变量。例如：

(1) $n += 1$ 等价于 $n=n+1$

(2) $n *= 2+3$ 等价于 $n=n*(2+3)$，而不等价于 $n=n*2+3$

若 n 的初值为 3，则此语句执行后，n 的值为 15，而不是 9。

3. 复合语句行

(1) 一行多句。Visual Basic.NET 中的语句通常按"一行一句，一句一行"的规则书写，但也允许多个语句写在同一行中。在这种情况下，各语句之间必须用冒号隔开。例如：

a=3：b=4：c=5

在一行中有 3 条语句。这样的语句行称为复合语句行。复合语句行中的语句可以是赋值语句，也可以是其他任何有效的 Visual Basic.NET 程序。但是，如果含有注释语句，它必须是复合语句行的最后一个语句。

（2）跨行语句。通常一行容纳一条语句，但当语句太长时，可以使用行继续符在下一行继续该语句，而行继续符依次包含一个空格和一个下划线字符"_"。例如：

```
str1=str1+Str(x) + " "+Str(y) + " "+ _
Str(z)+" " +Chr(13)+Chr(10)
```

在第一行尾加上行继续符"_"后即可换行，否则一条语句必须在一行内书写完整，注意这里的"_"前还有一位空格。

（3）注释语句。源代码并非始终一目了然，即使对于编写它的程序员来说也是如此。因此，为了帮助说明其代码，大部分程序员大量使用嵌入的注释。代码中的注释可以向以后阅读或使用该段代码的任何人员进行解释说明。Visual Basic.NET 程序在编译过程中注释将忽略，所以不影响编译后的代码。

注释行以单撇号(')开头或以 REM 后跟一个空格开头。注释可以添加在代码中任意行最后的位置，但不能添加在字符串中。注释还可以位于单独的行中。例如：

```
x=Textbox1.text              '从文本框 Textbox1 中输入 x 的值
Label1.text=x                'REM  将 x 的值在 Label1 中输出
```

3.2　输　入　语　句

在程序运行时，需要给一些对象输入数据。输入数据的方式有很多种，如键盘输入、文件读入等，在此，先介绍简单的键盘输入数据的方法。键盘输入多用 InputBox 函数和 TextBox 控件。

1. InputBox 函数

InputBox 函数可以在程序中要输入数据的地方产生一个对话框，非常明确地提示要求用户输入数据。使用 InputBox 函数，只要一行代码就可以实现这个功能，节省了程序开发所需要的时间。

InputBox 函数的语法为：

```
InputBox(Prompt[, Title][, DefaultResponse][, XPos][, YPos])
```

各参数说明如下。

（1）Prompt：提示信息。必选项，作为对话框消息出现的字符串表达式。Prompt 的最大长度大约是 1024 个字符，由所用字符的宽度决定。如果 Prompt 包含多个行，则可在各行之间用回车符(Chr(13))、换行符(Chr(10))或回车换行符的组合(Chr(13)&Chr(10))来分隔。

（2）Title：标题。可选项，显示对话框标题栏中的字符串表达式。如果省略 Title，则标题栏中显示应用程序名称。

（3）DefaultResponse：默认响应值。可选项，显示文本框中的字符串表达式，在没有其他输入时作为默认值。如果省略 DefaultResponse，则显示的文本框为空。

（4）XPos：X 坐标。可选项，数值表达式，指定屏幕左边缘与对话框的左边缘的水平距离。如果省略 XPos，则对话框会在水平方向大约居中的位置。

（5）YPos：Y 坐标。可选项，数值表达式，指定屏幕上边缘与对话框的上边缘的距离。如果省略 YPos，则对话框被放置在屏幕垂直方向大约居中的位置。

如果用户单击"确定"按钮或按 Enter 键，则 InputBox 函数返回文本框中的内容。如果用户单击"取消"按钮，则此函数返回了一个长度为零的字符串（""）。

例如，语句：

a=InputBox("请输入您要查找的数据：","顺序查找算法","0",500,300)

执行后，结果如图 3-2 所示。

图 3-2　InputBox 函数

需要注意的是，若想省略某参数，但其相应的位置还需预留。若省略的是最后的参数，则无须预留。

上例中若要省略 Title，则可书写成：

a=InputBox("请输入您要查找的数据：", , "0",500,300)

而不能写成：

a=InputBox("请输入您要查找的数据：","0",500,300)　　　'错误

要想省略 Title 和 DefaultResponse，则要书写成：

a=InputBox("请输入您要查找的数据：", , , 500,300)

若想省略 DefaultResponse、XPos 和 YPos，则可书写成：

a=InputBox("请输入您要查找的数据：","顺序查找算法")

用户可以在文本框中输入要查找的数据，如果用户单击"确定"按钮或按 Enter 键，则 InputBox 函数返回文本框中的内容，即输入的数据被赋值给变量 a；不重新输入，则默认值 0 被赋值给变量 a。如果用户单击"取消"按钮，则函数返回了一个长度为零的字符串（""），而 a 是数值型变量，则此处提示出错，无法将空字符串转换为数值型变量。

【例 3-1】　输入圆的半径，求圆的面积。

程序如下：

```
Private Sub Button1_Click(sender As Object, e As EventArgs) Handles Button1.Click
    ' "计算"按钮
```

```
        Dim r, s As Double
        Const pi As Single=3.14159
        r=InputBox("请输入圆的半径：", " 求圆的面积")
        s=pi * r * r
        TextBox1.Text=s
    End Sub
    Private Sub Button2_Click(sender As Object, e As EventArgs) Handles Button2.Click
        ' "退出"按钮
        Close()
    End Sub
```

注：在以后的例子中，只写"运行"按钮的程序段。"退出"按钮省略不写。

程序的运行的主界如图 3-3(b)所示。图中用到的控件有：Label、TextBox 和 Button，界面设置不再详述。

(a) InputBox函数产生的对话框

(b) 运行的主界面图

图 3-3　例 3-1 的对话框和运行界面

运行时，单击"计算"按钮，弹出如图 3-3(a)所示 InputBox 语句执行所产生的对话框，如果用户输入数据"5"，再单击"确定"按钮，则数据会传递给 r 变量程序将执行 s＝pi * r * r 语句，计算出圆的面积 s 为 78.5397529602051，并在窗体的 TextBox1 中输出。

这里省略了 x 及 y 坐标值（整型表达式，表示相对于屏幕左上角的像素数），对话框自动放置在屏幕的正中。可以通过改变 x 和 y 的坐标值来决定该对话框在屏幕中出现的位置。具体实现如下：

```
r=InputBox("请输入圆的半径：", " 求圆的面积", , 200, 300)
```

注意：在 Title 和 200 之间由两个逗号分开一个空格，代表 DefaultResponse 参数使用默认值。

下面将 InputBox 函数的 DefaultResponse 参数的值设置为 3。

```
key="3"
```

```
r=InputBox("请输入圆的半径: ", "求圆的面积", key, 200, 300)
```

提示：字符串表达式在信息框中若要多行显示，则要在每行行末加上回车 Chr(13) 和换行 Chr(10)，或者使用 vbCrLf 符号常量。

2. TextBox 控件

在一般的设计程序中，若要在窗体上由键盘输入一些数据，在输入数据处可使用 TextBox 控件。这时，一般需要在 TextBox 前面加上一些提示信息，这样用户才能知道要输入什么格式的数据，可以使用 Label 控件在窗体上显示提示信息。这种方法比 InputBox 稍麻烦一些，但可以在一个界面上输入多个数据。

【例 3-2】 输入矩形的长和宽，求矩形的面积。

程序如下：

```
Private Sub Button1_Click(sender As Object, e As EventArgs) Handles Button1.Click
    '计算按钮
    Dim a, b, s As Double
    a=TextBox1.Text
    b=TextBox2.Text
    s=a * b
    TextBox3.Text=s
End Sub

Private Sub Button2_Click(sender As Object, e As EventArgs) Handles Button2.Click
    '退出按钮
    Close()
End Sub
```

程序的运行界面如图 3-4 所示。在 TextBox1 和 TextBox2 中分别输入长和宽的值，然后单击"计算"按钮，计算出矩形的面积，并在 TextBox3 中输出。

图 3-4　例 3-2 的运行界面图

3.3　数据的输出

一个程序可以有 0 个输入，却至少有一个输出。可见，数据输出是一个程序必有的。数据输出方法有界面显示输出或文件输出等。本章仅介绍常用的界面显示输出：TextBox 控件、Label 控件、MsgBox 函数等的用法。

1. TextBox 控件

在第 3.2 节中讲过,可以利用 TextBox 控件输入数据,同时,TextBox 控件还可以输出数据。就是把一个变量或表达式的值赋值给对应 TextBox 的 Text 属性。例如例 3-1 中的显示圆的面积,即采用的是使用 Textbox 控件输出。

注意以下两例语句:

```
s=Textbox1.text      '输入语句,用于给变量 s 赋值
Textbox1.text=s      '输出语句,用于将变量 s 的值在 Textbox1 上输出
```

初学者易混淆这两个语句,请注意。

在显示信息时,可以用 Format 函数对显示的数据进行格式上的限制。例如:

```
Textbox1.text=Format(s , "0.0000")      '将变量 s 的值以保留 4 位小数形式输出
```

2. Label 控件

Label 控件用来在窗体中显示文本,其中的文本是只读的,用户不能直接修改,所以常用 Label 控件作为数据输出。在 Label 中实际显示的文本是由 Label 控件的 Text 属性控制的,该属性可以在设计窗体时在"属性"窗口中设置,也可以在程序中用代码赋值。例如:

```
Label1.Text = "这是一个标签"
```

【**例 3-3**】 已知任意三角形的面积公式为:area $= \sqrt{s(s-a)(s-b)(s-c)}$,其中 $s = \dfrac{a+b+c}{2}$,a、b、c 为三边之长。要求输入三个边,求三角形的面积。

说明:在输入时,保证三边的边长合法,即任意两边之和大于第三边,任意两边之差小于第三边。

程序主要代码如下:

```
Private Sub Button1_Click(sender As Object, e As EventArgs) Handles Button1.Click
    '计算按钮
    Dim a, b, c, s, area As Double
    a=TextBox1.Text
    b=TextBox2.Text
    c=TextBox3.Text
    s=(a+b+c) / 2
    area=Math.Sqrt(s * (s-a) * (s-b) * (s-c))
    Label4.Text="三角形的面积为: "+Format(area, "##.##")
End Sub
```

说明:例中用到的 Math.Sqrt 是 Visual Basic.NET 程序中求取平方根的函数,具体将在第 3.4 节中介绍。

程序的运行结果如图 3-5 所示,本例中 Label 控件起了两种作用,前三个用于边长的提示信息,最后一个用于程序结果的输出。

3. MsgBox 函数

除了在窗体中用 TextBox 和 Label 控件输出外,还可以使用 MsgBox 函数输出运行结

图 3-5　例 3-3 的运行结果

果。MsgBox 函数的作用是打开一个消息框,输出结果信息,并可等待用户选择一个按钮,可返回所选按钮的整数值,来决定下一步程序的流程;若不使用返回值,则可作为一个独立的语句。

语法如下:

```
MsgBox(Prompt, [Buttons], [Title])
```

各参数的说明如下:

(1) Prompt:提示信息。必选项,作为对话框消息出现的字符串表达式。Prompt 的最大长度大约是 1024 个字符,由所用字符的宽度决定。如果 Prompt 包含多个行,则可在各行之间用回车符(Chr(13))、换行符(Chr(10))或回车换行符的组合(Chr(13)&Chr(10))来分隔。

(2) Buttons:按钮类型。可选项,数值表达式,它是值的总和,指定显示按钮的数目及形式,使用的图标样式,默认的按钮是什么以及消息框的强制回应等。如果省略,则Buttons 默认值为 0,具体的设置功能如表 3-1 所示。

表 3-1　**MsgBox 函数的 Buttons 参数设置**

分　　组	成　　员	值	说　　　　明
第 1 组	OKOnly	0	只显示"确定"按钮
	OKCancel	1	显示"确定"和"取消"按钮
	AbortRetryIgnore	2	显示"中止"、"重试"和"忽略"按钮
	YesNoCancel	3	显示"是"、"否"和"取消"按钮
	YesNo	4	显示"是"和"否"按钮
	RetryCancel	5	显示"重试"和"取消"按钮
第 2 组	Critical	16	显示"关键消息"图标
	Question	32	显示"警告查询"图标
	Exclamation	48	显示"警告消息"图标
	Information	64	显示"信息消息"图标

分　组	成　员	值	说　　明
第3组	DefaultButton1	0	第一个按钮是默认的
	DefaultButton2	256	第二个按钮是默认的
	DefaultButton3	512	第三个按钮是默认的
第4组	ApplicationModal	0	应用程序是有模式的。用户必须响应消息框,才能继续在当前应用程序中工作
	SystemModal	4096	系统是有模式的。所有应用程序都被挂起,直到用户响应消息框
第5组	MsgBoxSetForeground	65536	指定消息框窗口为前景窗口
	MsgBoxRight	524288	文本为右对齐
	MsgBoxRtlReading	1048576	指定文本应为在希伯来语和阿拉伯语系统中从右到左显示

(3) Title:对话框的标题。可选项,显示对话框标题栏中的字符串表达式。如果省略Title,则把应用程序名放入标题栏中。

第1组值(0～5)描述对话框中显示的按钮数量和类型。第2组值(16,32,48,64)描述图标样式。第3组值(0,256,512)确定默认使用哪个按钮。第4组值(0,4096)确定消息框的模式性,第5组值指定消息框窗口是否为前台窗口,以及文本对齐和方向。将这些数字相加生成Buttons参数的最终值时,只能由每组值取用一个数字。

例如:

```
MsgBox("这是一个Msgbox示例!",,,"消息输出框")
```

中省略了Buttons参数,则默认值为0,即第1组、第3组、第4组取值为“0”的成员。显示效果如图3-6所示,只显示“确定”按钮,且第一个按钮是默认的,且用户必须响应消息框,才能继续在当前应用程序中工作。

例如:

```
MsgBox("这是一个Msgbox示例!",528690,"消息输出框")
```

中Buttons参数设置为528690(2+48+256+4096+524288),即第1组为2,显示“中止”、“重试”和“忽略”按钮;第2组为48,显示“警告消息”图标;第3组为256,第2个按钮是默认的;第4组为4096,所有应用程序都被挂起,直到用户响应消息框;第5组为524288,文本为右对齐。输出效果如图3-7所示。

图3-6　Msgbox消息输出框示例1

图3-7　Msgbox消息输出框示例2

用户对 Buttons 的选择将返回一个数值,程序可根据用户选择的"终止"或"重试"等而转到不同的程序流程。Buttons 的返回值如表 3-2 所示。

表 3-2　MsgBox 函数执行后 Buttons 的返回值

常　数	数值	含　义	常　数	数值	含　义
OK	1	确定	Ignore	5	忽略
Cancel	2	取消	Yes	6	是
Abort	3	终止	No	7	否
Retry	4	重试			

【例 3-4】　测试 MsgBox 函数的返回值。

程序界面设计如图 3-8 所示,单击"测试"按钮后执行 MsgBox 函数,用户单击 MsgBox 按钮后,返回值将从 TextBox1 中输出。为了便于对照,界面上设计了一个 GroupBox 控件,内含一个 Label 控件列举了 MsgBox 函数的返回值的含义。"测试"按钮的程序代码如下:

```
Private Sub Button1_Click(sender As Object, e As EventArgs) Handles Button1.Click
    Dim i As Integer
    i=MsgBox("测试 MsgBox 的返回值!", MsgBoxStyle.AbortRetryIgnore)
    TextBox1.Text=i
End Sub
```

例 3-4 中的按钮类型选用的是 MsgBoxStyle.AbortRetryIgnore,程序执行后弹出的 MsgBox 消息输出框如图 3-9 所示,具有"中止"、"重试"和"忽略"3 个按钮。

图 3-8　例 3-4 的界面设计

图 3-9　例 3-4 的 Msgbox 消息输出框

用户单击"重试"按钮返回后,界面输出如图 3-10 所示,即 TextBox1 的输出为 4。若用户选择"中止"按钮,则 TextBox1 的输出将为"3";若用户选择"忽略"按钮,则 TextBox1 的输出将为"5"。

读者可改变 MsgBox 的按钮类型 MsgBoxStyle,来测试其他按钮对应的返回值。

图 3-10 例 3-5 的界面输出结果

3.4 常 用 函 数

在 Visual Basic.NET 程序中包含有大量的内部函数,它们是开发环境已经定义好的,用户可以直接拿来使用。这些常用的函数对于编写应用程序是十分有用的,在后面的例子中也会经常用到,为了便于说明,在此将函数分类别进行说明。

1. 数学函数

在 Visual Basic.NET 程序中常用的数学函数如表 3-3 所示,它们不仅名称与数学中的函数相似,功能也与数学中的函数功能相似。

表 3-3 常用的数学函数

函 数 名 称	用 法	功 能 说 明
Sin	Sin(x)	返回 x 的正弦值
Cos	Cos(x)	返回 x 的余弦值
Tan	Tan(x)	返回 x 的正切值
Asin	Asin(x)	返回 x 的反正弦的值(弧度)
Sinh	Sinh(x)	返回 x 的双曲正弦值
Max	Max(x,y)	返回 x 和 y 中的最大值
Min	Min(x,y)	返回 x 和 y 中的最小值
Abs	Abs(x)	返回 x 的绝对值
Sqrt	Sqrt(x)	返回 x 的平方根
Exp	Exp(x)	返回自然数 e 的 x 次方
Log	Log(x)	返回 x 的自然对数
Log10	Log10(x)	返回 x 的常用对数
Sign	Sign(x)	返回 x 的符号,x>0 时为 1,x<0 时为 -1,x=0 时为 0
Round	Round(x)	将双精度浮点数 x 舍入为最接近的整数
Ceiling	Ceiling(x)	返回大于或等于 x 的最小整数

函 数 名 称	用 法	功 能 说 明
Floor	Floor(x)	返回小于或等于 x 的最大整数
Truncate	Truncate(x)	返回 x 的整数部分

在此需要注意,这些数学函数不能直接使用,若直接使用则会出现如图 3-11 所示的"未声明名称"的错误提示。因其在名称空间 System. Math 中定义,所以要使用这些函数,必须在代码编辑窗口的首行,即在 Public Class Form1 的上面加上 Imports System. Math 语句,或者在使用函数时采用"Math. 函数名"的格式,即图 3-11 示例中的语句变为 TextBox1. Text＝Math. Sqrt(5)。若程序中多处用到数学函数,建议编程者在代码的第一行,即"Public Class Form1"的上方加上 Imports System. Math 语句;若程序中仅有个别数学函数用到,可以采用"Math. 函数名"的格式。

在此处加上Imports System.Math语句

图 3-11　显示错误提示的代码窗口

对于求对数运算,系统中提供了求自然对数函数 Log(x)和求常用对数函数 Log10(x),若要求一般对数,则需要使用除法公式进行转换。如:$\log_2 3$ 可用表达式 Log(3)/ Log(2)或 Log10(3)/ Log10(2)来表示,从而进行计算。

System. Math 名称空间中还提供了 2 个数学常数:圆周率 π 和自然数 e,分别是 Math. PI 和 Math. E。这两个常数是 Double 类型的,Math. PI＝3. 1415926535897931,Math. E＝2. 7182818284590451。

例如,已知半径 R,要求面积 S,则可用 S＝Math. PI ＊ R ＊ R 求得。

2. 转换函数

在第 2 章中已经介绍了部分类型转换函数和 Format 格式转换函数,表 3-4 列示了其他常用的转换函数。

表 3-4　常用的转换函数

函 数 名 称	用 法	功 能 说 明
Fix	Fix(x)	返回 x 的整数部分,舍掉小数部分
Int	Int(x)	返回不大于 x 的最大整数
Hex	Hex(x)	将十进制数 x 转换为十六进制数
Oct	Oct(x)	将十进制数 x 转换为八进制数

函 数 名 称	用 　 法	功 能 说 明
Asc	Asc(str1 $)	返回字符串 str1 中第一个字符的 ASCII 值
Chr	Chr(x)	返回数值 x 所对应的 ASCII 字符
Val	Val(str1 $)	返回字符串 str1 中的数字，当遇到第一个不能转换的字符时停止
Str	Str(x)	将 x 转换为字符串类型

Asc 函数和 Chr 函数可以说是一对互逆的函数，一个是求指定字符的 ASCII 码，另一个是求某一 ASCII 码所对应的字符，因为大写字母 A 所对应的 ASCII 码是 65，所以下面例子中的两条语句就分别返回字符'A'和 65：

```
Dim chrA As String
Dim ascA As Integer
chrA=Chr(65)            '结果为'A'
ascA=Asc("A")          '结果为 65
```

Fix 函数和 Int 函数都是取整函数，但是 Fix 函数返回的是舍掉小数部分的整数部分，而 Int 函数求得的是不大于函数参数的最大整数。对于参数大于或等于零时，两者返回的值相同，而当参数小于零时，两者返回的值绝对值相差 1。

结合前面学过的取整函数，设计如下例子测试各取整函数的区别。

【例 3-5】 测试各取整函数。

前面共学习了 7 个取整函数，分别是数学函数 Round、Ceiling、Floor 和 Truncate，以及转换函数 Fix、Int、Cint。程序界面设计如图 3-12 所示，设计 8 个文本框，分别用作源数据的

图 3-12　例 3-5 取整函数测试的界面设计

输入和 7 种转换后数据的输出，设计 8 个标签，分别作标示。"取整运算"按钮的代码如下：

```
Private Sub Button1_Click(sender As Object, e As EventArgs) Handles Button1.Click
    Dim x As Double
    x=TextBox8.Text                      '输入源数据
    TextBox1.Text=Math.Round(x)
```

```
        TextBox2.Text=Math.Ceiling(x)
        TextBox3.Text=Math.Floor(x)
        TextBox4.Text=Math.Truncate(x)
        TextBox5.Text=Fix(x)
        TextBox6.Text=Int(x)
        TextBox7.Text=CInt(x)
End Sub
```

程序运行时,选用具有代表性的 4 例数据 8.1、8.7、−8.1、−8.7 分别输入,所得到的结果如表 3-5 所示。

表 3-5　取整函数测试用例结果及分析

结果 函数　　　x	8.1	8.7	−8.1	−8.7	分　　　析
Round(x)	8	9	−8	−9	数值部分四舍五入
Ceiling(x)	9	9	−8	−8	大于等于 x 的最小整数
Floor(x)	8	8	−9	−9	小于等于 x 的最小整数
Truncate(x)	8	8	−8	−8	截去小数部分
Fix(x)	8	8	−8	−8	截去小数部分
Int(x)	8	8	−9	−9	小于等于 x 的最小整数
Cint(x)	8	9	−8	−9	数值部分四舍五入

3. 字符串函数

除了数值运算外,字符串运算也是编程者经常遇到的。巧用合适的函数,将大大简化程序的书写,提高代码的可读性和运行效率。常用的字符串操作函数如表 3-6 所示。

表 3-6　常用的字符串函数

函 数 名 称	用　　法	功 能 说 明
Lcase	Lcase(str1 $)	将字符串 str1 全部转换为小写
Ucase	Ucase(str1 $)	将字符串 str1 全部转换为大写
Len	Len(str1 $)	返回字符串 str1 的长度
Mid	Mid(str1 $,n1,n2)	返回字符串 str1 中从 n1 指定的位置开始的 n2 个字符
Left	Left(str1 $,n)	返回字符串 str1 左边的 n 个字符
Right	Right(str1 $,n)	返回字符串 str1 右边的 n 个字符

字符串操作函数中,Lcase 函数用来将参数中的字母全部转换为小写,而 Ucase 则将其全部转换为大写。Len 函数用来求串的长度,也就是串中所包含的字符的个数。Mid、Left 和 Right 函数是用来提取子串的,其中需要注意的是,Left 和 Right 函数如果用于 Windows 窗体或其他任何具有 Left 和 Right 属性的类时,前面必须加上 Microsoft.VisualBasic,即写为 Microsoft.VisualBasic.Left 或 Microsoft.VisualBasic.Right 的形式。下面通过一个具体的例子来熟悉字符串操作函数的具体使用。

【例3-6】 设计一个应用程序,能够实现将任意输入的一个字符串中的第一个和最后一个字符提取并显示出来,而且还能实现将结果串中所包含的字母进行大小写的随意转换。

(1) 分析题意之后,一共需要用到下面几个组件:1个 Form 控件、2个 TextBox 控件、3个 Label 控件以及4个 Button 控件。首先使用工具箱在窗体上放置好各控件的位置,然后再根据表 3-7 中的要求设置各控件的属性值。

表 3-7　例 3-6 中各控件的主要属性值

控 件 类 别	控件属性名	设置的属性值
Form1	Name Text	Form1 字符串提取
Label1	Name Text Font	Lbl1 请输入一个字符串 字体:宋体,字形:粗体,大小:五号
Label2	Name Text Font	Lbl2 源串 字体:宋体,字形:粗体,大小:五号
Label3	Name Text Font	Lbl3 提取后的串 字体:宋体,字形:粗体,大小:五号
TextBox1	Name Text	Txt1 ""(空白)
TextBox2	Name Text	Txt2 ""(空白)
Button1	Name Text	Button1 提取
Button2	Name Text	Button2 转换成大写
Button3	Name Text	Button3 转换成小写
Button4	Name Text	Button4 退出

设置完成之后,用户界面如图 3-13 所示。

图 3-13　例 3-6 的用户界面

（2）分别编写相应的事件处理程序，以实现题目所要求的功能。

对于窗体上的 Label 控件和 TextBox 控件，无须对其编写事件处理程序，因为 Label 控件只是用于提供必要的操作提示信息，而 TextBox 控件则用来输入和输出，所以这里仅需对按钮控件编写事件处理程序。

对于"提取"按钮，可以使用 Mid 函数或 Left 和 Right 函数来实现，在此，为了能够让大家对 Len 函数也有一定的了解，使用 Mid 函数来实现。具体的代码设计如下：

```
Private Sub Button1_Click(sender As Object, e As EventArgs) Handles Button1.Click
    Dim strinput, str1, str2 As String
    Dim n As Integer
    strinput=Txt1.Text                '读取用户输入的源串
    n=Len(strinput)                   '求用户输入的字符串的串长
    str1=Mid(strinput, 1, 1)          '提取出第一个字符
    str2=Mid(strinput, n, 1)          '提取出最后一个字符
    Txt2.Text=str1 & str2             '使用运算符 & 连接后将结果输出
End Sub
```

对于"转换成大写"按钮使用 Ucase 函数实现，具体的代码设计如下：

```
Private Sub Button2_Click(sender As Object, e As EventArgs) Handles Button2.Click
    Txt2.Text=UCase(Txt2.Text)
     '使用 Ucase 函数将结果文本框中的字母转换成大写后输出
End Sub
```

对于"转换成小写"按钮使用 Lcase 函数实现，具体的代码设计如下：

```
Private Sub Button3_Click(sender As Object, e As EventArgs) Handles Button3.Click
    Txt2.Text=LCase(Txt2.Text)
     '使用 Lcase 函数将结果文本框中的字母转换成小写后输出
End Sub
```

对于"退出"按钮的具体代码设计如下：

```
Private Sub Button4_Click(sender As Object, e As EventArgs) Handles Button4.Click
    Close()
End Sub
```

（3）代码书写完成之后，就可以启动运行程序，单击 F5 键，在"源串"文本框中输入"Good Job"，单击"提取"按钮，则运行界面如图 3-14 所示。

图 3-14　例 3-6 的运行结果界面

单击"转换成大写"按钮、"转换成小写"按钮,则显示提取结果文本框中的内容分别变为"GB"、"gb",单击"退出"按钮则结束程序。

4. 时间和日期函数

常用的时间和日期函数如表 3-8 所示。

表 3-8　常用时间和日期函数

函 数 名 称	用 法	功 能 说 明
Year	Year(DateValue)	返回 Date 类型 DateValue 中的年份
Month	Month(DateValue)	返回 Date 类型 DateValue 中的月份
Day	Day(DateValue)	返回 Date 类型 DateValue 中的日期
Hour	Hour(DateValue)	返回 Date 类型 DateValue 中的小时
Minute	Minute(DateValue)	返回 Date 类型 DateValue 中的分钟
Second	Second(DateValue)	返回 Date 类型 DateValue 中的秒

日期和时间函数主要用来返回某一时间值中年、月、日、时、分和秒的信息,需要注意的是,若要使用 Day 函数,则必须在其前面加上 Microsoft. VisualBasic。如下语句给出了这些函数的具体使用方法:

```
Dim datevalue As Date
Dim n As Integer
datevalue=#5/23/2005 3:23:26 PM#                        '为日期型变量赋值需用#引起来
MsgBox(Year(datevalue))                                '返回 2005
MsgBox(Month(datevalue))                               '返回 5
MsgBox(Microsoft.VisualBasic.Day(datevalue))           '返回 23
MsgBox(Hour(datevalue))                                '返回 15
MsgBox(Minute(datevalue))                              '返回 23
MsgBox(Second(datevalue))                              '返回 26
```

第 2 章中介绍了 Format 函数可以按指定格式输出数值型值,除此之外,Format 函数还可以指定日期和时间的输出格式。下面语句给出了 Format 函数输出日期和时间值的用法:

```
Dim TestDateTime As Date=#1/27/2001 5:04:23 PM#
Dim TestStr As String
TestStr=Format(Now(), "Long Time")
'以系统定义的 Long Time 格式输出,即以"hh:mm:ss"格式返回当前的时间
TestStr=Format(Now(), "Long Date")
'以系统定义的 Long Date 格式输出,返回当前的日期,例如"2010 年 8 月 18 日"
TestStr=Format(Now(), "D")
'输出格式同 Long Date,返回如"2010 年 8 月 18 日"格式的当前日期
TestStr=Format(TestDateTime, "h:m:s")
'输出紧凑时间格式,返回 "5:4:23"
TestStr=Format(TestDateTime, "hh:mm:ss tt")
```

'输出标准时间格式,返回"05:04:23 下午"
TestStr=Format(TestDateTime, "dddd, MMM d yyyy")
'中文系统返回"星期六,一月 27 2001",英文系统返回"Saturday, Jan 27 2001"
TestStr=Format(TestDateTime, "HH:mm:ss")
'返回"17:04:23"

5. 随机数函数

随机数函数如表 3-9 所示。

表 3-9　随机数函数

函　数　名　称	用　　法	功　能　说　明
Randomize	Randomize(x)	以数 x 为"种子数"初始化随机数发生器
Rnd	Rnd(x)	返回一个[0,1)区间的随机数

Rnd 函数返回小于 1 但大于或等于 0 的 Single 类型的值。

Rnd(x)中 x 的值决定了 Rnd 生成随机数的方式。如果 x 小于等于 0,则每次调用 Rnd(x)会产生同样的数;如果 x 大于 0 或默认,则每次调用 Rnd(x)会产生不同的随机数,但重新启动运行后又是同样的随机序列。因此,在调用 Rnd 之前,先使用无参数的 Randomize 函数初始化随机数生成器。

例如,可以使用如下语句为数组 A 进行随机数赋值。

```
Dim a(9) As Single, i As Integer
Randomize()
For i=0 To 9
    a(i)=Rnd()
Next
```

这里,Randomize 和 Rnd 函数均使用无参函数,Randomize()具有一个基于系统计时器的种子,所以不会发生重复序列。

因为 Rnd 函数的返回值在[0,1)区间,所以若要生成某给定范围内的随机整数,可使用下面的公式:

```
randomvalue=Int((upperbound-lowerbound+1) * Rnd()+lowerbound)
```

这里,upperbound 是此范围内最大的数,lowerbound 是此范围内最小的数。

例如,要生成[10,10]区间内的随机整数,可使用如下语句:

```
Dim x As Integer
Randomize()
x=Int(91 * Rnd()+10)
```

要生成[1,100]区间的随机整数,可使用语句:

```
x=Int(100 * Rnd()+1)
```

3.5 应 用 举 例

本节将用两个实例帮助读者进一步理解顺序结构程序设计。

【例 3-7】 交换两个变量的值。

界面设计如图 3-15 所示,窗体中使用 2 个 GroupBox 控件来标示原数据和交换后数据,用 4 个 Label 标示数据变量的提示信息,用 4 个 TextBox 分别作为 2 个输入框和 2 个输出框。

两个变量交换值是程序设计中常用的算法,要把变量 a 和变量 b 的值交换,不能直接使用如下语句:

```
b=a
a=b
```

图 3-15 例 3-7 的界面设计

这样的语句,最终结果是 a 和 b 都是变量 a 原来的值。可以想象这样一个例子:有两个瓶子,分别装着酱油和醋,要想将酱油和醋交换瓶子盛放,该怎么做? 答案是必须借助另一个空瓶子。交换变量正是如此,需要借助另一个变量。"交换"按钮程序代码如下:

```
Private Sub Button1_Click(sender As Object, e As EventArgs) Handles Button1.Click
        Dim a, b, temp As Double
        a=TextBox1.Text                              '输入原数据
        b=TextBox2.Text
        temp=a                                       '临时变量,做空瓶子使用
        a=b
        b=temp
        TextBox3.Text=a                              '输出交换后数据
        TextBox4.Text=b
End Sub
```

"清空"按钮程序代码如下:

```
Private Sub Button2_Click(sender As Object, e As EventArgs) Handles Button2.Click
        TextBox1.Text=""                             '清空文本框的内容
        TextBox2.Text=""
        TextBox3.Text=""
        TextBox4.Text=""
End Sub
```

这里,交换两个变量用到的 3 个语句:

```
temp=a
a=b
b=temp
```

在日常编程中会经常用到,请读者牢记。

【例 3-8】 购物程序。程序实现选择商品单价,输入数量,自动计算应付金额,输入所

付现金后,自动计算输出应找零钱。

界面设计如图 3-16 所示。采用 1 个列表框 ListBox1 供用户选择商品单价,预先设定 items 为 0.5、1.0、1.5、2.0、2.5、3.0;用文本框 TextBox1 供用户输入商品数量,单击"计算" 按钮,系统计算出的商品应付金额,通过 Label6 输出;用文本框 TextBox2 输入付款金额,单击"找零"按钮,系统计算出找零金额通过标签 Label7 输出。因 Label 仅用于输出不能修改,所以计算出的"应付金额"和"找零金额"可以避免因误操作而引起差错。

图 3-16　例 3-8 的操作界面设计

"计算"按钮程序代码如下:

```
Private Sub Button1_Click(sender As Object, e As EventArgs) Handles Button1.Click
    Dim price, amount, quantity As Single
    price=ComboBox1.SelectedItem          '选择单价
    quantity=TextBox1.Text                '输入数量
    amount=price * quantity               '计算应付金额
    Label6.Text=amount                    '输出应付金额
End Sub
```

"找零"按钮程序代码如下:

```
Private Sub Button2_Click(sender As Object, e As EventArgs) Handles Button2.Click
    Dim money, change, amount As Single
    amount=Label6.Text                    '取得"计算"时得出的应付金额
    money=TextBox2.Text                   '输入顾客付款金额
    change=money-amount                   '计算找零金额
    Label7.Text=change                    '输出找零金额
End Sub
```

习　题　3

1. 界面设计中,可用来输入数据的控件有哪些,可用来输出数据的控件有哪些?

2. 设计如图 3-17 所示的界面,编程测试各数学函数的用法:在文本框 1、2 中分别输入双精度类型 a、b,然后分别实现各按钮所示运算,并将运算结果从文本框 3 输出。

3. 设计如图 3-18 所示的界面,编程测试各字符串函数的用法:在文本框中录入字符串 a 和相关的数值参数 n1、n2,然后分别实现各按钮所示的字符串运算,并将结果输出到结果文本框中。

图 3-17　测试各数学函数界面　　　　　图 3-18　测试各字符串函数界面

第4章　选择结构程序设计

用顺序结构编写的程序比较简单,只能进行一些简单的运算,所以处理的问题也很有限。在实际应用中,有许多问题都需要根据某些条件来控制程序的转移,这就需要选择结构,其功能是当满足条件时,就执行某一语句块,反之则执行另一语句块。

4.1　If　语　句

If 语句是实现选择结构的常用语句,又可分为单分支结构、双分支结构和多分支结构。用户可以根据需要选择使用。

4.1.1　If…Then 语句

单分支结构的 If…Then 语句含义:若表达式的值为 True,则执行 Then 与 End If 之间的语句块;否则,不做任何动作。

其流程如图 4-1 所示。

图 4-1　单分支结构

单分支结构的使用方法可以分以下两种。

第一种用法的语法如下:

```
If 表达式 Then
    语句块
End If
```

其中具体含义如下。

(1) 表达式:一般为关系表达式、逻辑表达式,也可以是算术表达式。若是算术表达式,则按非 0 为 True,0 为 False 进行判断。

(2) 语句块:可以是一个语句或多个语句。

该语句的功能:当表达式的值为 True 时,执行"语句块";当表达式为 False 时,不执行动作。

【例 4-1】 输入两个数 a 和 b，比较它们的大小，把大数存入 a，把小数存入 b（即 a＞b）。

```
Dim a, b, t As Integer
a=InputBox("请输入 a 的值: ", "比较大小")
b=InputBox("请输入 b 的值: ", "比较大小")
If (a <b) Then
    t=a                              '这三个语句表示把变量 a 和 b 中的数据互换
    a=b
    b=t
End If
TextBox1.Text=a
TextBox2.Text=b
```

注：把两个变量（假设为 a,b）的值互换，不能写为：

```
a=b
b=a
```

这样写的结果是，两个变量的值都为原来 b 的值。请读者思考这是为什么？

【例 4-2】 超市购物：如果购物金额不超过 1 万元，不打折。如果购物金额超出 1 万元，那么超出 1 万元的部分打九折，并将实际金额显示在屏幕上。

```
Dim money As Double
money=TextBox1.Text
If money>10000 Then
    money=10000+ (money-10000) * 0.9
End If
TextBox2.Text=money
```

第二种用法：整个语句写在一行上（也称单行 If 语句）。语法如下：

```
If 表达式 Then 语句
```

说明：此时，Then 后面只能跟一个语句。若为多个语句，则必须用冒号分隔语句，且写在一行上。

【例 4-3】 用单行 If 语句实现例 4-2。

```
Dim a, b, t As Integer
a=InputBox("请输入 a 的值: ", "比较大小")
b=InputBox("请输入 b 的值: ", "比较大小")
If (a <b) Then t=a : a=b : b=t
TextBox1.Text=a
TextBox2.Text=b
```

4.1.2　If…Then…Else…语句

双分支结构 If…Then…Else…语句的语法如下：

```
If  <表达式>  Then
```

```
        语句块 A
Else
        语句块 B
End If
```

其中的"表达式"、"语句块 A"和"语句块 B"与第 4.1.1 节中的"表达式"、"语句块"作用相同。

语句的功能：如果"表达式"的值为 True，则执行紧接在 Then 后面的"语句块 A"，否则执行紧接在 Else 后面的"语句块 B"，流程如图 4-2 所示。

图 4-2　双向条件分支结构

【例 4-4】　求一元二次方程 $ax^2 + bx + c = 0$ 的实根（不考虑虚根）。

说明：在程序运行时输入的 a，b，c 的值，要确保 $b^2 - 4ac \geqslant 0$；否则，程序出错。

```
Dim a, b, c, delt, x1, x2 As Double
a=TextBox1.Text
b=TextBox2.Text
c=TextBox3.Text
delt=b * b-4 * a * c
If delt>0 Then
    x1=(-b+Sqrt(delt)) / (2 * a)
    x2=(-b-Sqrt(delt)) / (2 * a)
Else
    x1=-b / (2 * a)
    x2=x1
End If
TextBox4.Text=Format(x1, "0.###")
TextBox5.Text=Format(x2, "0.###")
```

【例 4-5】　计算分段函数 $y = \begin{cases} \sin x + 3x, & x \geqslant 0 \\ 2x^2 - 13, & x < 0 \end{cases}$ 的值。

在这个例子的程序中，省去了输入和输出，重点在于计算。另外一点值得注意的是：在 Visual Basic.NET 中，所有三角函数的参数的单位是弧度，而不是度。

方法 1：利用双分支结构。

```
If x>=0 Then
    y=Sin(x)+3 * x
```

```
Else
    y=2 * x * x-13
End If
```

方法 2：利用单分支结构

```
y=Sin(x)+3 * x                    '即先假定 x>=0
If x <0 Then                      '再判断 x 是否小于 0。若小于,就计算对应的 y 值
    y=2 * x * x-13
End If
```

4.1.3 If…Then…ElseIf…语句

双分支结构的 If…Then…ElseIf…语句只能根据表达式的值决定处理两个分支中的一个。当要处理的问题有多个条件时,就要用到多分支结构(或者是 If 语句的嵌套)。

语法如下:

```
If <表达式 1>Then
    语句块 1
ElseIf <表达式 2>Then
    语句块 2
    …
[Else
    语句块 n+1]
End If
```

此语句中的"表达式"和"语句块"的作用与前面 If 语句中的一样。

该语句的功能是,根据表达式的值确定执行哪个语句块。测试条件的顺序为表达式 1、表达式 2、…,一旦遇到表达式的值为 True,就执行该条件下的语句块,然后退出此语句;若表达式的值都为 False,则执行语句块 $n+1$。流程如图 4-3 所示。

【例 4-6】 求函数 $y=\begin{cases}1, & x>0 \\ 0, & x=0 \\ -1, & x<0\end{cases}$ 的值。

```
Dim x, y As Integer
x=InputBox("输入 x 的值: ", "符号函数")
If x>0 Then
    y=1
ElseIf x=0 Then
    y=0
Else
    y=-1
End If
```

【例 4-7】 根据成绩(百分制,0～100),求出相应的等级(A、B、C、D、E)。其中:90～100 分为 Grade A;80～89 分为 Grade B;70～79 分为 Grade C;60～69 分为 Grade D;0～59

图 4-3　多分支结构

分为 Grade E。

方法 1：

```
Dim score As Double
score=Val(InputBox("请输入成绩:","根据百分制成绩生成相应等级"))
If score>=90 Then
    MsgBox("grade A!", 0, "成绩为 A")
ElseIf score>=80 Then
    MsgBox("grade B!", 0, "成绩为 B")
ElseIf score>=70 Then
    MsgBox("grade C!", 0, "成绩为 C")
ElseIf score>=60 Then
    MsgBox("grade D!", 0, "成绩为 D")
Else
    MsgBox("grade E!", 0, "成绩为 E")
End If
```

方法 2：

```
Dim score As Double
score=Val(InputBox("请输入成绩:","根据百分制成绩生成相应等级"))
If score>=90 Then
    MsgBox("grade A!", 0, "成绩为 A")
ElseIf score>=80 And score <90 Then
    MsgBox("grade B!", 0, "成绩为 B")
ElseIf score>=70 And score <80 Then
    MsgBox("grade C!", 0, "成绩为 C")
ElseIf score>=60 And score <70 Then
    MsgBox("grade D!", 0, "成绩为 D")
```

```
Else
    MsgBox("grade E!", 0, "成绩为 E")
End If
```

这种方法的条件表达式比较烦琐,可以替换成方法一中的表示方法。

方法 3:用顺序结构的多个单分支 If 语句实现。

```
If score>=90 Then MsgBox("grade A!", , "成绩为 A")
If score>=80 And score<90 Then MsgBox("grade B!", 0, "成绩为 B")
If score>=70 And score<80 Then MsgBox("grade C!", 0, "成绩为 C")
If score>=60 And score<70 Then MsgBox("grade D!", 0, "成绩为 D")
If score<60 Then MsgBox("grade E!", 0, "成绩为 E")
```

【例 4-8】 求一元二次方程 $ax^2+bx+c=0$ 的根(考虑虚根)。

说明:由于在 Visual Basic.NET 中没有表示复数的数据类型,但可以把一个复数看成两部分:实部和虚部(即 $a+bi$ 的形式,其中的 a,b 当成实数看待)。因此,定义两个变量 sb,xb 分别表示 a 和 b。然后把 sb 和 xb 通过字符串的连接运算形成一个复数的形式。

```
Dim a, b, c, delt, x1, x2, sb, xb As Double
a=TextBox1.Text
b=TextBox2.Text
c=TextBox3.Text
delt=b * b-4 * a * c
If delt>0 Then
    x1=(-b+Sqrt(delt)) / (2 * a)
    x2=(-b-Sqrt(delt)) / (2 * a)
    TextBox4.Text=Format(x1, "0.###")
    TextBox5.Text=Format(x2, "0.###")
ElseIf delt=0 Then
    x1=-b / (2 * a)
    x2=x1
    TextBox4.Text=Format(x1, "0.###")
    TextBox5.Text=Format(x2, "0.###")
Else
    sb=-b / (2 * a)
    xb=Sqrt(-delt) / (2 * a)
    TextBox4.Text=Format(sb, "0.###")+"+"+Format(xb, "0.###")+"i"
    TextBox5.Text=Format(sb, "0.###")+"-"+Format(xb, "0.###")+"i"
End If
```

此时分 3 种情况分别显示(看起来有些重复),而不能合在一起显示。这是因为实根和虚根的表示方法不一样。若把实根也看成字符串的形式,则可以在程序的最后一起显示。程序如下:

```
Dim a, b, c, delt, sb, xb As Double
Dim x1, x2 As String
a=TextBox1.Text
```

```
b=TextBox2.Text
c=TextBox3.Text
delt=b * b-4 * a * c
If delt>0 Then
    x1=Format((-b+Sqrt(delt)) / (2 * a), "0.###")
    x2=Format((-b-Sqrt(delt)) / (2 * a), "0.###")
ElseIf delt=0 Then
    x1=Format(-b / (2 * a), "0.###")
    x2=x1
Else
    sb=-b / (2 * a)
    xb=Sqrt(-delt) / (2 * a)
    x1=Format(sb, "0.###")+"+"+Format(xb, "0.###")+"i"
    x2=Format(sb, "0.###")+"-"+Format(xb, "0.###")+"i"
End If
TextBox4.Text=x1
TextBox5.Text=x2
```

4.1.4 If 语句的嵌套

If 语句的嵌套是指 If 或 Else 后面的语句块中又包含 If 语句。

```
If  <表达式 1>  Then
    [If  <表达式 11>  Then
        …
    End If]
Else
    [If  <表达式 21>  Then
        …
    End If]
End If
```

【例 4-9】 求函数 $y = \begin{cases} 1, & x > 0 \\ 0, & x = 0 \\ -1, & x < 0 \end{cases}$ 的值。

方法 1：

```
If x>=0 Then
    If x>0 Then
        y=1
    Else
        y=0
    End If
Else
    y=-1
End If
```

方法 2：

```
If x>0 Then
     y=1
Else
    If x=0 Then
        y=0
    Else
        y=-1
    End If
End If
```

方法 3：

```
y=-1
If x>=0 Then
    If x>0 Then
        y=1
    Else
        y=0
    End If
End If
```

此题还有其他几种写法，请读者自行写出，并理解 If 语句嵌套的用法。

前面讲的多分支结构中的例子都可以用嵌套结构实现，请读者实现。

说明：

(1) 对于嵌套结构，为了增强程序的可读性，书写时要使同一层次的 If…Else…End If 写在同一列上（采用缩进的格式）。

(2) 某个 If 语句的形式若不在一行上书写，必须有相应的 End If 配对。

(3) If 与 End If 的配对规则：End If 与它前面最近的且未配对的 If 配对。

例如：If 与 End If 的配对，下行没有按缩进格式写，目的在于练习 If 与 End If 的配对。

If…If…Else…If…If…End If…If…Else…If…End If…End If…End If…End If…End If
① ②　 ②　 ③ ④　　 ④　　 ⑤ ⑤　 ⑥　　 ⑥　　　 ⑤　　　 ③　　　 ②　　　　 ①

上行中的数字表示相应配对的 If…End If。

【例 4-10】 编写程序，判断某一年份(year)是否为闰年。

分析：判断闰年的条件是：能被 4 整除但不能被 100 整除的年份；或者能被 400 整除的年份。

方法 1：利用 If 的嵌套。

```
Dim year As Integer
Dim leap As Boolean       '标识 year 是否为闰年。其值为 True 时,year 为闰年;否则不是闰年
year=TextBox1.Text
If year Mod 4=0 Then
    If year Mod 100=0 Then
```

```
        If year Mod 400=0 Then
            leap=True
        Else
            leap=False
        End If
    Else
        leap=True
    End If
Else
    leap=False
End If
If leap Then
    MsgBox("是闰年!", , "判断闰年")
Else
    MsgBox("不是闰年!", , "判断闰年")
End If
```

方法 2：上面的程序段可以用一个单层的 If 语句实现。

```
If (year Mod 4=0 And year Mod 100 <>0) Or (year Mod 400=0) Then
    MsgBox("是闰年!", , "判断闰年")
Else
    MsgBox("不是闰年!", , "判断闰年")
End If
```

4.2　多向选择语句

Select Case 语句又称情况语句，是多分支结构的另一种表示形式。该语句的语法如下：

```
Select Case <测试表达式>
    Case <表达式列表 1>
        语句块 1
    Case <表达式列表 2>
        语句块 2
        …
     [Case Else
        语句块 n+1]
End Select
```

语句的功能是，根据测试表达式和表达式列表的值，从多个语句块中选择符合条件的一个语句块执行。

执行流程：Select Case 语句在结构的开始计算测试表达式的值，而且只计算一次。然后，将表达式的值与结构中的每个 Case 的值进行比较。如果相等，就执行与该 Case 相关联的语句块,然后退出此结构;若都不相等,则执行 Case Else 后的语句块。

说明:

(1) 测试表达式只能是数值表达式或字符串表达式,不能是逻辑表达式。

(2) 每个语句块由一行或多个 Visual Basic 语句组成。

(3) 表达式列表与测试表达式的类型必须相同。如果在一个表达式列表中有多个值,就用逗号把值隔开。表达式有 4 种形式:

① 一个表达式。如:

```
Case 6
```

② 一组枚举表达式,即多个表达式,表达式之间用逗号隔开。如:

```
Case 1,3,5,7
Case "i","you","then"
```

③ 表达式 1 TO 表达式 2。该形式指定某个数值范围。较小的数值放在前面,较大的数值放在后面;字符串常量则按字符的编码顺序从低到高排列。

```
Case 1 to 10
Case "a" to "e"
```

④ is <关系运算符><表达式>。如:

```
Case is>=60
Case is<>"This"
```

另外,在一个情况语句中,上述 4 种形式可以混合使用。

(4) 当有多个 Case 后的表达式列表的取值范围和测试表达式的值域相符时,只执行符合要求的第一个 Case 子句后的语句块。

【例 4-11】 利用 Select Case 语句实现例 4-7 的功能。

```
Dim score As Double
score=Val(InputBox("请输入成绩: ", "根据百分制成绩生成相应等级"))
Select Case Int(score / 10)
    Case 0 To 5
        MsgBox("grade E!", 0, "成绩为 E")
    Case 6
        MsgBox("grade D!", 0, "成绩为 D")
    Case 7
        MsgBox("grade C!", 0, "成绩为 C")
    Case 8
        MsgBox("grade B!", 0, "成绩为 B")
    Case 9, 10
        MsgBox("grade A!", 0, "成绩为 A")
End Select
```

4.3　图片控件 PictureBox

图片显示控件是一类以显示图片为其主要功能的控件。包括图片控件 PictureBox 和图片列表控件 ImageList。本书只介绍 PictureBox 控件,关于图片列表控件的知识,请读者参考其他相关书籍。

PictureBox 控件用来容纳和显示一个图片,用 Image 属性可以设定其显示的图片。前面提到过用 Label 控件也可以显示图片,与 Label 控件相比,用 PictureBox 控件来显示图片的优点在于它提供了一个 SizeMode 属性来调整控件或者图片的大小及位置。表 4-1 列出了 SizeMode 属性的 4 个属性值和相应的描述。

表 4-1　SizeMode 属性的 4 个属性值和相应的描述

属　性　值	描　　　述
AutoSize	PictureBox 控件调整自身的大小使图片正好能够容纳在其内部
CenterImage	如果 PictureBox 控件比图片大,图片放在控件的中央。如果图片比 PictureBox 控件大,控件放在图片的中央,图片在控件之外的部分被剪切掉
Normal	图片位于控件的左上角,如果图片比控件大,就把图片在控件之外的部分剪切掉
StretchImage	图片被拉伸或者缩小以适应控件

【例 4-12】　编写程序,交换两个图片框中的图形。

在传统的程序设计中,交换两个变量的值是十分常见的操作,通常要引入第 3 个变量。交换两个图片控件中图片的操作与此类似。

首先在窗体上建立 3 个图片框 PictureBox1、PictureBox2、PictureBox3,其中 PictureBox3 的大小和位置任意,再建立两个 Button 按钮。代码如下:

```
Private Sub Form1_Load(sender As Object, e As EventArgs) Handles MyBase.Load
    PictureBox1.SizeMode=PictureBoxSizeMode.StretchImage
    PictureBox2.SizeMode=PictureBoxSizeMode.StretchImage
    PictureBox3.SizeMode=PictureBoxSizeMode.StretchImage
    PictureBox3.Visible=False
    PictureBox1.Image=Image.FromFile("D:\sunset.jpg")    '装图片
    PictureBox2.Image=Image.FromFile("D:\winter.jpg")    '装图片
End Sub
Private Sub Button1_Click(sender As Object, e As EventArgs) Handles Button1.Click
    PictureBox3.Image=PictureBox1.Image                  '通过第三个图片框来交换
    PictureBox1.Image=PictureBox2.Image
    PictureBox2.Image=PictureBox3.Image
End Sub
```

运行结果如图 4-4 所示。

在上例中,第 3 个图片框是临时控件,它的大小、位置甚至是否可见都无关紧要。但是要注意,代码中涉及的两个图片文件 D:\sunset.jpg 和 D:\winter.jpg 要存在。

(a)　　　　　　　　　　　　　　　　(b)

图 4-4　交换两个图片框中的图形

4.4　HscrollBar 和 VscrollBar 控件

在 Visual Basic.NET 中,有两种类型的滚动条,一种是垂直滚动条 VscrollBar,另一种是水平滚动条 HscrollBar。使用滚动条的目的有以下 3 个。

(1) 当开发人员设计程序时,如果希望避免输入数值错误,可以使用滚动条控件使用户直接通过调整滚动轴输入而不必输入具体数值。

(2) 显示事件的进度。

(3) 在有限的窗口内查看更多的信息。

滚动条控件不同于 Windows 内部的滚动条或其他附加在文本框、列表框、组合框或者 MDI 窗体上的滚动条。无论何时,只要应用程序或控件所包含的信息超过当前窗口(或者在 ScrollBars 属性被设置成 True 时的文本框和 MDI 窗体)所能显示的信息,滚动条就会自动出现。

在一般情况下,垂直滚动条的值由上往下递增,最上端代表最小值(Min),最下端代表最大值(Max)。而水平滚动条的值则从左向右递增,滚动条的值均以整数表示,其默认的取值范围为 0～100。

4.4.1　建立滚动条

将鼠标移到"工具箱"内的"Windows 窗体"选项卡的 HscrollBar 控件上并单击。

将指针移至窗体中适当的位置,按住鼠标左键并拖动鼠标将 HscrollBar 控件调整到合适的大小放开左键。

同样,再在 Form 上设置一个 VscrollBar 控件,如图 4-5 所示。

4.4.2　滚动条控件的常用属性

表 4-2 列出了滚动条控件的常用属性。

图 4-5 在 Form 中添加滚动条

表 4-2 滚动条控件常用属性

属　　性	说　　明
LargeChange	当用户按滚动区时,设定滚动钮每次移动的距离,默认值为 10
SmallChange	当用户单击"微调"按钮时,设定滚动钮移动的距离,默认值为 1
MaxiMum	滚动条的最大值,默认值为 100,当滚动框位于最右端或最下端时,Value 属性设为该值
MinMum	滚动条的最小值,默认值为 0,当滚动框位于最左端或最上端时,Value 属性取该值
Value	它是一个整数,默认值为 0,对应于滚动框在滚动条中的位置。当滚动框位置在最小值时,它将移动到滚动条的最左端(水平滚动条)或最顶端(垂直滚动条)。当滚动框在最大值时,它将移动到滚动条的最右端或最底端。同样,滚动框取中间数值时将位于滚动条的中间位置。除了可用鼠标单击改变滚动条数值外,也可将滚动框沿滚动条拖动到任意位置。结果取决于滚动框的位置,但总是在用户所设置的 MiniMun 和 MaxiMum 属性之间

4.4.3 滚动条的应用

利用水平滚动条和垂直滚动条来调整图片的宽度和高度,以产生缩放效果。

【例 4-13】 程序运行时 PictureBox1 控件中 Image 图片的大小会随用户拖动滚动条而放大或缩小。

使用水平滚动条调整图片的宽度,使用垂直滚动条调整图片的高度。滚动条的 Maximum 及 MiniMum 属性分别设为 300 和 50,其余属性取默认值。单击"结束"按钮时,终止程序运行。

代码如下:

```
Private Sub VScrollBar1_Scroll(sender As Object, e As ScrollEventArgs) Handles _
VScrollBar1.Scroll
    PictureBox1.Height=VScrollBar1.Value
End Sub
```

```
Private Sub HScrollBar1_Scroll_1(sender As Object, e As ScrollEventArgs) Handles _
HScrollBar1.Scroll
    PictureBox1.Width=HScrollBar1.Value
End Sub
Private Sub Button1_Click(sender As Object, e As EventArgs) Handles Button1.Click
    Close()
End Sub
```

程序运行时,图片的大小会随用户拖动滚动条而放大或缩小,效果如图 4-6 所示。

图 4-6　使用滚动条调整画面大小

4.5　分　组　控　件

分组控件相当于一个容器,可以容纳其他控件,同时给控件分组。单选按钮一定要放在分组控件里,才能保证几个单选按钮成为一组,而单选按钮只有成为一组,才能保证其中只有一个可以被选中。几个复选框或一组有关系的按钮,也通常放在一个分组控件里。

只要把某控件拖动到分组控件里,这个控件就属于该分组控件了;把某控件挪动到分组控件以外,该控件就不属于该分组控件了。

4.5.1　分组面板 Panel 控件

面板控件 Panel 是最简单的分组控件,没有标题,边框(BorderStyle)有 3 种样式,如图 4-7 所示,从左到右分别是无边框(None)、简单边框(FixedSingle)和立体边框(Fixed3D)。为了与边框样式配合,Panel 控件中按钮的 FlatStyle 属性也分别使用了Standard、Flat 和 Popup 3 种属性值。

图 4-7　Panel 控件 BorderStyle 的三种样式

4.5.2　分组框 GroupBox 控件

GroupBox 控件也是一个分组（容器）控件，用于将屏幕上的对象分组。它可以把不同的对象放在一个分组框中，并提供标题栏，造成视觉上的区分。

分组框的属性包括 Enabled、Font、Height、Left、Top、Visible、Width。此外，Name 属性用于在程序代码中标识一个分组框，而 Text 属性定义了分组框的可见文字部分。

对于分组框来说，通常把 Enabled 属性设为 True，这样才能保证分组框内的对象是"活动"的。如果把分组框的 Enabled 属性设为 False，则其标题会变灰，分组框中的所有对象均被屏蔽。

使用分组框时，既可以先画出分组框，然后在分组框内画出需要成为一组的控件，也可以先画一组控件，后画分组框，再把这组控件逐个移到分组框中而成为一组。这样就使分组框内的控件与分组框成为一个整体，可以和分组框一起移动。

移动分组框控件时，必须先把它激活，然后把鼠标光标移到边框上，使光标变为十字箭头，此时即可按住鼠标左键将其拖动。

分组框常用的事件是 Click 和 DblClick，它不接受用户输入，不能显示文本和图形，也不能与图形相连。

当窗体上有多个单选按钮时，如果选择其中的一个，其他单选按钮自动关闭。当需要在同一个窗体上建立几组相互独立的单选按钮时，必须通过分组框将单选按钮分组，使得在一个分组框内的单选按钮为一组，每个分组框内的单选按钮的操作不影响其他组的单选按钮。

【例 4-14】　编写一个"选举投票"程序。参加选举的人对候选人投票，程序统计每个候选人的票数，并输出投票结果。

在窗体上画 3 个分组框，在第 1 个分组框内画 3 个单选按钮，在第 2 个分组框内画 3 个命令按钮，在第 3 个分组框内画一个文本框，并把该文本框的 MultiLine 属性设为 True，界面如图 4-8 所示。

代码如下：

```
Dim num_z, num_l, num_w As Integer   '窗体层变量,分别表示 3 个人的票数
Private Sub Form1_Load(sender As Object, e As EventArgs) Handles MyBase.Load
    Me.Text="选举投票"                    '初始化各控件的 Text 属性,Me 代表窗体本身
    GroupBox1.Text="候选人"
    GroupBox2.Text="操作"
```

图 4-8　窗体设计

```
        GroupBox3.Text="显示结果"
        RadioButton1.Text="王小英"
        RadioButton2.Text="张媛媛"
        RadioButton3.Text="张扬伊明"
        Button1.Text="投票"
        Button2.Text="显示结果"
        Button3.Text="退出"
        TextBox1.Text=""
        num_z=0                          '变量初始化
        num_l=0
        num_w=0
    End Sub
    Private Sub Button1_Click(sender As Object, e As EventArgs) Handles Button1.Click
        If RadioButton1.Checked Then
            num_z=num_z+1
        End If
        If RadioButton2.Checked Then
            num_l=num_l+1
        End If
        If RadioButton3.Checked Then
            num_w=num_w+1
        End If
    End Sub
    Private Sub Button2_Click(sender As Object, e As EventArgs) Handles Button2.Click
        Dim cl As String=Chr(13) & Chr(10)
        Dim S As String="选择结果: " & cl
        S=S & cl & RadioButton1.Text & Str(num_z) & "票"
        S=S & cl & RadioButton2.Text & Str(num_l) & "票"
        S=S & cl & RadioButton3.Text & Str(num_w) & "票"
        TextBox1.Text=S
    End Sub
    Private Sub Button3_Click(sender As Object, e As EventArgs) Handles Button3.Click
        Close()
```

End Sub

Button1_Click 事件对每个候选人分别计票,Button2_Click 事件根据计票的情况在文本框中显示选举结果。程序运行后,在"候选人"框中选择要投票的候选人,然后单击"操作"框中的"投票"按钮,即可为该候选人计票。投票结束后,单击"显示结果"按钮,即可在文本框中显示选举结果。程序运行的结果如图4-9所示。

图 4-9　投票选举程序的运行结果

4.5.3　使用 TabControl 控件设计选项卡

选项卡控件 TabControl 用来把控件分在几个带标签的选项卡中,可以通过单击标签在不同的选项卡之间切换。

在窗体中加入 TabControl 控件后,可以设置 TabControl 控件的 Dock 属性为 Fill(中间对齐),这样 TabControl 控件可以填满整个窗口。

TabControl 控件一个很重要的属性是 TabPages,属性值是一个集合,包含了 TabControl 控件中的每个选项卡。可以单击 TabPages 属性右边的"…"按钮,在弹出的窗口中单击"添加"或者"移除"按钮来增删选项卡。也可以在选中 TabControl 控件以后,单击右上方的黑色三角▶,在弹出的窗口里面有两个链接:"添加选项卡"和"移除选项卡",直接单击也可以增删选项卡。使用选项卡的 Text 属性设置选项卡的标签名。

图 4-10　使用 TabControl 控件

使用 TabControl 控件的例子如图4-10所示。因为要使用单选钮,所以在每一个选项卡的内部使用了一个 GroupBox 控件。这个例子可以作为用户选择个性化计算机的调查程序。

4.6　时间日期控件

时间日期控件是一类以时间和日期为其主要功能的控件。包括定时控件 Timer、月历控件 MonthCalendar 和日期时间选择器控件 DateTimePicker。

4.6.1 使用 Timer 控件定时

Timer 控件看起来像是一个小闹钟,使用 Timer 控件,主要是完成一些每隔一定时间就要重复一次的操作。表 4-3 列出了 Timer 控件常用的属性、事件和方法,其中最重要的是 Timer 控件的 Tick 事件,Tick 事件会每隔 Interval 属性指定的时间间隔发生一次。

表 4-3　Timer 控件的常用属性和方法

类　别	名　　称	描　　　述
属性	Interval	指定每隔多长时间发生一次 Tick 事件,单位是毫秒(千分之一秒)
	Enabled	属性值为 True 就启用 Timer 控件,也就是每隔 Interval 属性指定的时间间隔调用一次 Tick 事件,否则停止使用 Timer 控件
方法	Start	启动 Timer 控件,相当于设置 Enabled 属性为 True
	Stop	停止 Timer 控件,相当于设置 Enabled 属性为 False
事件	Tick	每隔 Interval 属性指定的时间间隔就调用的事件

Visual Basic.NET 中的大多数控件都是用来建立用户界面的,程序运行后,这些控件出现在窗体上,构成了用户界面,这类控件称为界面控件,而有些控件不能用来构成用户界面,程序运行后消失,这类控件称为非界面控件,计时器就是一种非界面控件。与其他控件不同,在设计阶段,非界面控件不出现在窗体上,而是位于窗体下面专用的面板中。Visual Basic.NET 的非用户界面控件一般称为"组件"。

【例 4-15】 建立数字计时器。

下面使用 Timer 控件制作一个如图 4-11 所示的数字计时器。

在窗体中放置 1 个 Label 控件和 1 个 Timer 控件,更改 Timer 控件的 Interval 属性为 1000,Enabled 属性为 True;Label 控件的 BorderStyle 属性为 Fixed3D,Font. Size 设为 18,AutoSize 设为 True。

图 4-11　数字计时器

双击 Timer 控件,在响应 Timer1_Tick 事件的代码中添加如下的代码:

```
Private Sub Timer1_Tick(sender As Object, e As EventArgs) Handles Timer1.Tick
    Label1.Text=TimeOfDay
End Sub
```

在 Visual Basic.NET 程序中,可以用 TimeOfDay 函数获得系统时钟的时间。Tick 事件是模拟实时计时器的事件。另外,可以用 Now 获得当前的日期和时间。

运行上述程序时,设计时的计时器控件消失。

计时器的 Enabled 属性设为 True,这样才能使计时器按指定的时间间隔显示。如果把该属性设为 False,则可使计算器停止显示,有时这是需要的。为了启动计时器,可以增加一个按钮,通过单击该按钮重新把计时器的 Enabled 属性设为 True。

【例 4-16】 建立带开关的数字计时器。

通过设置计时器的 Enabled 属性设为 False 或 True 实现。界面如图 4-12 所示。单击

图 4-12　带开关的数字计时器

"计时器开关"可使计时器开始计时,单击"启/停"按钮可使计时器反复启、停。代码如下:

```
Private Sub Button1_Click(sender As Object, e As EventArgs) Handles Button1.Click
    Timer1.Enabled=True
End Sub
Private Sub Button2_Click(sender As Object, e As EventArgs) Handles Button2.Click
    Timer1.Enabled=Not Timer1.Enabled
End Sub
Private Sub Timer1_Tick(sender As Object, e As EventArgs) Handles Timer1.Tick
    Label1.Text=TimeOfDay
End Sub
```

说明:在设计时把计时器的 Enabled 属性设置为 False。

【例 4-17】　用计时器实现控件的移动。

用计时器可以按指定的时间间隔移动窗体上的控件。在窗体上画一个 Label 控件,将其 AutoSize 属性设为 True,FontSize 设为 18,BorderStyle 设为 Fixed3D,再加两个按钮和一个计时器,如图 4-13 所示。

图 4-13　用计时器实现控件的移动

代码如下:

```
Private Sub Form1_Load(sender As Object, e As EventArgs) Handles MyBase.Load
    Timer1.Interval=1000            '每秒移动一次
    Label1.Text="Visual Studio 2013"
```

```
        Button1.Text="移动/停止"
        Button2.Text="退出"
    End Sub
    Private Sub Timer1_Tick(sender As Object, e As EventArgs) Handles Timer1.Tick
        Label1.Left +=10              '增加标签的 Left 属性值使标签向右移动,每秒移动 10 个像素
        Label1.Left=Label1.Left Mod Me.Width
        Beep()                        '响铃
    End Sub
    Private Sub Button1_Click(sender As Object, e As EventArgs) Handles Button1.Click
        Timer1.Enabled=Not Timer1.Enabled     '使计时器反复启、停
    End Sub
    Private Sub Button2_Click(sender As Object, e As EventArgs) Handles Button2.Click
        End
    End Sub
```

Timer1_Tick 事件中,通过 Mod 运算符判断
标签的 Left 值是否等于窗体的宽度,如果等于,则
把 Left 值置 0。程序运行后,标签即开始向右移
动,同时响铃,移动出窗体后,再移回窗体左端,重
新向右移动,如图 4-14 所示。在移动过程中,如果
单击"移动/停止"按钮,则停止移动,再单击一次,
继续移动。单击"退出"则退出程序。

图 4-14　控件的移动

4.6.2　使用 MonthCalendar 控件显示月历

MonthCalendar 是月历控件,可显示一个或者几个月的月历。其常用属性和事件在
表 4-4 中列出。

表 4-4　MonthCalendar 的常用属性和事件

类别	名　称	描　述
属性	AnnuallyBoldedDates	属性值是 DateTime[ ] 数组类型的,设置一年中要用粗体显示的日期
	MonthlyBoldedDate	属性值是 DateTime[ ] 数组类型的,设置一个月中要用粗体显示的日期
	BoldedDate	属性值是 DateTime[ ] 数组类型的,设置要用粗体显示的日期
	CalendarDimensions	月历中月份的行数和列数
	MinDate	用户可以选择的最小日期
	MaxDate	用户可以选择的最大日期
	SelectionRange	在月历中选择日期的范围
	ShowWeekNumbers	是否显示每个星期是本年度中的第几个星期
	ShowToday	是否在月历控件的底部显示"今天"的日期
	ShowTodayCircle	是否在当天的日期上加一个圈
事件	DateChanged	选中的日期改变时触发的事件

下面是使用 MonthCalendar 控件的例子。

图 4-15　使用 MonthCalendar 控件的例子

在图 4-15 所示的例子里，设置 AnnuallyBoldedDates 属性值为 12 月 15 日，ShowToday 属性值为 True，ShowWeekNumbers 属性值为 True。设置 CalendarDimensions 属性值为 "1,1"；也就是显示一行一列的月历。

4.6.3　使用 DateTimePicker 控件设计日期时间选择器

DateTimePicker 控件是一个下拉框，用来显示时间和日期，而且可以单击下拉框按钮，在弹出的 MonthCalendar 控件中选择日期。表 4-5 中列出了 DateTimePicker 控件的常用属性和事件。

表 4-5　DateTimePicker 的常用属性和事件

类　别	名　　称	描　　述
属性	Format	显示时间日期的格式，有 4 个属性值：Long、Short、Time 和 Custom
	CustomFormat	Format 属性值为 Custom 时，使用的格式
	ShowUpDown	属性值为真时显示上下滚动的按钮
	MaxDate	规定用户可选择的最大日期
	MinDate	规定用户可选择的最小日期
事件	ValueChanged	选择的日期改变时触发的事件

在表 4-5 中，Format 属性是一个比较重要的属性，用来确定下拉框中显示的内容和格式。更多的应用，读者可以参考其他书籍。

习　题　4

1. 在 Visual Basic.NET 中，有哪几种选择结构语句？
2. 编写程序计算函数的值：

$$y = \begin{cases} 3x+2, & x < 0 \\ x^2 + 10, & 0 \leqslant x < 10 \\ 5x-6, & x \geqslant 10 \end{cases}$$

3. 编写应用程序,输入 10 名学生一门课程的成绩,统计平均成绩、及格和不及格的人数。

4. 编写应用程序,读入一个整数,分析它是几位数。

5. 编写应用程序,读入一行字符,统计其中字母、数字、空格和其他字符的个数。

6. 制作完成 QQ 聊天窗口,无须编写程序。综合使用按钮、标签、文本框、分组框、分组面板等控件。提示:可以使用窗体的 Icon 属性来设置窗体的图标,设置文本框的 ReadOnly 属性为 True,文本框就变成灰色的只读样式。

第5章 循环结构程序设计

所谓循环结构,就是程序中允许重复运行的一行或数行代码。该代码将不停地被反复执行,直到条件为 True 或 False,执行了指定的次数,或者为集合中的每个元素各执行一次语句才终止循环。这种重复的过程被称为循环(Loop)。使用循环结构反复运行语句块,循环可以运行不确定的次数(取决于条件的 Boolean 值),或者运行由特定变量控制的设定次数。

循环结构分为两种结构类型,分别为当型循环与直到型循环。

1. 当型循环结构

当型循环又称前测试循环。当程序进行到循环语句时,首先测试条件是否为真,如果条件为真,就执行语句块 A,然后再返回到测试条件继续判断,如果仍然为真,则再次执行语句块 A,如此不停地重复,直到条件为假才离开循环,向下执行语句块 B。所以在语句块 A 中必须有改变测试条件的语句,否则程序会不停地循环下去。该流程如图 5-1 所示。

在这种循环方式中,如果首次测试条件即为假,则直接执行语句块 B,语句块 A 一次也不被执行。

2. 直到型循环结构

直到型循环也称后测试循环。当程序进行到循环语句时,首先执行语句块 A,再测试条件是否成立。如果条件为真,则返回重复执行语句块 A,然后再次测试条件是否为真,如果依然为真则继续执行语句块 A,如此循环往复,直到测试条件为假时才结束循环,继续向下执行语句块 B。该流程如图 5-2 所示。

图 5-1　当型循环结构

图 5-2　直到型循环结构

在这种循环方式中,因为是先执行语句块 A 而后测试,所以语句块 A 至少会被执行一次。

Visual Basic.NET 程序中可以使用的循环结构有 For…Next 结构、While…End While 结构、Do…Loop 结构和 For Each…Next 结构。

5.1 For…Next 循环结构

当需要将一组语句重复执行设置好的次数时,一般使用 For…Next 循环结构,常称其为 For 循环。For 循环的重复次数可以由设定一个计数变量及其上、下限来决定,这个计数变量通常称之为"循环控制变量",该变量的值在每次重复循环的过程中增大或减小。

5.1.1 For…Next 循环结构的格式

For…Next 循环结构的格式如下:

```
For 循环控制变量=初值 To 终值 [Step 步长]
    [语句块]
    [Exit For]
    [语句块]
Next [循环变量]
```

其中参数说明如下。

(1) 循环控制变量:For 语句的必选项,数值变量,用做循环计数器。这个变量的类型通常是 Integer,但也可以是支持大于等于号(>=)、小于等于号(<=)和加法(+)、减法(一)的任何基本数值类型。

(2) 初值:必选项。数值表达式。循环控制变量的初始值。

(3) 终值:必选项。数值表达式。循环控制变量的最终值。

(4) 步长:可选项,数值表达式,指出每次循环后循环控制变量的增量,可以是正数或负数。如果为正,则初值应小于终值;若为负,控制变量会逐渐减小,初值应大于终值;否则,会造成循环语句不被执行。如果省略了该项,则步长的默认值为 1。

(5) 语句块:是放在 For 和 Next 之间的一条或多条语句,称之为循环体,它们将被执行指定的次数。

(6) Exit For:可选项。将控制转移到 For 循环外,是无条件退出循环语句,当碰到该语句时,无论是否执行完指定的循环次数,都立即退出循环,直接执行 Next 语句后面的语句。

(7) Next:必选项。在要重复的最后一条语句后面使用,完成 For 循环的构造。可以在 Next 语句中指定控制变量,也可省略。

5.1.2 For…Next 循环结构的执行过程

当程序开始执行 For 语句时,过程如下。

(1) 进入循环。当开始执行 For…Next 循环时,Visual Basic 将计算初值、终值和步长(仅此一次)。然后将初值赋予循环控制变量。运行语句块之前,它先将循环控制变量与终值进行比较。如果循环控制变量未超过循环终值,将运行语句块。如果循环控制变量已经超过了循环终值,则 For 循环终止,并且将控制权直接转到 Next 语句后面的语句继续执行。

(2) 循环的迭代。每次 Visual Basic 遇到 Next 语句时,都按"步长"递增循环控制变量,然后返回到 For 语句。它再次将循环控制变量与终值进行比较,并再次根据结果运行循环体或者终止循环。这一过程将一直持续下去,直到循环控制变量超过终值或者遇到 Exit For 语句为止。

（3）循环的终止。在循环控制变量超过终值之后,循环才会终止。如果循环控制变量等于终值,则循环继续。如果步长为正数,能够确定运行循环体的比较运算将为循环控制变量≤终值;如果步长为负数,则为循环控制变量≥终值。

（4）更改迭代值。如果在循环体内更改循环控制变量的值,将会使代码的阅读和调试变得更加困难。Visual Basic 仅在循环开始之前计算一次迭代值初值、终值和步长。如果在循环体内更改初值、终值或步长的值,这些更改不会影响首次进入循环时所确定的迭代值。

【例 5-1】 编写一个程序,求 1～20 这 20 个自然数的和。窗体设计如图 5-3 所示。

分析:根据题目要求,可知循环次数是确定的,所以利用 For 循环是最合适的。同时,循环控制变量的初始值、终值及步长都可以确定,则在循环体中只做求和即可。

程序如下:

```
Private Sub Button1_Click(sender As Object, e As EventArgs) Handles Button1.Click
    Dim i As Integer                   '循环控制变量
    Dim sum As Long
    sum=0
    For i=1 To 20                      '取值,判断是否大于终值,大于 20 退出,默认步长为 1
        sum=sum+i                      '求和
        Textbox1.text +=i.ToString  +"个自然数的和为"+sum.ToString+vbCrLf
    Next i                             '将 i+1 赋值给 i,再跳回到 For 行
End Sub
Private Sub Button2_Click(sender As Object, e As EventArgs) Handles Button2.Click
        Close()
End Sub
```

运行结果如图 5-4 所示。

图 5-3 窗体设计

图 5-4 运行结果

注意:在循环体中可以引用循环控制变量的值,但不要改变它的值,这也是 For 循环的特点之一。

For…Next 结构的另一个特点是可以使用关键字 Step 来改变 For…Next 循环的步长,

或者使用反向步长。将例 5-1 稍做改变,使循环变量反向计数,而结果数值不变。试想,将输出语句置于循环体外,输出会有怎么样的变化?

```
Dim i As Integer
Dim sum As Long
sum= 0
For i= 20 To 1 step -1
    sum= sum+ i
    Textbox1.text += i.ToString+ "个自然数的和为" + sum.ToString+ vbCrLf
Next i
```

当然,开发人员也可以采用 1 以外的数值作为步长值,即不使用默认步长。

【例 5-2】 编写一个程序,求 1～100 之间所有奇数的和。

分析:根据题目要求,可确定循环控制变量的初始值、终值及步长,利用 For 循环来解决是最合适的。

程序如下:

```
Private Sub Button1_Click(sender As Object, e As EventArgs) Handles Button1.Click
    Dim i As Integer
    Dim sum As Long
    sum= 0
    For i= 1 To 100 Step 2
        sum= sum+ i
    Next i
    Textbox1.Text= sum.ToString
End Sub
```

循环操作大多与其他结构相配合使用,如条件语句。可以将条件判断放在循环结构中,例如 For…Next 循环中的 If…Then…Else 块。这种将一个控制语句放在另一个控制语句中的方式称之为"嵌套"。Visual Basic 中的控制结构可以根据需要嵌套任意多级。为了使嵌套结构具有更好的可读性,通常的做法是缩进每个结构的控制体。集成开发环境(IDE)编辑器会自动完成此操作。

【例 5-3】 利用输入对话框输入一个正整数 n,求出 1～n 所有能被 3 整除的数的和,并输出结果。

分析:根据题目要求,通过输入对话框输入的正整数 n 即可确定循环控制变量的终值,而初始值及步长也已告知,所以循环次数可以确定,依然利用 For 循环来解决。

程序代码如下:

```
Private Sub Button1_Click(sender As Object, e As EventArgs) Handles Button1.Click
    Dim i, num, sum As Integer
    Label2.Text= ""
    num= Val(InputBox("请输入 n 值:"))
    If num <1 Then MsgBox("输入错误")
    If num>1 Then
        For i= 1 To num
```

```
            If i Mod 3=0 Then
                sum=sum+i
            End If
        Next
        Label2.Text=sum
    End If
End Sub

Private Sub Button2_Click(sender As Object, e As EventArgs) Handles Button2.Click
    Close()
End Sub
```

运行结果如图 5-5 和图 5-6 所示。

图 5-5　输入界面

图 5-6　输出结果

【例 5-4】 编写程序求出三位数中所有的水仙花数。(如果一个三位数的个位、十位和百位的立方和等于该数本身,则称该数为水仙花数。)

分析:根据题意,可用循环控制变量依次表示每一个三位数,而在循环体中,只要找出对应于每一个三位数的个位、十位和百位,并且判断其各位数的立方和是否等于该数本身,即知是否为水仙花数。

窗体设计及运行结果如图 5-7 和图 5-8 所示。

图 5-7　窗体设计

图 5-8　运行结果

程序代码如下:

```
Private Sub Button1_Click(sender As Object, e As EventArgs) Handles Button1.Click
    Dim bw,sw,gw As Integer
    TextBox1.Clear()
    For i as integer=100 To 999
        bw=i \ 100                    '取出百位数
```

```
        sw= (i \ 10) Mod 10          '取出十位数
        gw= i Mod 10                 '取出个位数
        If i=bw ^ 3+sw ^ 3+gw ^ 3 Then
            TextBox1.Text +=i.ToString+ "="+bw.ToString+ "^3+ "+_
              sw.ToString+ "^3+ "+gw.ToString   + "^3 "+vbCrLf
        End If
    Next
End Sub
```

5.1.3　Exit For 语句

在 For 循环中的任何位置可以插入任意数量的 Exit For 语句,以便随时退出循环。Exit For 通常在计算特定条件后使用,例如在 If…Then…Else 结构中,执行到该语句时,控制权将立即转移到 Next 语句后面的语句。

Exit For 的另一种用途是测试可能导致"无限循环"(即运行次数非常多甚至无限的循环)的条件。如果检测到使继续迭代不必要或不可能的条件(如错误值或终止请求),也可以使用 Exit For 退出循环。

无限循环的特点是一旦被执行,就不会停止。如下面代码:

```
For n=1 to 1000 step-
    ...
Next
```

这个循环开始时,循环控制变量的初值为 1,再接下去就是 0、−1 等。n 不可能达到 1000,这个循环是无限的,这个程序是无反应的。

【例 5-5】　对例 5-2(求 1～100 中所有奇数的和)进行重新编写,要求必须使用 Exit For 语句。

分析:例 5-2 用最简单的方法解决该问题,但同一个问题可以采用多种不同的方法来解决。如本题,要求必须使用 Exit For 语句,则需考虑:使循环次数超出原来的要求,而在循环体中通过条件的判断来决定循环是否继续。

程序代码如下:

```
Private Sub Button1_Click(sender As Object, e As EventArgs) Handles Button1.Click
    Dim i As Integer
    Dim sum As Long
    sum= 0
    For i=1 To 500 Step 2
        If i <100 Then
            sum= sum+ i
        Else
            Exit For                 '当 i>100 时,直接退出循环
        End If
    Next i
    TextBox1.Text=sum.ToString
End Sub
```

5.1.4 多重循环

可以将一个 For…Next 循环放置在另一个 For…Next 循环中,以形成嵌套循环,内嵌的循环中还可以包含其他的循环,从而构成多重循环。多重循环也称多层循环或者嵌套循环。各种循环语句均可以嵌套。不过,每个循环必须具有唯一的循环控制变量,即要使用不同的变量名。例如:

```
For i=1 To 5
    For j=1 To 6
        For k=1 To 7
            …
        Next k
    Next j
Next i
```

如果省略 Next 语句中的循环控制变量,程序仍像其存在时一样执行,即第一个 Next 语句关闭内部的 For 循环,而最后一个 Next 语句关闭外部的 For 循环。但如果不省略 Next 语句中的循环控制变量,则必须注意 Next 语句的位置。如果先遇到外部嵌套级别的 Next 语句,后遇到内部嵌套级别的 Next 语句,编译器将发出错误信号。不过,仅当在所有 Next 语句中都指定了循环控制变量时,编译器才能检测到这种重叠错误,这种错误称之为错误"重叠控制结构"。

注意:嵌套必须是一个循环完整地放在另一个循环当中,绝对不能重叠控制结构,这意味着,任何嵌套结构必须完全包含在下一个最里面的结构中。例如,下面的嵌套就是无效的,因为 For 循环在内部 If 块终止之前终止。编译器检测到这样的重叠控制结构并发出编译时错误信号。

```
For i=1 to 500 step 2
    If  i<100  then
        sum=sum+i
Next i
    end if
```

下面的程序段也出现了这样的错误,第二层循环与第三层循环间同样形成了"重叠控制结构"错误。

```
For i=1 To 5
    For j=1 To 6
        For k=1 To 7
            …
        Next j
    Next k
Next i
```

【例 5-6】 统计用 1、2、3、4 这 4 个数可能组成的四位数的个数并列出所有数据(4 位数字可以相同)。

分析：这个问题可以用 4 重循环来解决，每层循环的初值均为 1，终值均为 4，总的循环次数就是所有四位数的个数。

程序代码如下：

```
Private Sub Button1_Click(sender As Object, e As EventArgs) Handles Button1.Click
    Dim i, j, k, l As Integer              '4个变量分别代表这4个数
    Dim intsum As Integer=0
    Dim intnumber As Integer
    For i=1 To 4
        For j=1 To 4
            For k=1 To 4
                For l=1 To 4
                    intnumber=1000 * i+100 * j+10 * k+l
                    intsum +=1               '累计四位数的个数
                    TextBox1.Text +=intnumber.ToString()+" "
                    If intsum Mod 10=0 Then   '控制每行输出的个数
                        TextBox1.Text +=vbCrLf
                    End If
                Next
            Next
        Next
    Next
    TextBox1.Text +=vbCrLf+"sum="+intsum.ToString()   '输出
End Sub
```

运行结果如图 5-9 所示。

图 5-9　运行结果

在执行嵌套循环时，最外层循环每执行 1 次，第二层循环就执行 4 次，而第三层循环则执行 4^2 次，最内层循环体被执行 4^3 次。所以，本例中最外层循环从 1～4 需执行 4 次，则最内层循环被执行了 4^4 次。

程序中，If 语句的作用是控制程序每输出 10 个数换一行，在输出的最后，还将四位数的个数总和输出。

TextBox 控件的 ScrollBar 属性给文本框设置滚动条，只有当 TextBox 控件的 Multiline 属性值为 True 时才有效。

【例 5-7】 "百钱买百鸡问题"。公元 5 世纪末,我国古代数学家张丘建在他编写的《算经》里提出了一个不定方程问题:

鸡翁一,值钱五;鸡母一,值钱三;鸡雏三,值钱一。百钱买百鸡,问鸡翁、母、雏各几何?

这个问题是说每只公鸡价值 5 钱,每只母鸡价值 3 钱,每 3 只鸡雏价值 1 钱。现有 100 个钱想买 100 只鸡,问公鸡、母鸡和小鸡各能买几只?

分析:有 3 个未知数,却只给了两个方程,因此这是一个不定方程问题。根据题意,设 x、y、z 分别为翁、母、雏的数目,则可得如下方程:

$$\begin{cases} 5x + 3y + z/3 = 100 \\ x + y + z = 100 \end{cases}$$

因为公鸡每只 5 钱,100 钱最多买 20 只公鸡,但如果全买了公鸡,就买不了母亲和小鸡了,同时也不符合买百鸡的要求,所以最多只能买 19 只公鸡;同样 100 钱最多能买 33 只小鸡。当买 $1,2,\cdots,19$ 只公鸡时,可买母鸡和小鸡的情况都列出。

根据题意,写出程序代码如下:

```
Private Sub Button1_Click(sender As Object, e As EventArgs) Handles Button1.Click
    Dim intcock As Integer
    Dim inthen As Integer
    Dim intchicken As Integer
    '当买 1,2,…,19 只公鸡时,可买母鸡和小鸡的情况都列出
    For intcock=1 To 19
        For inthen=1 To 33-intcock
            intchicken=100-intcock-inthen
            If intcock * 5+inthen * 3+intchicken / 3=100 Then
                TextBox1.Text +="cock:"+intcock.ToString()+_
                        "hen:"+inthen.ToString()+" chicken:" _
                        +intchicken.ToString()+vbCrLf
            End If
        Next
    Next
End Sub
```

例 5-6 和例 5-7 采用的都是"穷举法",即将各种可能的组合都考虑到并一一列出,再检查每一组合是否符合给定的条件。

在百鸡问题中,当公鸡数＝1 时,母鸡数由 1 到 33;然后再使公鸡数＝2,母鸡数再由 1 到 33;直到公鸡数＝19 时,母鸡数再由 1 到 33。这样就把所有的可能组合一一测试过了。

注意:当循环次数确定时,使用 For…Next 循环语句非常方便,而且循环可以多重嵌套。若要正确设计 For…Next 循环,需要了解它的执行过程及正确设定边界条件,即循环控制变量的初值和终值,否则不能得到正确结果。

5.1.5 For…Next 在图形中的应用

使用 For…Next 循环输出图形,通常采用双重 For…Next 循环,利用外循环控制行数,内循环控制列数,在内、外循环的循环体中对图形中字符的变化进行合理的控制。

【例 5-8】　编写程序，使用双 For…Next 循环输出如图 5-10 所示图形。

图 5-10　例 5-8 输出图形

分析：根据所要求图形，可使用嵌套 For 循环进行图形的控制。利用外循环控制输出图形的行数；利用内循环来控制每一行输出的字符个数；同时，在每一行连接字符前，需要预留相应的空格数。当内循环执行完毕、通过换行命令进入下一行；再次进入外循环前，字符也要做相应的改变，为下一行的字符输出做准备。

程序代码如下：

```
Private Sub Button1_Click(sender As Object, e As EventArgs) Handles Button1.Click
    Dim i, j As Integer
    Dim str1 As String=""
    Dim p As String="D"                 '声明变量赋初值

    For i=1 To 4                         '外循环控制输出图形的行数
        str1=str1+space(20+2 * i)        '每一行连接字符前预留空格
        For j=1 To 9-2 * i               '内循环控制每一行连接字符的个数
            str1=str1+p+" "              '字符连接
        Next
        str1=str1+vbcrlf                 '内循环执行完毕、通过换行命令进入下一行
        p=Chr(Asc(p)-1)                  '字符转换
    Next

    MsgBox(str1)                         '输出字符图形
End Sub
```

【例 5-9】　编写程序，使用双 For…Next 循环输出如图 5-11 所示图形。

分析：本例中图形有 4 行，所以外循环执行 4 次；内循环控制列数，并且随着行的增加，字符前空格在减少，列字符在增加，所以在内循环中，要有效控制字符前的空格数及字符数。因每行的字符数量不同，字母也不同，而每一行的起始却都是从"A"开始的，并且依次向后延续，所以当内循环执行完毕、再次进入外循环前，字符也要做相应的改变，为下一行的字符输出做准备。

程序代码如下：

```
Private Sub Button1_Click(sender As Object, e As EventArgs) Handles Button1.Click
    Dim i, j As Integer
    Dim str1 As String=""
    Dim p As String="A"                 '声明变量赋初值

    For i=1 To 4                         '外循环控制输出图形的行数
        str1=str1+space(8-2 * i)         '每一行连接字符前预留空格
        For j=1 To  2 * i-               '内循环控制每一行连接字符的个数
            str1=str1+p+" "              '字符连接
```

```
        P=Chr(Asc(p)+1)                  '字符转换
    Next
        str1=str1+vbcrlf                 '内循环执行完毕,通过换行命令进入下一行
    Next

    MsgBox(str1)                         '输出字符图形
End Sub
```

【例5-10】 编写程序,使用双重 For…Next 循环输出图 5-12 所示图形。

图 5-11 例 5-9 输出图形

图 5-12 例 5-10 输出图形

分析:本例中图形有 4 行,所以外循环执行 4 次;在每一行中,随着行的增加,字符前空格在增加,列字符在减少,并且在同一行中,起始都是从"A"开始的,行的字符数量不同,字母也不同,字符的顺序变化却有两种:递增和递减,所以在内循环中都要加以控制。

程序代码如下:

```
Private Sub Button1_Click(sender As Object, e As EventArgs) Handles Button1.Click
    Dim i, j As Integer
    Dim str1 As String=""
    Dim p As String="A"
    str1=""
    For i=1 To 4                          '外循环控制输出图形的行数
        str1=str1+space(10+2 * i)        '每一行连接字符前预留空格
        For j=1 To 5-i                   '内循环,实现一行左半部字符连接
            str1=str1+p+" "
            p=Chr(Asc(p)+1)
        Next

        p=Chr(Asc(p)-2)
        For j=1 To 4-i                   '并列内循环,实现同一行右半部字符连接
            str1=str1+p+" "
            p=Chr(Asc(p)-1)
        Next

        str1=str1+vbcrlf                 '内循环完毕、通过换行命令进入下一行
        p="A"
    Next
    MsgBox(str1)
End Sub
```

几乎所有有规律的图形都可以利用双重 For 循环来实现。

5.2　While⋯End While 循环语句

在知道循环次数的前提下，使用 For⋯Next 非常方便，但在大多数情况下，事先并不知道需要将循环中的语句运行多少次，而是要求只要满足条件时循环就结束了。While⋯End While 循环正是这样的一种循环。

While⋯End While 循环用于对一条件表达式进行计算并判断，只要给定条件值为 True，则执行循环体，否则直接执行 End While 后面的语句。每一次循环结束后，重新计算条件表达式。While⋯End While 循环与 For 循环最大的区别在于 For 循环的循环次数是不变的，执行一定次数后结束循环；而 While 循环只是指定控制循环重复的条件，循环次数依赖于条件表达式的值，在不同情况下循环次数不一样。

5.2.1　While⋯End While 循环语句的语法格式

While⋯End While 循环结构的格式如下：

```
While  <条件表达式>
    [语句块]
    [Exit While]
    [语句块]
End While
```

其中参数说明如下。

(1) 字符条件表达式：必选项，条件表达式的值必须为 True 或 False，即为 Boolean 表达式。如果表达式的值为 Nothing，Visual Basic 会将其作为 False 处理。

(2) 语句块：可选项，跟在 While 后面的一个或多个语句，这些语句将在每次 condition 为 True 时运行。

(3) Exit While：可选项。执行到该语句时，将控制权传送到 While 块外部，即 End While 语句后面的语句。如果检测到使继续迭代不必要或不可能的条件（如错误值或终止请求），可以使用 Exit While 来退出循环。可以将任意数量的 Exit While 语句放在 While 循环中的任何位置。Exit While 通常在计算了某些条件的值后使用，例如，在 If⋯Then⋯Else 结构中使用。

(4) End While：必选项，结束 While 块的定义。

5.2.2　While⋯End While 循环语句的执行过程

程序执行到 While⋯End While 结构时，如果条件表达式的值为 True，则执行 While 后的循环体直到 End While 语句；然后返回到 While 语句并再次检查表达式结果，如果表达式仍为 True，则重复上面的过程。如果为 False，则跳出循环，将控制权传递到 End While 语句后面的语句，从 End While 循环语句后面的那条语句开始继续执行。

因此，在设计 While 循环时要注意：While 语句在开始循环前始终检查条件表达式的值，在条件一直为 True 时循环会继续下去。如果在第一次进入循环时条件表达式就是

False,它甚至一次都不会运行。而如果在第一次进入循环时条件表达式为 True,在其循环体内必须在适当的时候加入对循环条件的改变,使其最终能使条件表达式的值变为 False,即确保在执行了一定的循环次数之后可以退出循环,否则就成了"无限循环",即俗称的"死循环"。一旦程序进入无限循环,将永远在循环结构中反复执行而无法结束。

While⋯End While 循环也可以是多层的嵌套结构。每个 End While 都匹配最近的 While 语句。

5.2.3 While⋯End While 语句示例

本示例使用 While⋯End While 语句来增加循环控制变量的值。While 语句在开始循环前始终检查该条件。如果条件的计算结果值为 True,则循环内的语句将一直执行下去。

【例 5-11】 假设当前我国 GDP 为 20 万亿元,如果我国 GDP 年平均增长率为 8%,问几年后可以翻一番?

分析:假设当前我国 GDP 为 20 万亿元,每年年底计算一次增长后的产值,如果未达到 40 万亿元,就再计算下一年的 GDP,直到某年的 GDP 达到或超过 40 万亿元为止。用变量 n 来累计算经历的年数,每执行一次循环体,则 n 就加 1。用变量 yearGDP 存放 GDP 值,初值为 20,当 yearGDP≥40 时,结束循环并输出。

程序代码如下:

```
Private Sub Button1_Click(sender As Object, e As EventArgs) Handles Button1.Click
    Dim n As Integer
    Dim gdp, r As Double
    gdp=20
    n=0
    r=0.08
    While gdp <40
        gdp=gdp * (1+r)
        n=n+1
    End While
    TextBox1.Text=n.ToString+"年后 GDP 达到"+gdp.ToString
End Sub
```

从这个例子可以看出,当不能确定几年后 GDP 可翻一番时,使用 While⋯End While 循环语句更为合适。

变量 yearGDP 的作用不仅仅是存放 GDP 的值,更起到了控制循环结束的作用,因此也称为循环控制变量。假如程序中误将 r=0.08 写成 r=0,那么在循环体中的循环控制变量 yearGDP 永远不会改变,条件表达式永远不会为 False,循环也就永远不会停止,要注意避免这种无限循环的发生。

下面的循环也是无限循环:

```
Num=7
While num <>0
    Num+=-2
End while
```

循环开始时,num 为 7,下一次为 5,再接下去就是 3、1、-1 等,条件 num<>0 会一直为真。可以改变条件为 num>=0 来避免无限循环。

如果程序一旦进入了无限循环。可以单击位于窗体上标题栏右上角的"关闭"按钮来关闭程序,也可以执行 Debug 菜单中的 Stop Debugging 命令停止程序运行。

【例 5-12】 对例 5-2 重新编写,用 While…End While 语句求 1~100 的数中所有奇数的和。

分析:用 While 语句,需要在循环体中对循环控制变量进行适当的改变,以免造成"死循环"。

程序代码如下:

```
Private Sub Button1_Click(sender As Object, e As EventArgs) Handles Button1.Click
    Dim i As Integer
    Dim sum As Integer
    i=1                                   '设置变量初值
    sum=0
    While i <100                          '测试计数器的值
        sum=sum+i
        i=i+2                             '将计数器的值加 2
    End While                             '当 i>99 时则循环终止
    MsgBox("循环终止时 I 的值"+i.ToString+vbCrLf +"1 到 100 中所有奇数的和"+
        sum.ToString)
End Sub
```

运行结果如图 5-13 所示。

图 5-13 例 5-12 运行结果

【例 5-13】 由键盘输入两个数,求这两个数的最大公约数(gys)和最小公倍数(gbs)。

分析:利用辗转相除法求得任意两数的最大公约数。所谓辗转相除,直到余数为 0 为止,则最后的除数即为最大公约数。最小公倍数等于两个原始数的积,除以最大公约数。

程序代码如下:

```
Private Sub Button1_Click(sender As Object, e As EventArgs) Handles Button1.Click
    '单击"计算"按钮执行此事件函数
    Dim n,m As Integer
    Dim x,y As Integer
    Dim r,gys,gbs As Integer
    n=Val(TextBox1.Text)                  '录入原始数值
    m=Val(TextBox2.Text)
    x=n                                   '备份原始数值
    y=m
    r=n Mod m                             '取余数
    While r <>0                           '当余数不为 0,辗转赋值 再取余
        n=m
        m=r
```

```
        r=n Mod m
    End While
    gys=m                                    '当余数为 0 时,除数 m 的值即为其最大公约数
    ybs=x * y/gys                            '最小公倍数等于两个原始数的积,除以最大公约数
    label5.text=str(gys)
    label6.text=str(gbs)
End Sub
```

运行结果如图 5-14 所示。

图 5-14   运行结果

【例 5-14】   利用循环嵌套编写程序,计算并输出 1000～3000 之间素数之和 S 与其中最小的素数 mi。提示:只能被 1 和自身整除的自然数称为素数。

分析:对每一个整数 i,都有可能因子 2～i/2,将所有的可能因子依次相除,如果有任一个可能因子被整除,则立即跳出 While 循环;如果遍历所有的可能因子却均没有被整除,则While 循环完整地被执行了 i-2 次。如果完整地执行了 While 循环,则整数 i 是素数,否则该整数不是素数。

程序代码如下:

```
Private Sub Button1_Click(sender As Object, e As EventArgs) Handles Button1.Click
    Dim s As Double
    Dim j, k, m, i, minshu As Integer
    s=0
    j=0
    For i=1001 To 2999                       '偶数不可能是素数
        k=2
        m=i-2
        While ((k<=m) And (i Mod k<>0))
            k=k+1
        End While
        If (k>m) Then
            j=j+1
            If j=1 Then
                minshu=i                     '将第一个素数记录下来
            End If
            s=s+i
```

```
        End If
    Next i
    MsgBox("最小的素数为："+Str(minshu)+vbCrLf +_
            "1000 到 3000 之间的素数之和为："+Str(s))
End Sub
```

运行结果如图 5-15 所示。

图 5-15　运行结果

5.3　Do…Loop 循环语句

Do…Loop 语句也是用于在不知道循环次数的情况下，通过一个条件表达式来控制循环次数的又一种循环结构，循环结构。Do 循环允许在循环结构的开始或结尾对条件进行测试，还可以指定在条件保持为 True 或直到条件变为 True 时是否重复循环。根据特定的条件重复代码，使用 Do…While 和 Do…Until 语句可在特定条件为 True 时重复执行代码块，或者一直重复执行代码块直到特定条件为 True。

5.3.1　语法形式

Do 循环语句有两种语法形式，可在循环开始或结束处指定测试条件，条件关键字的位置决定在何处测试条件。即条件前置的 Do…Loop 结构和条件后置的 Do…Loop 结构，每一种形式又各有两种用法。

条件前置的 Do…Loop 结构的语句格式：

```
Do While <条件表达式>
    [语句块]
    [Exit Do]
    [语句块]
Loop
```

或者

```
Do Until <条件表达式>
    [语句块]
    [Exit Do]
    [语句块]
Loop
```

条件后置的 Do…Loop 结构的语句格式：

```
Do
```

```
        [语句块]
        [Exit Do]
        [语句块]
    Loop   While <条件表达式>
```

或者

```
    Do
        [语句块]
        [Exit Do]
        [语句块]
    Loop   Until <条件表达式>
```

注意：前置式循环中的循环体有可能被执行零次或者多次，但后置式循环中的循环体至少要被执行一次。这两种循环是可以互相转换的。

Do…While 语句在条件保持为 True 时重复一个循环，Do…Until 语句是在条件变为 True 之前重复一个循环。二者可以互相转换，可以根据情况选择合适的形式。

关键字 Until 和 While 之间的区别类似 And 与 Or 之间的区别，条件反转后就可以用另一个关键字。下面以一个例子来说明这 4 种形式之间的区别。

【**例 5-15**】　分别用 4 种格式求自然数 1～30 的和并输出。

```
Private Sub Button1_Click(sender As Object, e As EventArgs) Handles Button1.Click
    Dim i As Integer
    Dim sum As Integer
    sum=0
    Do While i <=30                        'Do While…Loop 循环
        sum=sum+i
        i=i+1
    Loop
    MsgBox(i.ToString+Space(5)+sum.ToString)
End Sub


Private Sub Button2_Click(sender As Object, e As EventArgs) Handles Button2.Click
    Dim i As Integer
    Dim sum As Integer
    sum=0
    Do Until i>30                          'Do Until…Loop 循环
        sum=sum+i
        i=i+1
    Loop
    MsgBox(i.ToString+Space(5)+sum.ToString)
End Sub


Private Sub Button3_Click(sender As Object, e As EventArgs) Handles Button3.Click
    Dim i As Integer
    Dim sum As Integer
```

```
        sum=0
        Do                                      'Do…Loop While 循环
            sum=sum+i
            i=i+1
        Loop While (i<=30)
        MsgBox(i.ToString+Space(5)+sum.ToString)
    End Sub

Private Sub Button4_Click(sender As Object, e As EventArgs) Handles Button4.Click
    Dim i As Integer
    Dim sum As Integer
    sum=0
    Do                                      'Do Until…Loop 循环
        sum=sum+i
        i=i+1
    Loop Until i>30
    MsgBox(i.ToString+Space(5)+sum.ToString)
End Sub
```

由此可见,这 4 种方式是可以相互转换的。

注:循环控制变量 i 必须在循环体中由语句改变,否则会形成死循环。

5.3.2 Do…Loop 语句的执行过程

(1) 当条件表达式前置时,先计算表达式的值,因此当表达式的值在第一次计算就为 False 时,循环体一次也不执行。当条件表达式后置时,先执行一次循环体再计算表达式的值,因此循环体至少被执行一次。

(2) 关键字 While 和 Until 必选其一且只能选其中一个,{While | Until}正是表达了这个含义。While 用于指明条件表达式的值为 True 时就执行循环体中的语句;Until 正好相反。

(3) Exit Do 语句将执行 Loop 语句后面的语句,也就是使得循环立即结束。可以在 Do 循环中的任何位置放置任何数量的 Exit Do 语句。

【例 5-16】 利用 Do 循环求 π 的近似值。利用公式计算,直到最后一项的绝对值小于 10^{-4} 为止。

$$\pi/4 \approx 1-1/3+1/5-1/7+1/9+\cdots$$

分析:循环的结束条件可以是:只要某一项的绝对值大于 10^{-4},也就是说,当关系表达式"Math. Abs(t)>0.0001"为 True 时,就重复执行循环。

程序代码如下:

```
Private Sub Button1_Click(sender As Object, e As EventArgs) Handles Button1.Click
    Dim n As integer
    Dim t,s,pi As Double
    n=1
    t=1
```

```
    s=1
    Do While Math.Abs(t)>0.0001
        n=n+1                              '项数递增
        t=(-1)^(n-1) * 1 / (2 * n-1)      '求某一项的值
        s=s+t                              '数列项累和
    Loop
    pi=s * 4
    TextBox1.Text="pi="+pi.ToString
End Sub
```

【例 5-17】 计算 e 的近似值。

$$e=1+1/1!+1/2!+1/3!+\cdots+1/n!+\cdots$$

当通项 $1/n! < 10^{-7}$ 时停止计算。

分析：本题与例 5-13 类似，完全可用相同的方法，即用条件表示 Do…While 语句构造循环。也可以用 Do…Until 语句，不过表达式应该表达这样的意思：直到通项 $1/n! < 10^{-7}$ 时结束循环。

程序代码如下：

```
Private Sub Button1_Click(sender As Object, e As EventArgs) Handles Button1.Click
    Dim n As integer
    Dim t,s,pi As Double
    n=1
    t=1
    s=1
    Do
        t=t / n                            '求某一项的值
        s=s+t                              '数列项累和
        n=n+1                              '项数递增
    Loop Until t <0.0000001
    TextBox1.Text="e="+s.ToString
End Sub
```

从以上两例可以看出，条件表达式前置和条件表达式后置时的程序完全可以等价。但是请注意，循环体是否至少被执行一次，与程序的能否得出正确结果紧密相关。

【例 5-18】 从键盘输入一个整数 N，利用 Do 循环求它的阶乘，界面如图 5-16 所示。

分析：利用循环控制变量的有序变化，使得当其小于从键盘输入的值时将一直做连乘运算，即求阶乘。既可以用 Do…While 语句构造循环，也可以用 Do…Until 语句，本例中利用 Do…While 语句，条件表达式表达的意思为，当循环控制变量小于从键盘输入的值时将一直做连乘运算。

程序代码如下：

图 5-16　界面及运行结果

```
Private Sub Button1_Click(sender As Object, e As EventArgs) Handles Button1.Click
    Dim jc As Double
    Dim n As Integer
    Dim i As Integer
    n=Val(TextBox1.Text)
    jc=1
    i=1
    Do While i <=n
        jc=jc * i                              '利用累积,求阶乘的值
        i=i+1
    Loop
    Label3.Text=TextBox1.Text+"!="+Str(jc)
End Sub

Private Sub Button2_Click(sender As Object, e As EventArgs) Handles Button2.Click
    Close()
End Sub
```

5.3.3 Do 循环示例

【例 5-19】 将从 1 开始的奇数依次相加,直到和不大于 100 为止,输出最后一个奇数及所求和值。

分析:既可以用条件表示 Do…While 语句构造循环,也可以用 Do…Until 语句,不过表达式应该表达这样的意思:直到和值小于等于 100 时结束循环。

程序代码如下:

```
Private Sub Button1_Click(sender As Object, e As EventArgs) Handles Button1.Click
    Dim i As Integer
    Dim sum As Integer
    i=1
    sum=0
    Do While sum <100
        sum=sum+i
        i =i+2
    Loop
    MsgBox("最后一个奇数为"+i.ToString+vbCrLf+"和值为" +_
        sum.ToString)                    '在"输出"窗口中显示结果
End Sub
```

在此代码中,Do While 循环计算变量 sum,看它是否小于 100:如果是,则运行下一行代码;否则,将移动到 Loop 之后的下一行代码进行执行。Loop 关键字告诉代码返回到 Do While 行并计算 sum 的新值。

运行结果如图 5-17 所示。

图 5-17　运行结果

【例5-20】 求 1！＋3！＋5！＋…，直到阶乘刚大于 9999 的那项为止。输出求阶乘所用的项数及阶乘的和值。

分析：根据题意，可以用 Do…Until 语句构造循环，运行到直到阶乘大于 9999 的那项时结束循环。

程序代码如下：

```
Private Sub Button1_Click(sender As Object, e As EventArgs) Handles Button1.Click
    Dim i, t, s, j As Integer
    i=1 : t=1 : s=1 : j=1
    Do
        i=i+2                        '项数递增
        t=t * i * (i-1)              '求某一项的值
        s=s+t                        '累和
        j=j+1                        '求阶乘所用的项数
    Loop Until t>9999
    MsgBox("阶乘的和值:"+Str(s)+vbCrLf+"求阶乘所用的项数:"+Str(j))
End Sub
```

运行结果如图 5-18 所示。

图 5-18　运行结果

5.3.4　Exit Do 语句

在 Do…Loop 中，可以在任何位置放置任意多个 Exit Do 语句，以随时跳出 Do…Loop 循环。Exit Do 通常用于条件判断之后，例如 If…Then…Else 块，在这种情况下，Exit Do 语句将控制权转移到 Loop 后面的语句。

如果 Exit Do 使用在嵌套的 Do…Loop 语句中，则 Exit Do 会将控制权转移到 Exit Do 所在位置的外层循环。

示范如何在 Do…Loop 语句中使用 Exit Do 语句。

【例5-21】 Exit Do 语句的使用。

```
Private Sub Button1_Click(sender As Object, e As EventArgs) Handles Button1.Click
    Dim check As Boolean
    Dim counter As Integer
    check=True : counter=0           '设置变量初始值
    Do                               '外层循环
        Do While counter <20         '内层循环
            counter=counter+1        '计数器加一
```

```
            If counter=10 Then
                check=False              '将标志值设成 False
                Exit Do                  '退出内层循环
            End If
        Loop
        Loop Until check=False           '退出外层循环内层的 Do…Loop 语句
        MsgBox(counter.ToString)
End Sub
```

循环到第 10 次时将标志值设置为 False,并用 Exit Do 语句强制退出内层循环。外层循环则在检查到循环标志的值为 False 时,马上退出。此时输出的 counter 值定为 10。

5.4　Exit 语句

流程控制(判断与选择)和循环控制都可用来改变程序执行的顺序,其执行的规则是,根据程序员设定的条件表达式的值来决定程序流程如何进行。但是有时,在程序中必须强制改变程序流程,例如,强制跳转至某个程序,或者强制脱离循环,退出过程或块,并且立即将控制传送到过程调用或块定义后面的语句。Visual Basic 提供了 Exit 语句来满足这些要求。

Exit 语句形式如下:

Exit { for | while | do | sub | function | property | select | try }

其中参数说明如下。

(1) Exit For。立即退出所在的 For 循环,继续执行 Next 语句后面的语句。只能在 For…Next 或 For Each…Next 循环内使用 Exit For。当在嵌套的 For 循环中使用 Exit For 时,Exit For 将退出最内层的循环,并将控制权交给下一个较高级别的嵌套,即传送到 Exit For 所在循环的外层循环。

(2) Exit While。立即退出所在的 While 循环,继续执行 End While 语句后面的语句。只能在 While 循环内使用 Exit While。当在嵌套的 While 循环中使用 Exit While 时,Exit While 会将控制权交给 Exit While 所在循环的上一个级别的循环。

(3) Exit Do。立即退出所在的 Do 循环,继续执行 Loop 语句后面的语句。只能在 Do 循环内使用 Exit Do。当在嵌套的 Do 循环中使用 Exit Do 时,Exit Do 将退出最内层的循环,并将控制权交给下一个较高级别的嵌套。即传送到 Exit Do 所在循环的外层循环。

(4) Exit Sub。立即退出所在的 Sub 过程,继续执行调用 Sub 过程语句后面的语句。只能在 Sub 过程内使用 Exit Sub。

(5) Exit Function。立即退出所在的 Function 过程,继续执行调用 Function 过程语句后面的语句。只能在 Function 过程内使用 Exit Function。

(6) Exit Property。立即退出所在的 Property 过程,继续执行调用 Property 过程的语句,该语句请求或设置属性的值。只能在 Property 过程内使用 Exit Property。只能在属性的 Get 或 Set 过程内使用 Exit Property

(7) Exit Select。立即退出所在的 Select Case 块,继续执行 End Select 语句后面的语

句。只能在 Select Case 语句内使用 Exit Select。

（8）Exit Try。立即退出所在的 Try 或 Catch 块。如果存在 Finally 块，则继续执行
Finally 块，否则继续执行 End Try 语句后面的语句。只能在 Try 或 Catch 块内使用 Exit
Try，不能在 Finally 块内使用它。

使用上述几种中途跳转语句，可以为某些循环体或过程设置明显的出口，能够增强程序
的可读性，符合结构化程序设计的要求。注意，不要将 Exit 语句和 End 语句混淆，Exit 不定
义语句的结尾。

5.5　循环的嵌套

【例 5-22】　编写一个程序，用于找出 3～100 之间所有的素数（素数指的是因子只有 1
和其本身的数）。

分析：用一个外层循环，将 3～100 以内的所有数用循环变量 i 循环一遍，再用一个内
层循环，对于外层选定的一个数，内层循环变量从 2 变到当前数 $i-1$，用所有的内层循环变
量 j 去除外层的当前值。如果所有的内层变量 j 都不能整除外层变量 i，代表外层变量对应
的当前值 i 是一个素数，将其存放在文本框中；否则，如果有某一个内层变量能整除外层变
量，代表外层变量不是素数，就结束内层循环，进行下一层外层循环，继续检验下一个数。

程序代码如下：

```
Private Sub Button1_Click(sender As Object, e As EventArgs) Handles Button1.Click
    Dim i, j As Integer
    For i=3 To 100
        For j=2 To i-1                    '判断一个数是否为素数
            If i Mod j=0 Then
                Exit For
            End If
        Next
        If i=j Then                       '若为素数,则将素数连接输出
            TextBox1.Text +=CStr(i)+"   "
        End If
    Next
End Sub
```

双层循环的外层循环用于循环要找的所有数 i（3～100），内层循环用于检测某一个 i 是
否能被除了 1 和它本身以外的数（2～i-1）整除。

运行结果如图 5-19 所示。

总结：如果要重复一组语句无限次数，请使用 While…End While 结构，只要条件一直
为 True 语句将一直重复运行。如果想要更灵活地选择在何处测试条件以及针对什么结果
进行测试，一般使用 Do…Loop 语句；如果想要重复语句一定次数，则 For…Next 通常是较
好的选择。

图 5-19　运行结果

习 题 5

1. 编写程序,计算并输出下面数列中前 n (设 $n=20$)项的和。

$$1×2×3,2×3×4,3×4×5,\cdots,n(n+1)(n+2),\cdots$$

2. 编写程序,计算并输出下面数列前 n 项的和 (设 $n=30,x=0.5$),要求结果保留 3 位小数。

$$\sin(x)/x,\sin(2x)/(2x),\sin(3x)/(3x),\cdots,\sin(nx)/(nx),\cdots$$

3. 有一分数序列:2/1,3/2,5/3,8/5,13/8,21/13(即后一项的分母为前一项的分子,后一项的分子为前一项分子与分母之和),求其前 n 项之和。

4. 编写应用程序,输入若干学生一门课程的成绩,统计平均成绩、及格和不及格的人数。

5. 找出 2~10000 之内的所有完全数。所谓完全数,就是这个数的各因子之和恰好等于这个数本身,如 $6=1+2+3,28=1+2+4+7+14$,所以 6,28 都是完全数。

6. 编写应用程序,统计并逐行显示(每行 5 个数)在区间[10000,50000]上的回文数。

7. 编写应用程序,读入一行字符,统计其中有字母、数字、空格和其他字符各有几个。

8. 找出所有的 3 位数中,能同时被 3 和 7 整除,且个位、十位、百位上的数码之和等于 18 的数据,将这些数据以每行 5 个的形式输出,并求出满足条件的数据个数。

9. 求 $a+aa+aaa+aaaa+\cdots+\overbrace{aa\cdots a}^{n位}$,其中 a 为 1~9 之间的整数。

当 $a=1,n=3$ 时,求 $1+11+111$ 之和。

当 $a=5,n=7$ 时,求 $5+55+555+5555+\cdots+5555555$ 之和。

10. 编写程序计算并输出下面数列前 n 项的和,当第一次出现和数的绝对值大于 5000 时求和终止。

$$1×2×3,-2×3×4,3×4×5,-4×5×6,\cdots,(-1)^{n-1}\cdot n\cdot(n+1)(n+2)\cdots$$

11. 求阶乘小于 9999 的那个自然数是多少。

12. 使用 While 语句,求两个正整数的最小公倍数。

13. 输入一个十进制整数(不多于 5 位),分析它是几位数,并求其各位数数字之和。

14. 对自然数求和,当和值大于等于 80000 时结束,输出此时的和值 S 及项数 N。

15. 编写程序,计算并输出下面级数中偶数项的和 Sum,求和过程在第一次出现和值 Sum 的绝对值大于 1000 时结束。原级数和可表示为:

$$Sum=1×2-2×3+3×4-4×5+\cdots+(-1)×(n-1)n(n+1)+\cdots$$

16. 编写程序,输出如图 5-20 所示格式的九九表。

17. 利用循环实现图 5-21 所示图形的输出。

```
Form3
*    1    2    3    4    5    6    7    8    9
1    1
2    2    4
3    3    6    9
4    4    8    12   16
5    5    10   15   20   25
6    6    12   18   24   30   36
7    7    14   21   28   35   42   49
8    8    16   24   32   40   48   56   64
9    9    18   27   36   45   54   63   72   81
```

图 5-20　九九表

图 5-21　图形输出

18. 利用循环嵌套,求 sum＝1＋(1＋2)＋(1＋2＋3)＋…＋(1＋2＋3＋…＋100)。

第6章 程序调试与部署

本章将介绍程序编辑调试过程中常用的运行环境配置,分析调试中常见的错误的类型,详细介绍如何利用 Visual Studio 2013 集成开发环境中的工具来发现、更正 Windows 应用程序中的错误,怎样通过错误处理来捕获程序中的错误,并进行相应的处理,最后介绍 Windows 应用程序的部署。

6.1　程序编辑环境设置

6.1.1　设计器视图与代码视图

编写并修改文本和代码的能力是集成开发环境(IDE)的核心功能。Visual Studio 2013 提供了许多为特定文件类型定制的编辑器。大多数编辑器都有两个视图:设计器视图和代码视图。

可以通过"视图"菜单下,进行设计器视图和代码视图切换,如图 6-1 所示;也可以在"解决方案资源管理器"中通过图标按钮进行切换,如图 6-2 所示。

图 6-1　在"视图"菜单下切换视图　　　图 6-2　在"解决方案资源管理器"切换视图

其中,只有在设计器视图状态下,才能够显示工具箱,在窗体上添加控件对象;在代码视图中引用的控件对象的名字为控件属性的 Name 属性值。

6.1.2　显示代码中的行号

执行"工具"|"选项"命令,在弹出的"选项"对话框左栏选择"文本编辑器"|Basic|"常规"结点,在右侧的"显示"栏下选择"行号",如图 6-3 所示。

6.1.3　设置自动换行首选项

执行"工具"|"选项"命令,在弹出的"选项"对话框左栏选择"文本编辑器"|Basic|"常规"结点,在右侧的"设置"栏下,选择或清除"自动换行"复选框。

选择"自动换行"选项后,会启用"显示可视的自动换行标志符号"选项。如果希望在较长行换到下一行的位置显示一个回车箭头指示符,请选择"显示可视的自动换行标志符号"选项。如果不想显示指示箭头,请清除此选项。设置自动换行如图 6-3 所示。

图 6-3　自动换行与代码行号设置

6.1.4　设置代码字体与颜色

执行"工具"|"选项"命令,在弹出的"选项"对话框左栏选择"环境"|"字体与颜色"结点,在右侧可以对程序代码进行字体与颜色的相应设置,如图 6-4 所示。

图 6-4　代码字体与颜色设置

6.1.5 在编辑器中指定缩进

可以从 3 种不同的文本缩进样式中选择，以及选择编辑器在缩进文本时是插入制表符还是空格字符。执行"工具"|"选项"命令，在弹出的"选项"对话框左栏选择"文本编辑器"|Basic|"制表符"结点，在右侧的"缩进"栏下，选择以下选项之一。

（1）无：光标转到下一行的开头。

（2）块：光标将下一行与上一行对齐。

（3）智能：（可用时为默认选项）所使用的编程语言决定了所使用的相应缩进样式。例如，在编写 Visual Basic.NET 应用程序时，创建一个包括 If 或 Select Case 语句的 For…Next 循环时，这些语句在循环中将显示为缩进的代码块，其中将保留自己习惯的内部缩进。

另外，还可以确定表示一个缩进或制表符的空格数，手动调整缩进选择要缩进的文本。若要增加缩进，请按 Tab 键或选择"缩进"图标 。若要减少缩进，可按 Shift＋Tab 键或选择"取消缩进"图标。

6.2　程序中的错误

图灵奖得主 Edsger Dijkstra 说过："如果调试（Debug）是去除错误（Bug）的过程，那么编程就是制造 Bug 的过程。"这说明无论多么细心地去编写一个程序，但几乎不可避免地要犯这样那样的错误，所以，调试是一个程序开发中不可缺少的过程。在软件工程的概念中，软件的开发比重是 4∶2∶4，即前期规划设计占用 40% 的时间，编码占用 20% 的时间，而程序的测试与运行则占 40% 的时间。可见程序的调试是一个很重要的过程，因此必须掌握调试程序的方法。

Bug 就是程序中暗含的错误或问题，它们的存在会导致程序运行失败或不正常地运行，甚至导致整个系统崩溃。为了防止错误的发生，必须要求保持良好的编程风格。少用或者不用那些可能使程序发生混乱的语句。更重要的是在编程时，要能够很好地把握程序运行的每一个细节。也就是说，程序的运行在掌握之中。当程序发生错误时，能够根据程序的流程逐步推敲找到错误。而不是一旦发现程序运行可能存在问题，就盲目地在已经完成的代码上进行修改。这样只会给你的程序带来更多的错误，让项目陷入无穷的危机。

那么编程中常会出现哪些错误呢？通常可以分为下面 3 种。

6.2.1 语法错误

语法错误是一种程序编写中出现了违反 Visual Basic.NET 语法规则的错误，它会影响编译器完成工作。它也是最简单的错误，几乎所有的语法错误都能被编译器或解释器发现。

在 Visual Studio 2013 集成开发环境中遇到语法错误时，比如变量没有定义，参数类型不匹配，控件对象未添加，缺少元素，关键词录入错误等，都可以通过其智能感知功能，在编译程序之前及时地发现程序中的语法错误，并用波浪线标示出来，同时错误消息还将同时显示在"错误列表"窗口中。这些消息将告诉错误的具体位置（行、列、文件），并给出错误的简要说明，如图 6-5 所示。

图 6-5　智能感知出语法错误

6.2.2　语义错误

程序源代码的语法正确而语义或意思与程序设计人员的本意不同时，就是语义错误。此类错误比较难以察觉，它通常在程序运行过程中出现。

比如说，溢出错误、下标越界错误，未将对象引用设置到对象的实例中等。当程序中出现这种错误时，程序会自动中断，并给出可能的错误类型。

例如，让程序运行下面的代码：

```
Private Sub Button1_Click(sender As Object, e As EventArgs) Handles Button1.Click
    Dim a(5) As Integer         '定义一个长度为 6 的整数数组，其范围是 a(0)到 a(5)
    a(6)=10                      '将 10 赋给实际并不存在的数组元素 a(6)
    msgbox(a(6).ToString)        '输出数组元素 a(6)中的数
End Sub
```

运行这段程序，将会出现索引超出数组界限的错误，如图 6-6 所示。

当出现这种错误的时候，有 4 个选项：中断、继续、忽略、帮助。选择"中断"将中断正在进行的调试；选择"继续"将调用意外处理，并继续调试；选择"忽略"将不调用意外处理而继续执行；选择"帮助"将给出与当前有关的帮助目录。但是对于某些错误而言"继续"或"忽略"选项可能不可用。

通常，将除数为零的错误也归于语义错误，但是在编写 Visual Basic.NET 程序时，输入下面的代码：

图 6-6　运行时出现错误

```
Private Sub Button1_Click(sender As Object, e As EventArgs) Handles Button1.Click
    Dim a As Integer
    Dim b As Integer
    Dim c As Double
    a=0
    b=1
    c=b / a                    'c等于1除以 0,这里会产生一个错误
    Msgbox(c)                  '输出结果
End Sub
```

编译时没有报错,但是注意输出对话框中输出的结果:"正无穷大",系统并没有像以前的 Visual Basic 版本中一样会出现"Division by zero"的错误提示。可见在新的 Visual Basic .NET 开发环境中对除零的错误是隐式处理的,这一点要注意。在程序中要尽量避免除数为零的错误。当然,也可以在异常窗口中进行设置,让程序发生此类错误时自动中断。

6.2.3　逻辑错误

在编程的时候,有时候会出现这样一种情况:明明程序编译的时候没发现任何错误。每个语句都符合语法规则,程序也能正常地进入退出。可是它就是不能完成想要实现的结果。在这种情况下,多半就是程序中出现了逻辑错误。

逻辑错误可以说是编程中最难解决的错误之一,因为它在外观上并没有表征。只有当自己对运行的结果有十分清楚的了解,才能发现并纠正逻辑错误。在纠正逻辑错误的时候,更要求对程序运行数据和算法有深刻的了解,因此在编程之前的准备工作也是十分重要的。

下面例子的目的是求一个学生成绩的平均分,其中就出现了一个很隐蔽的错误。

```
Private Sub Button1_Click(sender As Object, e As EventArgs) Handles Button1.Click
    Dim index As Integer = 5                    '一共有 5 门课程
    Dim mark() As Integer = {80, 90, 85, 68, 78} '给出每门课的成绩
    Dim average As Double                       'average 变量用来存放平均分
    Dim total As Integer                        'total 变量用来存放总分
    For index = 1 To 5
        total += mark (index-1)
    Next index                                  '上面的循环是为了将各门功课的分数相加
    average = total / index                     '求平均分
    msgbox (average)                            '输出结果
End Sub
```

上面的程序顺利运行,并输出结果,如图 6-7 所示。

这个结果实际上是错误的。当输入的分数,分别是 80,90,85, 68,78 时,这几个分数的平均数会是 66.8333333333333,显然这里有一个逻辑错误。

那这个程序错在哪里呢? 读者可以将此题作为课后程序分步调试的一个练习实例,通过监视窗口,查看 index 的变化,看一看最终求平均值时 index 的实际值,就明白产生这个逻辑错误的原因了。

图 6-7 输出结果

程序运行时的错误和逻辑错误是不容易发现的,开发环境对于这些错误的提示也是不明确的,因此查找这些错误需要特别注意。

(1) 仔细浏览程序,首先避免发生明显的错误。因为人们往往都容易有这样的观点: 这种小错误绝对不会发生在我身上。因此在发生这种错误之后,程序员们常常绞尽脑汁,却不能发现眼皮底下的错误。所以在编程时要特别注意,从一开始就严格遵守编程规范,未雨绸缪防止这类错误的发生。

(2) 发生错误的时候,常常会在程序报错的地方查找错误。可是有一点要注意,有时候报错的地方并不是错误的源头。修改这些地方并不能彻底纠正程序的错误,反而会让程序中的错误隐藏得更深。正确的方法应在报错的上下文统筹来查看,从而发现错误的源头,进而修改它。

(3) 判断程序发生逻辑错误,往往是根据输出的结果不合常识。可是有时候看起来合理的结果并不一定是正确的。因此,在调试程序的时候,要合理安排测试的数据,以验证程序的正确性。

(4) 有时候运行程序,程序中发生了错误并且给出了提示,可并不一定就明白错在什么地方。此时要做的就是跟踪程序的运行,了解每一个变量当前的运行值,弄清楚错误产生的真正原因,从而纠正程序中的错误。

下面介绍几种相当有用的调试技巧,用以发现错误和处理错误。

6.3　程序的调试

6.3.1　设置启动窗体

在"解决方案资源管理器"项目中可以有多个窗体,但调试运行时只能有一个首先启动的窗体。要想设置启动窗体,可右击项目,在其下拉菜单中,选择"属性",在弹出的对话框窗口中,选择"应用程序"选项,在"启动窗体"下拉列表中选择需要启动的窗体文件,如图 6-8 所示。

图 6-8　设置启动窗体

6.3.2　设置断点

在代码窗口中,单击某行程序左边的灰色区域,出现一个红点并且该行上的程序文本突出显示为红色。红点表示一个断点。当在调试器下运行该应用程序时,此调试器将在命中该代码时在该位置中断执行。然后可以查看应用程序的状态并调试它,如图 6-9 所示。

程序编译调试的方法有以下几种。

(1) 直接执行"调试"|"启动调试"命令。

(2) 使用快捷键 F5。

(3) 在工具栏中单击"启动调试"按钮 ▶ 。

(4) 在命令窗口中调试。

启动调试后 Windows 窗体开始运行,在此 Windows 窗体上,单击 Button1 按钮,则在 Visual Studio 2013 集成开发环境中,此操作将转到代码页上设置了断点的行。该行将用黄色突出显示,如图 6-10 所示。现在,可以查看应用程序中的变量并控制其执行。应用程序

图 6-9　设置断点

图 6-10　在断点处中断

现已停止执行,并等待后续的操作。

注意:如果"活动的解决方案配置"设置为"发布",则执行将不会在断点处停止。这是在模拟实际发布程序的行为。标记断点的圆圈将包含一个白色问号。如有必要,请使用"配置管理器"对话框将此设置更改回"调试"。

6.3.3 添加监视

调试运行后,程序将在断点处停止执行,并等待后续的操作。执行"调试"|"窗口"|"监视"|"监视 1"菜单命令,如图 6-11 所示。

图 6-11 添加监视窗口

在"监视 1"窗口中,单击一个空行,在"名称"列中输入 i,然后按 Enter 键;单击下一个空行,在"名称"列中输入 s,然后按 Enter 键。在"值"列中,分别显示其初始值和分步调试时的执行结果,如图 6-12 所示。

图 6-12 在监视窗口中添加监视对象

6.3.4 逐语句执行

从"调试"菜单(或从调试工具条)中选择"逐语句"。在"监视 1"窗口中 i 和 s 的值会随着语句的循环执行而改变,如图 6-13 所示。循环被"逐语句"执行,循环控制变量 i 的值,从 1 递增到 3,求和变量 s 的值,从 1、3,到 6,当 i＝4 时,由于 i 大于循环终值 3,故结束循环,最后通过 MsgBox 函数输出求和结果。

执行"调试"|"继续"菜单命令,以继续调试程序。在 Windows 窗体上,再次单击按钮。Visual Studio 2013 集成开发环境再次中断执行。

若要删除断点,可以执行"调试"|"停止调试"命令。然后,单击表示断点的红点,将从代码中移除该断点。

图 6-13　监视窗口中监视效果

6.4　错误捕获和处理

前面已经谈到了程序调试的常用方法和调试的技巧,但真正让 Visual Basic.NET 程序员感到高兴的是 Visual Basic.NET 中提供了 Try…Catch…Finally…End Try 结构化的错误处理结构来测试错误。其语句结构如下:

```
Try
    [tryStatements]
    [Catch [exception [As type]] [When expression]
      catchStatements1
      [Exit Try]
    Catch [exception [As type]] [When expression]
      catchStatements2
      [Exit Try]
      …
Catch [exception [As type]] [When expression]
      catchStatementsn]
      [Exit Try]
[Finally
      finallyStatements]
End Try
```

该结构中的变量说明如下。

（1）tryStatements。可选。测试表达式,可能发生错误的语句,可以是复合语句。

（2）Catch。可选。允许使用多个 Catch 块。如果在处理 Try 块期间发生异常,则按文本顺序检查每个 Catch 语句,以确定它是否处理该异常。exception 表示已引发异常。

（3）exception。可选。任何变量名称。exception 的初始值是引发的错误的值。它将与 Catch 一同使用以指定所捕获的错误。

（4）type。可选。指定类筛选器的类型。如果 exception 的值是 type 指定的类型或者派生类型的值,则该标识符将绑定到异常对象。

（5）When。可选。带有 When 子句的 Catch 语句只在 expression 的计算结果为 True 时才捕获异常。When 子句仅在检查异常类型之后应用,expression 可以引用表示异常的标识符。

（6）expression。可选。必须可隐式转换为 Boolean。说明一般筛选器的任何表达式。通常用来根据错误号进行筛选。它与 When 关键字一同使用，以指定捕获错误时的环境。

（7）catchStatements。可选。处理在相关的 Try 块中所发生错误的语句。可以是复合语句。

（8）Exit Try。可选。中断 Try…Catch…Finally 结构的关键字。程序由紧随在 End Try 语句后的代码继续执行。不允许在 Finally 块中使用。

（9）Finally。可选。Finally 块总是在执行离开 Try 语句的任何部分时执行。

（10）finallyStatements。可选。在所有其他错误处理结束后执行的语句。

（11）End Try。终止 Try…Catch…Finally 结构。

上面的结构可能不好理解，下面用一个例子来说明问题。

```
Private Sub Button1_Click(sender As Object, e As EventArgs) Handles Button1.Click
    Dim a(5) As Single
    Try
        a(6)=10
        MsgBox(a(6))
    Catch err As Exception
        MsgBox(err.Message)
    End Try
End Sub
```

图 6-14　捕捉错误

这样，当程序运行到出错的地方后，将激活错误捕捉代码，并输出错误信息，如图 6-14 所示。

利用 Try…Catch…Finally 结构还可以在发生错误后继续执行后面的程序，而不会因为发生错误中断程序的执行。比如上面的例子中发生了一个越界错误，在下面的例子中不但要捕捉到这个错误，而且还要利用 Finally 语句执行另一个命令，以测试另一种情况下是否有错误发生。

```
Private Sub Button1_Click(sender As Object, e As EventArgs) Handles Button1.Click
    Dim a(5) As Single
    Try
        a(6)=10
        MsgBox(a(6))
    Catch err As Exception
        MsgBox(err.Message)
    Finally
        Try
            a(2)=5
            MsgBox(a(2))
        Catch exp As Exception
            MsgBox(exp.Message)
```

```
        End Try
    End Try
End Sub
```

这样的话，程序运行时首先汇报越界错误，然后再输出 a(2) 的值为 5。

这里为什么会发生越界错误？请仔细回忆前面有关数组的内容，因为在 Visual Basic .NET 程序中，数组的下标下界是 0。也就是说，如果定义一个数组 a(5)，其长度为 6，范围从 a(0) 到 a(5)。故这里如果给元素 a(6) 赋值，将发生越界错误。但如果给 a(2) 赋值就不会有问题，因此在上面例子的 Finally 中利用 a(2) 来赋值就没有发生问题，正常输出了 "5"。

除了上面的用法之外，也可以使用多重 Catch 结构。

```
Private Sub Button1_Click(sender As Object, e As EventArgs) Handles Button1.Click
    Dim a(5) As Single
    Try
        a(6)=10
        MsgBox(a(6))
    Catch exp As IndexOutOfRangeException
        MsgBox("下标越界!!!")    '检测下标越界错误
    Catch erro As Exception
        MsgBox("其他异常错误")   '检测其他错误
    End Try
End Sub
```

上面的例子中，为了检测出越界错误，直接将异常定义为 IndexOutOfRangeException（越界错误）。检测出了下标越界的错误，调试结果如图 6-15 所示。

但是，很多情况下，并不一定知道程序中会有哪些意想不到的异常。因此，在后面定义了另外一个 Exception，Exception 类似于 Select Case 语句中的 Case Else 语句，用以检测其他异常。

图 6-15　下标越界的错误

在上面的程序中，由于运行中发生的是 IndexOutOfRangeException 下标越界的异常，因此第一个 Catch 语句就已经将错误捕捉了，第二个 Catch 语句将不会捕获错误信息。反之，当运行中发生了非 IndexOutOfRangeException 的错误时，第一个 Catch 语句不会捕捉到错误，而第二个 Catch 语句将会发生作用，输出 "其他异常错误"。从中也可以注意到，必须将特殊的错误的检测放在一般错误检测之前，否则特殊错误检测将失败。

前面讲到了各种各样的调试方法，但是光知道方法还不行，要灵活地应用这些手段来检测错误，在找到错误之后，更重要的是完整而正确地更正错误，所以要对异常的类型比较了解才可以理解调试过程中异常信息的含义。公共语句运行环境中提供的常见标准异常类如表 6-1 所示。

表 6-1　运行环境中的标准异常类

异 常 类 型	描　　　述
Exception	所有异常类的基础类
SystemException	在运行时产生异常的基础类
ArgumentException	变量异常的基础类
ArgumentNullException	变量值为空的异常(而此时不应为空)
ArgumentOutOfGangeException	变量越界异常
IndexOutOfRangeException	数组下标越界异常
InvalidOperaException	非法调用对象的方法时产生的类
NullReferenceException	引用未分配内存的对象时的异常
InteropException	与公共语言运行环境(CLK)外进行数据交换而产生的异常
ExternalException	在运行库的外部环境中发生或针对这类环境异常的基类
ComException	与 Com 有关异常的类
SEHException	结构包含异常句柄的类

6.5　Windows 应用程序的部署

Windows 应用程序编写完毕,经过调试证明无误后,还必须将已完成的应用程序(或组件)发到用户计算机上,在之前,需要通知 Visual Studio 2013 部署内容、部署位置及部署方法。可通过向解决方案添加一个或多个部署项目来实现上述目的,每个部署项目指定在目标计算机上安装文件和组件的指令。

部署 Windows 应用程序就是将 Windows 应用程序从开发者的计算机中发布到用户的计算机中的过程,在本章下面将会介绍 Windows 应用程序的部署过程。

假设已经新建一个 Windows 应用程序,用于实现加、减、乘、除的简单数学运算。项目的名字为 Calculator,经调试运行后功能正常,可以部署或发布到其他计算机上。其部署操作如下:

执行"文件"|"添加"命令,在弹出的对话框中单击"新建项目"按钮。在"添加新项目"对话框中,打开"项目类型"窗格中的"其他项目类型"|"安装和部署项目"文件夹,再单击右栏中的"模板"窗格中的"启用 InstallShield limited Edition"。在"名称"框中,输入 Calculator setup,如图 6-16 所示。

单击"确定"按钮后,对话框关闭,确保计算机联网,接着系统会跳转到微软公司网站,如图 6-17 所示。

图 6-16　添加"安装项目"

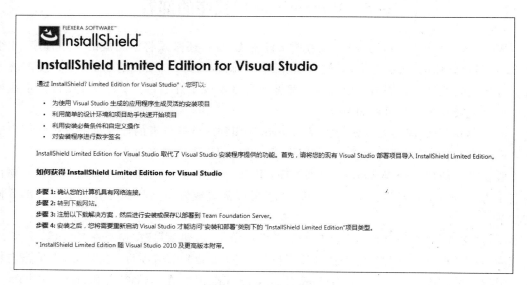

图 6-17　微软公司网页

选择转到下载网站。按照提示信息进行注册，InstallShield limited Edition。有了这个工具后就可以部署了。注册页面如图 6-18 所示。

图 6-18　注册页面

习　题　6

1. 编程中常见的错误有哪几种？

2. 调试程序有几种方式？输出窗口的作用是什么？

3. 设计一个程序，在其中设置断点，并添加监视，通过逐语句调试观察程序运行的情况。

第7章 数   组

7.1 数组的概念

7.1.1 引例

在前面的学习中,所使用到的整型、字符串型、逻辑型等数据类型都是简单类型,以这种简单类型所定义的变量称为简单变量,一个简单变量对应一个数据单元,只能存储一个该数据类型的数据。然而在实际应用中,经常需要处理具有相同数据类型的一批数据,例如记录工人的工资,存储学生的成绩等,这类问题最有效的解决方法就是利用数组。

在存储学生成绩的问题上,假如学生的人数为100,如果使用简单变量来存储成绩,将需要声明100个变量分别对应存储100个学生的成绩,非常不方便。在 Visual Basic.NET 中,提供了数组这一构造数据类型,可以把一组具有相同类型的数据放在一起并用一个统一的名字来作为标识,这个名字称为数组名。数组中的每个数据称为数组元素,用数组名和该数据在数组中的序号来标识,序号称下标,各元素之间通过下标来区分。

【例7-1】 输入100名学生的成绩,求其平均成绩,然后统计高于平均分的人数。

考虑这个问题时,如果还用以前的简单变量,代码如下所示:

```
Dim score1,score2,score3,…,score100, average As Single
'此处省略了变量名称
score1=Val(InputBox("请输入第 1 位学生的成绩"))
score2=Val(InputBox("请输入第 2 位学生的成绩"))
…    '此处省略了部分代码
score100=Val(InputBox("请输入第 100 位学生的成绩"))
average= (score1+score2+score3+…+score100)/100
```

很显然,在上述代码中,需要定义100个简单变量,再写100个输入语句来输入100个学生的成绩,最后才能计算出平均分及做其他的处理,这样的话,程序的编写工作量将难以承受。而如果能用循环来处理就简单多了,代码如下所示:

```
Dim I As Integer
Dim score, aver As Single
For I=1 To 100
    score=Val(InputBox("请输入第" & I & "位学生的成绩"))
    aver=aver+score
Next
aver=aver / 100
```

但是上面的代码只能求平均分,若要统计高于平均分的人数,则无法实现。因为存放学生成绩的变量名 score 是一个简单变量,只能存放一个学生的成绩。在循环体内输入一个学生的成绩,就把前一个学生的成绩覆盖了。在循环结束时,score 变量中存放的是第100

个学生的成绩。若要统计高于平均分的人数,必须再重复输入这 100 个学生的成绩与平均分比较。这样就带来两个问题:其一,输入数据的工作量成倍增加;其二,若本次输入的成绩与上次不同,则统计的结果不正确。

如果用数组来解决这一问题,仅需一条语句:Dim score(99) As Single 即可定义一个包含 100 个元素的数组,而且每个数组元素 score(0)、score(1)、…、score(99)都可以像简单变量一样使用,分别存放一个学生的成绩,之后就可以利用循环来完成想要完成的任务了。

7.1.2 数组的概念

数组是具有相同数据类型且按一定次序排列的一组变量的集合体,构成数组的这些变量称为数组元素,数组元素之间是通过下标来区分的,数组元素的个数就是数组的长度。

一个简单变量,没有左邻和右邻,是一个完全独立的量;但数组中的元素,除了第一个元素前没有元素,最后一个元素后没有元素外,其他的所有元素之前和之后都有相邻的元素,并且数组元素之间的顺序关系是确定的。

使用数组的最大好处是可以用一个数组来存储和表示逻辑上相关的一批数据,在编程时与循环语句结合使用,通过下标来表示数组中的各个元素将使得程序书写简洁。数组中的第一个元素下标称为下界,最后一个元素下标称为上界,其余元素下标连续地分布在上下界之间,在实际使用时要注意数组元素的下标不要越界。数组在处理数据排序、跟踪数据、矩阵计算等问题时非常有用。

数组必须先定义(声明)后使用,定义时要明确数组名、数组类型、数组维数等。在 Visual Basic.NET 中,按定义数组时下标的个数来确定数组的维数,只有一个下标的数组称为一维数组,具有两个或两个以上下标的数组称为二维数组或多维数组。如果要记录一个学生每门课程的成绩,仅需区分课程,则使用一维数组就可以了;如果要记录一个班级中每个学生每门课程的成绩,需区分学生和课程,则需要使用二维数组;如果要记录不同班级每个学生每门课程的成绩,需区分班级、学生和课程,则需要使用三维数组。三维数组要使用 3 个下标,如物理空间中的 x、y 和 z 坐标。尽管数组最多可达 32 维,但多于三维的情况并不多见,因为增加一个数组的维数时,该数组所需的总存储空间会急剧增大,因此应慎用多维数组。

7.2 定长数组

7.2.1 定长数组的概念

在 Visual Basic.NET 中有两种形式的数组:定长数组和动态数组。定长数组的长度在定义时就是确定的,在程序运行过程中是固定不变的,即定长数组的元素个数是固定不变的。下面介绍的就是一维和二维定长数组。

7.2.2 一维数组的定义、赋值与引用

1. 一维数组的定义

如果用一个下标就能确定数组中的不同元素,这种数组称为一维数组。一维数组的声

明是在变量名称后面加上一对括号。具体格式为：

```
Dim 数组名(下标上界)[As 数据类型]
```

其中，数组名是用户定义的标识符，要符合标识符命名规则。数组的下标下界为 0，数组的长度为：下标上界＋1。"数据类型"指定数组中每个数组元素的数据类型，如 Integer 表明数组中的每个元素都是整型。用 Dim 语句声明数组为系统提供了一系列信息，如数组名称、数组中各元素的类型、数组的维数和各维的大小等。例如，要表示 100 个学生的成绩（均为整数），可以声明具有 100 个元素的数组 score，其声明如下：

```
Dim score(99) As Integer
```

该语句声明了一个一维数组，该数组的名称为 score，每个元素的数据类型为整型，下标范围从 0～99；数组各元素通过不同的下标来区分，分别为 score(0)，score(1)，…，score(99)；score(i) 表示下标值是 i 的数组元素，其中，i 的值介于 0～99 之间。系统必须为该数组的 100 个元素分配一段连续的存储空间，如图 7-1 所示。

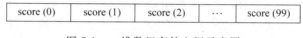

| score (0) | score (1) | score (2) | … | score (99) |

图 7-1　一维数组存储空间示意图

声明数组，仅仅表示在内存中为数组分配了一段连续的存储区域，在以后的操作中，一般是针对数组中的某一个元素进行的。数组元素是带有下标的变量，其一般表示形式为：

```
数组名(下标)
```

下标表示顺序号，每个数组元素有一个唯一的顺序号，下标不能超出数组声明时的上界、下界范围。一维数组元素仅需一个下标，下标可以是整型的常数、变量、表达式，甚至还可以是一个数组元素。定义 score 数组后，score(10)、score(3＋4)、score(i)（i 为整型变量名）都表示该数组的数组元素，但若 i 的值超出 0～99 的范围，则程序运行时会显示"索引超出了数组界限"。

使用数组时需要注意以下几点：

（1）数组名的命名方法及使用规则同简单变量，可以是任意合法的变量名，但最好起一个有意义的名字。

（2）数组类型可以是任意的基本类型，如 Integer、Long、Single、Double 和 String 等，也可以是 Object 类型。如果声明数组时指定了数据类型，则数组的所有元素也必须为此类型；如果声明时省略了"As 数据类型"，则数组元素默认为 Object 类型。

（3）数值数组中的元素若为基本数值类型，则全部元素都被自动初始化为 0，而字符串数组或字符数组中全部元素都被自动初始化为 Nothing。

在定义数组时，不仅可以使用 Dim 关键字，还可以使用以下关键字来声明数组：

（1）Public。Public 用于在标准模块中声明公用数组，所声明的数组的作用域为整个应用程序。

例如：

```
Public sc(10) As Integer
```

（2）Private。Private 用于在窗体模块或者标准模块的通用声明部分声明一个模块级的私有数组，其作用域为定义该数组的模块。

例如：

```
Private sc(10) As Integer
```

在窗体模块或标准模块的通用声明部分使用 Private 和使用 Dim 其作用相同。

（3）Static。Static 用于在过程中声明静态数组，所声明的静态数组的作用域为定义该数组的过程。

例如：

```
Static sc(10) As Integer
```

使用 Static 所定义的静态数组中的元素和静态变量一样，在定义该数组的过程结束后数组元素仍然存在并可以保留其最新值。

2. 一维数组的赋值

对数组的赋值，既可以在声明数组时直接给数组元素赋初值，也可以在定义过后，在程序中通过循环结构中的赋值语句逐个给元素赋值。

（1）数组定义时，可直接赋值。格式如下：

Dim 数组名() As 数据类型={数组元素值}

例如：

```
Dim intScore() As Integer={56,78,83}
Dim strDays() As String={"sun","mon","tue","wed","thu","fri","sat"}
```

定义格式中的一对大括号（{}）用于设置可以直接保存在数组中的值，值与值之间用逗号分隔。在上例定义 intScore、strDays 数组的语句中，在大括号中输入了多个以逗号分隔的数组元素初值，但是用于指定数组下标上界的小括号中却是空的，也就是说没有为这两个数组显式的指定上界。因为在 Visual Basic.NET 中，显式声明了长度的数组是不能显式初始化的。下面的声明是不允许的：

```
Dim intScore(2) as Integer = {56,78,83}
```

在定义时给数组元素赋初值，数组元素的个数就等于初始值的个数，Visual Basic.NET 是用基于所提供的初始值的个数来计算上界的。在本例中，这两个数组的下标下界为 0，intScore 数组元素的个数为 3，所以下标的上界为 2；strDays 数组共有 7 个元素，所以下标的上界为 6。

（2）定义了数组之后，再给它赋值，通常可以通过一个 For 循环来完成。

例如：

```
Dim intNum(2) As Integer
Dim I As Integer
For I=0 To 2
    intNum(I)=InputBox("请输入第"+Str(I+1)+"个各元素的值")
Next I
```

上例中首先声明了一个包含 3 个元素的数组 intNum,并通过一个循环语句将数组的元素依次赋值。

3. 一维数组的引用

对数组的操作主要是通过对其数组元素的操作来完成的,对数组的引用,通常也是指的对其元素的引用。由于数组中各元素通过下标来区分,数组元素的引用方法就是在数组名后面的括号中指定要引用元素的下标。又因为下标可以使用变量,所以数组和循环语句结合使用,使得程序书写简洁、操作方便。

可以通过为数组的每一维提供"索引"或"下标"来指定数组元素。在每一维中,元素都是按照从索引 0 到该维的最大索引的顺序连续排列的。图 7-2 给出了长度为 5 的一维数组的概念性结构图,图中的每个元素都显示访问该元素的索引值。例如,使用索引(2)可以引用到该数组的第三个元素。

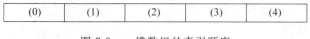

图 7-2　一维数组的索引顺序

数组元素几乎能出现在简单变量可以出现的任何情况下,如可以被赋值,可以被打印,可以参加表达式计算。

例如:

```
Dim A(3) As Integer
A(1)=5
A(2)=2+A(1)
```

数组声明中的下标规定的是每一维的下标上界,表明数组的整体特性,而在其他位置出现的下标表示的是数组中的不同元素。两者虽然写法相同,但含义不同,要严格区分数组声明和数组元素。

例如:

```
Dim C(5) As Integer
C(5)=23
```

两条语句中都有 C(5),但是 Dim 语句中的 C(5)是数组声明,表示数组 C 中元素下标的最大值为 5,数组中元素的个数为 6;而第二句中的 C(5)是表示数组 C 中下标为 5 的那个数组元素,即给 C(5)赋值为 23。

在引用数组元素时,数组名、数据类型、维数和下标的范围必须与数组的声明严格一致。

例如:

```
Dim intA(10) As Integer
```

该语句定义了一个一维数组 intA,下标的可取值为 0~10,每个元素只能取整型值。在引用该数组元素时,必须严格遵守其声明,如元素的引用 intA(2)是正确的,但引用intA(12)则是错误的,超出了数组上界。

介绍了如何给一维数组定义、赋值和引用后,再来看例 7-1,经过前面的分析,需要定义一个包含 100 个元素的数组来存储每个学生的成绩,在成绩录入和统计时要使用循环结构来完成。现在设计如图 7-3 所示的用户界面,在窗体上放置两个 Button 按钮用于输入成绩和统计,两个 TextBox 文本框用于显示运算结果,两个 Label 标签用于标记文本框。

图 7-3 "成绩统计"界面

分别对"输入成绩"和"统计"按钮编写事件处理程序,代码如下:

```
Public Class Form1
'在窗体模块的通用声明部分声明的编程元素,在各个过程中都有效
Dim score(99) As Single                          '声明定长一维数组,数组有 100 个元素
Dim flag As Boolean=False                         '设置标记,用于判断是否输入了分数
Dim i As Integer
Private Sub Button1_Click(sender As Object, e As EventArgs) Handles Button1.Click
                                                  '输入成绩
    For Me.i=0 To 99                              '循环控制变量 i 也就是数组元素的下标
        score(i)=Val(InputBox("请输入第"+ (i+1).ToString+"个学生的成绩"))
                                                  '从键盘输入分数
    Next
    flag=True                                     '输入分数后,将标记的值改为 True
    MsgBox("输入结束")
End Sub
Private Sub Button2_Click(sender As Object, e As EventArgs) Handles Button2.Click
                                                  '统计
    Dim aver As Single=0.0                        '定义变量 aver,放平均分
    Dim n As Integer=0                            '定义变量 n,放高于平均分的人数
    If flag=False Then                            '如果一个分数也没有输入,则用消息框提示
        MsgBox("请先输入成绩")
    Else
        For Me.i=0 To 99                          '本循环结构求分数总和
            aver +=score(i)
        Next
        aver=aver / 100                           '求 100 人的平均分数
        For Me.i=0 To 99                          '本循环结构统计高于平均分的人数
            If score(i)>aver Then
                n=n+1
            End If
        Next
```

```
            TextBox1.Text=aver.ToString        '输出平均分
            TextBox2.Text=n.ToString           '输出高于平均分的人数
        End If
    End Sub
End Class
```

在"输入成绩"按钮的 Click 事件中,循环体将每次循环时从键盘输入的分数依次存放在各数组元素 score(i)中。因为每循环一次,循环控制变量 i 都加 1,而 i 正是数组元素的下标,所以每个分数就被依次存放在各个不同的数组元素中了,如 score(0)、score(1)、…、score(99)。循环进行完以后,布尔类型变量 flag 值被置为 True,如果没输入分数就单击"统计"按钮,程序将提示"请先输入成绩"。

说明:语句 score(i)=Val(InputBox("请输入第"+(i+1).ToString+"个学生的成绩")),虽只有一句语句,但在循环体内,被执行 100 次,每次运行时都要输入 100 个成绩,调试程序时需要花费很多时间。对于大量的数据输入,用户可根据题目要求,通过随机函数产生一定范围内的数据。在本例中要表示的是分数,产生的随机数范围应该是 0～100,在考虑分数值为整型时,可将上述语句替换为 score(i)=Int(Rnd() * 101)。

7.2.3　二维数组的定义、赋值与引用

当程序需要以矩阵的方式来保存数据时,就需要二维数组,二维数组也称为"矩形数组"。

1. 二维数组的定义

二维数组的声明是在变量名后面加上一对圆括号并将逗号置于圆括号中以分隔维数。具体格式为:

Dim 数组名(下标 1 上界,下标 2 上界) As 数据类型

其中,下标的个数决定了数组的维数,有两个下标的即为二维数组,两个下标之间用逗号隔开。"数据类型"决定了每个数组元素的数据类型。声明了数组后,每一维下标的取值范围就决定了,数组的元素个数也就决定了。和定义一维数组一样,也可以使用 Public、Private、Static 关键字来声明公用二维数组、模块级的私有二维数组以及静态二维数组。

对二维数组来说,每一维的长度为"上界+1",数组的长度是数组的各维长度的乘积,它表示数组中所包含的元素的总个数。即:

二维数组的元素个数=(第 0 维的下标上界+1)×(第 1 维的下标上界+1)

假设有如下数组定义语句:

Dim A(2,3) As Single

该语句声明了一个单精度类型的二维数组,第 0 维下标的取值范围为 0～2,第 1 维下标的取值范围为 0～3,每一个数组元素都是单精度类型。声明该数组后,系统要为每一个数组元素分配 4 字节的存储单元,并且各存储单元是连续的。数组 A 的总大小是(2+1)×(3+1),结果为 12,共占据 12 个单精度类型变量的存储空间。在 Visual Basic.NET 中,数

组是按照行优先顺序存储的,数组 A 在内存中的存储结构图如图 7-4 所示。

多维数组的声明同二维数组大致一样,仅是在声明时多了几项。

例如:

```
Dim A(1,2,3) As Integer
```

该语句声明了一个三维整型数组 A,第 0 维下标范围为 0~1,第 1 维下标范围为 0~2,第 2 维下标范围为 0~3,数组 A 共有 2×3×4 个元素。

由于数组在程序运行时要占用一定的存储空间,而且个数和维数越多占用的空间也越多,因此在使用数组时,用户一定要按需定义。

A(0, 0)
A(0, 1)
A(0, 2)
A(0, 3)
A(1, 0)
A(1, 1)
A(1, 2)
A(1, 3)
A(2, 0)
A(2, 1)
A(2, 2)
A(2, 3)

图 7-4　二维数组存储空间示意图

2. 二维数组的赋值

对二维数组的赋值,也是既可以在声明数组时直接给数组元素赋初值,也可以在定义过后,在程序内部通过循环结构中的赋值语句逐个给元素赋值。

(1) 数组定义时,可直接赋值。

格式如下:

```
Dim 数组名(,) As 数据类型={{数组元素值},{数组元素值}}
```

例如:

```
Dim intScore(,) As Integer={{4,3,2},{5,4,1},{6,9,8},{7,5,2}}
```

给数组元素赋初值时,以{ }进行维的划分,外层{ }表示对数组整体赋初值,内层{ }的数量代表第一维的大小,而内层{ }里面数据的数量代表第二维的大小。数组各维的下标下界为 0,上界由初值的个数决定。在本例中,intScore 数组共有 12 个元素,第一维长度为 4,下标上界为 3,第二维长度为 3,下标上界为 2。

在上例定义语句中,给 intScore 数组输入了 12 个初值,以{ }和逗号隔开,并且不允许指定数组的上界,而是使用"(,)",这一点和一维数组是一致的。下面的声明也是不允许的:

```
Dim intScore(3,2) As Integer={{4,3,2},{5,4,1},{6,9,8},{7,5,2}}
```

(2) 定义了数组之后,再给它赋值,通常可以通过一个双重循环来完成。

例如:

```
Dim nums(19, 19) As Integer
Dim i, j As Integer
For i=0 To 19
    For j=0 To 19
        nums(i, j)=20
    Next j
Next i
```

上例中首先声明了一个 20 行 20 列的二维数组,然后将数组的元素全部赋值为 20。

3. 二维数组的引用

二维数组的引用与一维数组在原则上没有区别,同样是要求在引用数组元素时,数组名、数据类型、维数和下标的范围必须与数组的声明严格一致。

例如:

```
Dim intB(4,5) As Integer
```

该语句定义了一个二维数组 intB,第 0 维下标的可取值为 0~4,第 1 维下标的可取值范围为 0~5,每个元素只能取整型值。在引用该数组元素时,必须严格遵守其声明,如元素的引用 intB(2,4) 是正确的,但引用 intB(5,3) 则是错误的。对于二维及二维以上的多维数组,引用数组元素时,相邻的两个下标之间用逗号隔开。

在下面的示例代码中,定义了二维数组 A,并通过双重循环完成了对其元素的引用赋值以及求其所有非负元素值之和的操作。

```
Dim A(3, 2) As Integer
Dim i, j, s As Integer
s=0
For i=0 To 3
    For j=0 To 2
        A(i, j)=Val(InputBox("请输入第" & i+1 & "行第" & j+1 & "列的元素值"))
        If A(i, j)>=0 Then
            s=s+A(i, j)
        End If
    Next j
Next i
MsgBox(s)
```

4. 注意事项

处理数组大小时有几件事情需要注意:

(1) 维度长度。每个维度的索引从 0 开始,这意味着索引范围为从 0 到它的上限。因此,给定维度的长度比该维度的声明上限大 1。

(2) 长度限制。数组的每个维度的长度最大为 Integer 数据类型的最大值($2 \wedge 31$)—1。但是,数组的总大小还受系统可用内存的限制。如果您试图初始化超出可用 RAM 量的数组,公共语言运行库将引发 OutOfMemoryException 异常。

(3) 大小和元素大小。数组的大小与它的元素的数据类型无关。大小始终表示元素的总数,而不是元素所占用的存储字节数。

(4) 内存消耗。对数组在内存中的存储方式做任何假定都是不安全的。不同数据宽度的平台上的存储各不相同,因此同一个数组在 64 位系统中占用的内存比在 32 位系统中多。根据初始化数组时系统配置的不同,公共语言运行库(CLR)可以分配存储来尽可能紧密地压缩元素,或者在自然的硬件边界上完全对齐元素。另外,数组的控制信息也需要存储开销,而这类开销会随每个增加的维度而增加。

7.3 动态数组

上述在声明定长数组时,均通过常量确定了数组每维的下标上界,指定了它的长度,所以在程序编译时就为定长数组分配了存储空间。而动态数组在声明时,不指定数组的维数及下标上界,在使用前通过 Redim 语句指定数组的下标上界,所以在程序运行到 Redim 语句时才给数组分配存储空间。对于一个动态数组,可以根据用户需要,多次使用 Redim 语句来指定数组的下标上界,从而有效利用存储空间。

7.3.1 动态数组的定义

定义动态数组和定长数组的不同之处是不指定数组的下标界限。定义动态数组可分为两步:

第 1 步,在模块的通用声明部分或者过程中,定义一个没有下标参数的数组。其形式为:

说明符 数组名() As 数据类型

其中,说明符可以是 Dim、Public 或 Static 等。如果要定义多维数组,可以在括号中加逗号,以表明维数。如要声明二维的动态数组,形式如下:

说明符 数组名(,) As 数据类型

第 2 步,使用数组前,使用 Redim 语句指定数组每维下标的上界,即配置数组个数。其形式为:

Redim [Preserve] 数组名(下标上界[,下标上界])

其中,下标上界可以通过常量给出,也可以通过有具体值的变量给出。

下面的示例代码先声明一个空的数组,然后分别使用 Redim 语句指定数组的大小并给其赋值。

```
Dim numbers(,) As Integer
Dim i, j As Integer
ReDim numbers(9, 6)
For i=0 To 9
    For j=0 To 6
        numbers(i, j)=i * j
    Next j
Next i
ReDim numbers(3, 6)
For i=0 To 3
    For j=0 To 6
        numbers(i, j)=3+(i * j)
    Next j
Next i
```

对于一个已经声明过长度的定长数组，在程序中还可以使用 Redim 语句来改变它。例如：

```
Dim a(3) As Integer
…
ReDim a(4)
```

在定义动态数组时，需要注意以下几点。

（1）Redim 语句后不能使用"As 数据类型"，也就是说 Redim 语句能改变数组的长度，但不能改变数组的数据类型。

（2）Redim 语句只能在过程中使用。

（3）可以使用 Redim 语句重新定义一个数组的上界，但不能改变数组的维数。下面的定义是非法的：

```
Dim a(3) As Integer
…
ReDim a(2,3)
```

（4）每次使用 Redim 语句都会使原数组中的值丢失，可以在 Redim 后面使用 Preserve 参数来保留数组中的数据。但是使用 Preserve 时，只能改变多维数组中最后一维的大小，前几维的大小不能改变。下面的定义是非法的：

```
Dim Month(10,20) As String
…
Redim Preserve Month(15,15)
```

7.3.2 动态数组使用举例

【例 7-2】 对例 7-1 改进，要求输入若干名学生的成绩，计算平均分数和高于平均分数的人数，并且将结果放在该数组的最后。

分析：题目要求统计的学生人数不确定，并且最后计算的结果也要放在数组中，这就要求数组的大小是能够发生变化的，要将放学生成绩的数组定义为动态的。在设计用户界面时，可以使用 TextBox 控件来输出学生的成绩，为了能够全部显示，将 TextBox 控件设置为可以显示多行并使用垂直滚动条。代码如下：

```
Private Sub Button1_Click(sender As Object, e As EventArgs) Handles Button1.Click
    Dim mark() As Integer
    Dim aver!, n%, i%
    Dim str1, str2 As String
    n=Val(InputBox("请输入学生的人数"))
    ReDim mark(n-1)                 '声明存放 n 个学生成绩的数组
    aver=0
    str1=""
    Randomize()                     '初始化随机数生成器
    For i=0 To n-1
        mark(i)=Int(Rnd() * 101)    '通过随机函数产生 0～100 的成绩
```

```
        aver=aver+mark(i)
    Next i
    '增加两个元素,存放平均分和高于平均分的人数,原来的学生成绩仍保留
    ReDim Preserve mark(n+1)
    mark(n)=aver / n
    mark(n+1)=0
    For i=0 To n-1
        If mark(i)>mark(n) Then mark(n+1)=mark(n+1)+1
    Next i
    For i=0 To n-1
        str1=str1 & mark(i) & vbCrLf
    Next i
    str2="平均分=" & mark(n) & vbCrLf & "高于平均分的人数=" & mark(n+1)
    TextBox1.Text=str1
    MsgBox(str2,, "例 7-2")
End Sub
```

程序运行后,单击"计算"按钮,在之后弹出的对话框中输入 n 的值 10,显示结果如图 7-5 所示。

图 7-5　运行结果图

【例 7-3】 编程输出斐波那契数列(Fibonacci)的前 N 项。斐波那契数列为：1,1,2,3,5,8……

分析：如果题目要求输出的是数列的前 20 项、30 项,可以使用定长数组,但题目要求输出前 N 项,N 是一个不确定的值,只能使用动态数组。斐波那契数列的前两项值为 1,从第 3 项开始,每项的值都是其相邻前两项的值之和。代码如下：

```
Private Sub Button1_Click(sender As Object, e As EventArgs) Handles Button1.Click
    Dim fib() As Long
    Dim i, N As Integer
    Dim stroutput As String
    N=Val(InputBox("请输入斐波那契数列的项数 N(N>1)"))
    ReDim fib(N-1)                    '声明存放 N 个斐波那契数列值的数组
    fib(0)=1 : fib(1)=1               '为数列前两项赋初值
    stroutput=Str(fib(0)) & Str(fib(1))
    For i=2 To N-1
```

```
        fib(i)=fib(i-2)+fib(i-1)        '从第三项开始依次计算数列值
        stroutput=stroutput & Str(fib(i))
    Next
    MsgBox("当 N=" & N & "时,斐波那契数列为:" & vbCrLf & stroutput, , "例7-3")
End Sub
```

程序启动运行后,如果输入的 N 值为 20,则此时输出的斐波那契数列值如图 7-6 所示。

图 7-6　运行结果图

7.4　数组的常用属性和方法

在 Visual Basic.NET 中,所有数组都是从 System 命名空间中的 Array 类继承的,用户可以在任何数组中访问 System. Array 类的方法和属性。下面列出的是 Array 类的常用属性和常用方法及其说明。

(1) Rank 属性。数组的维数称为数组的“秩”,Rank 属性返回数组的秩。

(2) Length 属性。获取数组所有维度中的元素总数。可以通过更改单个维的大小来更改数组的总大小,但是不能更改数组的秩。

(3) GetLength 方法。获取数组指定维度的长度,其中作为该方法参数的维度是从零开始的。

(4) GetLowerBound 方法和 GetUpperBound 方法。获取数组指定维度的索引下界和上界。每个维度的最小索引值始终为 0,而 GetUpperBound 方法返回指定维的最大索引值。对于每个维,GetLength 的返回值都比 GetUpperBound 的返回值大 1。与 GetLength 一样,为 GetUpperBound 指定的维度也是从零开始的。

例如:

```
Dim intA(5, 8) As Integer
Dim intB(12) As String
Dim intupbound As Integer
intupbound=intA.GetUpperBound(0)      'Intupbound=5
intupbound=intA.GetUpperBound(1)      'Intupbound=8
intupbound=intB.GetUpperBound(0)      'Intupbound=12
```

在上例中,intA 是一个二维数组,第 0 维和第 1 维的上界分别为 5 和 8,因此 intA 的 GetUpperBound 方法调用分别得到 5 和 8。IntB 是一维数组,只有第 0 维,调用 GetUpperBound 方法得到 12。由于数组的下界总是 0,所以对 GetLowerBound 的调用总是得到 0。

（5）System.Array.Sort 方法。对一维数组中的元素按升序进行排序。

【例 7-4】 定义一维数组 A 和二维数组 B（数组长度任意），使用 System.Array 类的方法和属性输出数组的秩和数组的长度。

```
Private Sub Button1_Click(sender As Object, e As EventArgs) Handles Button1.Click
    Dim A() As Integer
    Dim B(,) As Single
    Dim n As Integer, stroutput As String
    n=Val(InputBox("请输入 n 值"))
    ReDim A(n-1), B(n-1, n-1)
    stroutput="一维数组 A 的秩为" & A.Rank & ",长度为" & A.Length & vbCrLf
    stroutput=stroutput & "二维数组 B 的秩为" & B.Rank & ",长度为" & B.Length
    MsgBox(stroutput)
End Sub
```

7.5 数 组 应 用

在实际编程中，数组通常都会是一个代码程序中重要的组成部分，能够帮助开发人员轻松实现数据的存储。使用数组还可以缩短和简化程序，因为可以利用索引值设计一个循环，高效处理多种情况。数组具有上界和下界，数组所有元素的索引值在上下界内是连续的，Visual Basic.NET 对每一个数组元素都分配存储空间，所以在使用数组时不要不切实际声明一个太大的数组。

【例 7-5】 求一维整型数组 A（数组长度任意）的最大值和最小值。

分析：按照题目要求，需要定义两个整型变量来存储数组的最大值和最小值，假设变量名为 Max 和 Min。不管是求最大值还是最小值，都要将数组 A 中的每一个元素和最大值变量 Max 或者最小值变量 Min 比较，不满足大小要求的，修改 Max 值或 Min 值。由于整型变量定义后被自动初始化为 0，也就是说 Max 和 Min 的初值都是 0，如果直接将数组元素与 Max、Min 比较，那么当数组元素均为负值时求最大值或者当数组元素均为正值时求最小值，将导致结果不正确。如何为变量 Max、Min 赋一个合理的初值是本例中需要首要考虑的地方。题目要求的是数组所有元素中的最大值和最小值，只有将 Max、Min 的初值设为数组元素值之一才是最简单合理的，那么就用数组首元素为其赋值。代码如下：

```
Private Sub Button1_Click(sender As Object, e As EventArgs) Handles Button1.Click
    Dim A() As Integer
    Dim n, i, Max, Min As Integer
    Dim stroutput As String=""
    n=Val(InputBox("请输入 n 值"))
    ReDim A(n-1)
    For i=0 To n-1
        A(i)=Val(InputBox("请输入第" & i+1 & "个数组元素"))
        stroutput=stroutput & Str(A(i))
```

```
        Next
        Max=A(0) : Min=A(0) '将 Max 和 Min 的初值设为第一个数组元素
        For i=1 To n-1          '从第二个数组元素开始进行遍历比较
            If A(i)>Max Then Max=A(i)
            If A(i) <Min Then Min=A(i)
        Next
        MsgBox("数组 A: " & stroutput & vbCrLf & "数组的最大值是" & Max & ",最小值是" & Min)
    End Sub
```

程序运行后,依次输入 n 值及各数组元素值,将以消息框的形式输出数组元素的最大值和最小值。

【例 7-6】　设计如图 7-7 所示用户界面,编写程序,单击"读数据"按钮,将数据{12,78,35,67,45,97}依次按序读入到一维数组 A(5)并在文本框中显示,单击"左移" 按钮,将数组 A 各元素左移一位,单击"右移" 按钮,将数组 A 各元素右移一位,并分别在文本框中显示出左、右移后的数组元素。

图 7-7　用户界面图

分析:这个题目的关键是实现数组各元素的左右移位。数组中各元素是有序排列的,并且除了第一个元素没有左邻、最后一个元素没有右邻外,其余各元素均有左邻和右邻。所以,在将数组进行左移操作时,第一个元素就是特例,需要特殊处理的,而在右移操作时,最后一个元素就是特例,需要特殊处理的。处理的方法是类似的,在左移之前,先将第一个元素暂存到一个变量之中,在设计左移循环结构时,要从第二个元素开始,通过语句 A(i−1)=A(i)实现元素的左移,左移后再将变量中暂存的值放到尾元素之中。右移时则需要暂存尾元素值,右移后再将变量中暂存的值放到首元素之中。代码如下:

```
Public Class Form1
    Dim A(5) As Integer
    Dim i As Integer
    Dim stroutput As String
    Dim temp As Integer
    Private Sub Button1_Click(sender As Object, e As EventArgs) Handles _
    Button1.Click
        stroutput=""
        For Me.i=0 To 5
            '数组元素赋值
            A(i)=Val(InputBox("请输入第" & i+1 & "个元素值"))
            stroutput=stroutput & Str(A(i))
```

```
            Next
            TextBox1.Text=stroutput            '输出赋值后的数组
        End Sub
        Private Sub Button2_Click(sender As Object, e As EventArgs) Handles _
        Button2.Click
            stroutput=""
            temp=A(0)                          '暂存首元素
            For Me.i=1 To 5                     '左移操作
                A(i-1)=A(i)
            Next
            A(5)=temp                          '把左移前的首元素值放到尾元素 A(5)中
            For Me.i=0 To 5
                stroutput=stroutput & Str(A(i))
            Next
            TextBox1.Text=stroutput            '输出左移后的数组
        End Sub
        Private Sub Button3_Click(sender As Object, e As EventArgs) Handles _
        Button3.Click
            stroutput=""
            temp=A(5)                          '暂存尾元素
            For Me.i=4 To 0 Step-1              '右移操作
                A(i+1)=A(i)
            Next
            A(0)=temp                          '把右移前的尾元素值放到首元素 A(0)中
            For Me.i=0 To 5
                stroutput=stroutput & Str(A(i))
            Next
            TextBox1.Text=stroutput            '输出右移后的数组
        End Sub
    End Class
```

【例 7-7】 利用随机函数为二维数组 A(5,5)赋值,计算并输出各行元素值之和。

分析:题目要求的二维数组是 6 行 6 列的,行元素值之和就有 6 个,可以定义一个长度为 6 的一维数组来放和值。因为求的是行元素值之和,在使用双重循环遍历二维数组时,要让外层的循环变量来表示行下标,当求的是列元素值之和时就要让外层的循环变量来表示列下标。代码如下:

```
Private Sub Button1_Click(sender As Object, e As EventArgs) Handles Button1.Click
    Dim A(5, 5), i, j As Integer
    Dim sum(5) As Integer
    Dim str1 As String
    Randomize()
    str1="数组元素为: " & vbCrLf
    For i=0 To 5                              '数组赋值
        For j=0 To 5
```

```
            A(i, j)=Int(Rnd() * 10)
                str1=str1 & Str(A(i, j)) & "  "
            Next
            str1=str1 & vbCrLf
        Next
        str1=str1 & "各行和值为: " & vbCrLf
        For i=0 To 5                            '计算各行和值
            sum(i)=0
            For j=0 To 5
                sum(i)=sum(i)+A(i, j)
            Next
            str1=str1 & Str(sum(i))
        Next
        MsgBox(str1, , "例7-7")
    End Sub
```

图 7-8　运行结果图

程序运行后,单击命令按钮可以看到如图 7-8 所示的运行结果图,在消息框中显示数组的各元素值以及各行的元素值之和。

【例 7-8】 将从 100 开始的连续 36 个偶数按列赋值给二维数组 A(5,5),计算数组主次对角线上的各元素值和的平方根,结果保留两位小数,输出数组 A 及运算结果。

分析:要给二维数组赋值需要用到双重循环,要实现按列赋值,只需让外层的循环变量来表示列下标就可以了。主次对角线上的元素如何表示,是这个题目的关键。二维数组 A(5,5)是 6 行 6 列的,此时可画出二维数组 A 的示意图,如图 7-9 所示,在图中" * "所示的是主次对角线上的元素,仔细观察,可发现主对角线上元素的行下标和列下标值相等,次对角线上元素的行、列下标值之和总是 5。其实,对于 N 行 N 列的二维数组,也就是方阵来说,主对角线上的元素可表示为 $A(i,i)(i=0\sim N-1)$,次对角线上的元素可表示为 $A(i,(N-1)-i)(i=0\sim N-1)$。

A	0	1	2	3	4	5
0	*					*
1		*			*	
2			*	*		
3			*	*		
4		*			*	
5	*					*

图 7-9　二维数组 A(5,5)示意图

代码如下:

```
Private Sub Button1_Click(sender As Object, e As EventArgs) Handles Button1.Click
    Dim A(5, 5) As Integer
    Dim s As Single=0
    Dim i, j As Integer, k As Integer=100
    Dim stroutput As String=""
```

```
    For i=0 To 5                                    '数组按列赋值
        For j=0 To 5
            A(j, i)=k
            k=k+2                                   '递增 2,产生连续的偶数
        Next
    Next
    stroutput="数组 A 为: " & vbCrLf
    For i=0 To 5
        For j=0 To 5
            If i=j Or i+j=5 Then                    '判断是否是主次对角线上的元素
                s=s+A(i, j)                         '先求主次对角线上的各元素之和
            End If
            stroutput=stroutput & Str(A(i, j))      '组织数组输出
        Next
        stroutput=stroutput & vbCrLf                '换行
    Next
    stroutput=stroutput & "主次对角线上的各元素值和的平方根为: "
    '利用 Format 函数按要求保留结果的小数位数
    MsgBox(stroutput & Format(Math.Sqrt(s), ".00"), , "例 7-8")
End Sub
```

程序运行后,单击命令按钮可以看到如图 7-10 所示的运行结果图,在消息框中显示数组 A 的各元素值以及主次对角线上的各元素值和的平方根。

图 7-10   运行结果图

7.6   For Each···Next 循环

7.6.1   For Each···Next 循环的格式

For Each···Next 循环针对一个数组或集合中的每个元素,重复执行一组语句。所以当需要为集合或数组的每个元素重复执行一组语句时,一般使用 For Each···Next 循环。For Each···Next 循环不是将语句运行指定的次数,而是对于数组中的每个元素或对象集合中的每一项都执行相同的语句。For Each···Next 循环与 For···Next 循环类似,但在不知道集合

中元素的数目时使用 For Each…Next 循环更为方便,在对数组操作时也无须知道数组的下标上界。其格式如下:

```
For Each 元素 [As 数据类型] In 组合
    [循环体]
    [Exit For]
    [循环体]
Next [元素]
```

(1) 元素:在 For Each 语句中是必选项,在 Next 语句中是可选项。是用来枚举集合或数组中所有元素的变量,用于循环访问集合或数组中的每个元素。

(2) 数据类型:若在 For Each 语句前未进行元素定义,则可以在此处定义元素的数据类型,一般将其类型与数组或集合元素类型保持一致。这种情况下,其使用范围就限定在 For Each…Next 循环之中。

(3) 组合:必选项,是对象变量,表示集合或数组的名称。

(4) 循环体:可选项,对组合中的每一项执行的一条或多条语句。

(5) Exit For:可选项,提前退出循环,将控制转移到 For Each…Next 循环外。在循环体中,可以在任何位置放置 Exit For 语句以退出循环。一般情况下,Exit For 语句与条件语句配合使用。

(6) Next:必选项,终止 For Each…Next 循环的定义。

该语句的功能是对数组或集合中的每个元素重复执行一次循环体。每次循环时,元素取数组或集合中的一个元素值。需要注意的是,迭代次数在循环开始之前只计算一次,如果语句块更改了元素或组合,这些更改不影响循环的迭代。

可以将一个 For Each…Next 循环放在另一个 For Each…Next 之中来组成嵌套式 For Each…Next 循环,但是每个循环必须具有唯一的元素名。每个循环可以在 Next 语句中指定元素名,这将提高程序的可读性。在具有嵌套的 For Each…Next 循环情况下,如果两条 Next 语句的出现次序和与之对应的 For Each 语句的次序不匹配,编译器将发出错误信号。不过,仅当在 Next 语句中指定了元素名时,编译器才能检测到这种重叠错误。

7.6.2 For Each…Next 循环的执行过程

1. 进入循环

当执行 For Each…Next 循环时,如果组合所表示的集合或数组中至少有一个元素,就执行循环体。如果不是,将引发异常。进入循环后,程序对组合中第一个元素执行循环中的所有语句。如果组合中还有其他的元素,则针对它们继续执行循环中的语句,当组合中的所有元素都执行后退出循环,执行 Next 语句之后的语句。

2. 循环的迭代

每次遇到 Next 语句时,系统都返回至 For Each 语句。根据组合中是否还有元素来再次执行循环体或者终止循环。

3. 循环的终止

当组合中的所有元素都执行过循环体后,For Each…Next 循环终止,并将控制传递给 Next 语句后面的语句。如果在循环体中包含 Exit For 语句,则有可能没有遍历到组合中的所有元素。

【例7-9】 使用 For Each…Next 循环在一维字符数组 A 中搜索字符串"Hello",并给出相应报告。

```
Private Sub Button1_Click(sender As Object, e As EventArgs) Handles Button1.Click
    Dim A() As String={"hi", "hey", "Hello", "please", "student"}
    Dim found As Boolean=False                 '设置变量初始值
    Dim strelement As String
    For Each strelement In A                    '对每个成员作一次迭代
        If strelement="Hello" Then             '如果找到"Hello"
            found=True                         '将变量 found 的值设成 True
            Exit For                           '退出循环
        End If
    Next strelement
    If found Then
        MsgBox("找到")
    Else
        MsgBox("没找到")
    End If
End Sub
```

【例7-10】 定义二维数组 A(5,5),为其所有元素赋值后使用 For Each…Next 循环求所求元素的和。

```
Private Sub Button1_Click(sender As Object, e As EventArgs) Handles Button1.Click
    Dim i, j As Integer
    Dim intsum As Integer=0
    Dim A(5, 5) As Integer
    Randomize()
    For i=0 To 5
        For j=0 To 5
            A(i, j)=Rnd() * 30
        Next
    Next
    For Each i In A
        intsum=intsum+i
    Next
    MsgBox("所有元素的和是" & intsum.ToString)
End Sub
```

7.7 自定义数据类型——Structure

在 Visual Basic.NET 中,除了基本数据类型以外,还允许用户自己定义数据类型。用户自定义类型称为"结构"(Structure),包含一个或多个不同种类的数据类型,它是一个或多个不同数据类型成员的串联,视自定义类型的成员来决定存放的数据。尽管可以单独访问其各个成员,但结构还是被视为一个独立的单元。实际上,结构就是通过合并不同类型的数据项来创建的,结构将一个或多个成员彼此关联,并且将它们与结构本身关联。

7.7.1 结构的定义

当需要一个能包含好几个相关信息的变量时,使用自定义类型是十分有用的,即结构。结构的声明必须在模块的声明部分以 Structure 语句开头,以 End Structure 语句结尾,其类型常用的有 Private 和 Public 两种。在 Structure 和 End Structure 语句之间必须至少包含一个成员声明,成员可以是任何数据类型。Structure 语句提供结构的名称,即结构所定义的数据类型的标识符,代码的其他部分可以使用这个标识符声明变量、参数和函数返回值的数据类型。

结构的声明方法如下:

```
[private | public] Structure   结构名
    Dim 成员名 1  As   数据类型
    ...
    Dim 成员名 N  As   数据类型
End Structure
```

Structure 和 End Structure 语句中间的声明定义了结构的成员,成员的声明顺序决定了采用该结构数据类型声明的变量的存储顺序。每个成员都使用 Dim 语句声明,并指定其数据类型。

例如,要将班级中学生的姓名、年龄、电话号码和分数一起保存在单个变量中,可以为这些信息声明一个结构,如下所示:

```
Public Structure students
    Dim name As String        '学生的姓名
    Dim age As Integer        '学生的年龄
    Dim code As String        '学生的电话号码
    Dim score As Double       '学生的分数
End Structure
```

在上面的定义中,students 是该结构的名称,它共有 4 个成员,分别对应学生的姓名、年龄、电话号码和分数,共用到了 3 种基本数据类型。

结构在定义时是可以嵌套的,也就是说,结构的成员可以还是结构。可以先把子结构体在父结构体之外声明,然后在父结构体内部把子结构体当成一个普通类型来使用就可以了。如下例所示:

```
Public Structure contactinfo          '先定义子结构体
    Dim addr As String
    Dim tel As String
End Structure
Public Structure employees            '再定义父结构体
    Dim name As String
    Dim age As Integer
```

```
        Dim sex As String
        Dim dept As String
        Dim coninformation As contactinfo    '使用子结构体定义父结构体成员
End Structure
```

7.7.2 结构的使用

有了之前对 students 结构类型的定义以后就可以直接使用该类型，可以定义 students
类型的变量或数组等。对于一个结构变量，其使用就像使用对象的属性一样，可以通过结构
变量名后跟上点号再跟上成员名称来访问，即"结构名.成员名"。用户可以像使用基本数据
类型一样使用自定义数据类型，也可以声明局部的、模块级的或公用的结构变量。

下面的语句定义了 students 类型的变量，名称为 student_1，包含 name、age、code 和
score 4 个成员：

```
Dim student_1 As students
```

通过访问各个成员，可以给每个成员赋值。例如，可以使用下列方法存取 student_1 结
构变量中的成员：

```
student_1.name="张晶晶"
student_1.age=19
student_1.code="13898765432"
```

如果结构成员本身又是一个结构，则必须逐级找到最低级的成员才能使用。对于嵌套
结构来说，只能对最低级的成员进行赋值、存取以及运算。假设定义了类型为 employees 的
结构体变量 emp001，要给该变量的 coninformation 成员中的 addr 赋值，可以使用如下格式
语句：

```
emp001.coninformation.addr="东风路 5 号"
```

如果已经存在一个同种结构的结构变量，那么也可以整体赋值，而无须对各个成员单独
赋值。整体赋值时进行的是总体复制，即复制所有的数据，赋值符号前后两个变量是相互独
立的，即改变其中一个变量的内容不会影响另外一个变量。

【例 7-11】 声明如上结构 students，并进行简单应用，要求用到整体赋值的方法。

```
Public Structure students                  '在窗体模块的通用声明部分定义结构
    Dim name As String                     '学生的姓名
    Dim age As Integer                     '学生的年龄
    Dim code As String                     '学生的电话号码
    Dim score As Double                    '学生的分数
End Structure
Private Sub Button1_Click(sender As Object, e As EventArgs) Handles Button1.Click
    Dim Jack, Jone As students             '定义 students 结构变量
    '给每个成员赋值
    Jack.name="Jack"
    Jack.age=18
```

```
            Jack.code=13937198888
            Jack.score=589
            Jone=Jack                           '结构变量整体赋值
            Debug.WriteLine(Jone.name)          '显示结果为 Jack
            Jone.name="Jone"                    '改变 name 成员值
            Debug.WriteLine(Jack.name)          '显示结果为 Jack
            Debug.WriteLine(Jone.name)          '显示结果为 Jone
    End Sub
```

7.7.3 结构与数组

1. 结构成员包含数组

在定义结构时,可以将数组作为其成员之一,如下例所示:

```
Structure computerinfo
    Dim CPU As String
    Dim Memory As Long
    Dim DiskDrives() As String              '可变大小的数组
    Dim PurchaseDate As Date
End Structure
```

需要注意的是,声明为结构成员的数组不能使用初始大小声明,要采用动态数组的声明方式。访问结构中数组成员的方法与访问其他成员的方法相同,只需明确数组元素下标就可以了。如下所示:

```
Dim MySystem As computerinfo            '定义结构变量
ReDim MySystem.DiskDrives(3)            '使用 ReDim 语句指定数组成员的大小
MySystem.DiskDrives(0)="80GB"          '给数组成员赋值
```

2. 结构数组

一个结构变量中可以存放一组数据(如一个学生的学号、姓名、成绩等)。如果有 10 个学生的数据需要参加运算,显然应该使用数组,而且数组中的每个元素都要是结构变量,这就是结构数组。与基本数据类型数组不同,结构数组的每一个元素都是一个结构类型的变量,它们都分别包含各个成员项。

前面定义了一个名为 students 的结构类型,用来描述学生的姓名、年龄、电话号码及分数信息,并先后定义了两个结构变量 Jack 和 Jone,分别存放两个学生的一组数据。如果学生有多个,则可以定义一个 students 类型的结构数组,数组的每一个元素都是结构变量,都具有 4 个成员。

定义结构数组的一般格式为:

```
Dim   数组名(下标上界)   As   结构名
```

例如,定义以下常量和结构类型:

```
Const MAX_MEM=99
Private Structure mail
```

```
        Dim num As Short
        Dim name As String
        Dim title As String
        Dim addr As String
        Dim zip As String
        Dim tel As String
End Structure
```

之后可以使用 mail 类型定义一个结构数组,如下所示:

```
Dim list(MAX_MEM) As mail
```

用上面的语句定义的结构数组名为 list,它的上界为 99,即存放 100 个数组元素,每个数组元素都是一个结构变量。

一个结构数组元素相当于一个结构变量,因此,前面介绍的关于结构变量的引用规则,同样适用于结构数组元素。而数组元素之间的关系和引用规则与以前介绍过的数组的规定相同。下面简单归纳几点,然后举例说明结构数组的引用方法。

(1) 引用某一结构数组元素的成员,用以下形式:

结构数组名(下标).成员名

例如,"list(2).num"引用的是数组 list 第三个元素的 num 成员。

(2) 可以将一个结构数组元素赋给该结构数组中的另一个元素,或赋给同一类型的结构变量。例如下面的赋值语句是合法的:

```
list(0)=list(1)
```

这两个数组元素都是同一结构类型,因此符合结构的整体赋值规则。

(3) 不能把结构数组元素作为一个整体直接输入输出,只能以结构数组元素的单个成员来进行输入输出。

例如:

```
Debug.Writeline(1ist(0))                  '错误
Debug.WriteLine(list(0).num)              '正确
```

【例 7-12】 编程实现会员通信录的数据输入和显示输出操作。

为简单起见,只输入 3 个会员的有关信息,然后输出。代码如下:

```
Public Class Form1
    Const MAX_MEM=2                       '结构数组的下标上界
    Private Structure mail
        Public num As Short
        Public name As String
        Public title As String
        Public addr As String
        Public zip As String
        Public tel As String
    End Structure
```

```vb
        Dim list(MAX_MEM) As mail          '定义结构数组
    Private Sub Button1_Click(sender As Object, e As EventArgs) Handles Button1.Click
            Dim i As Short
            '依次录入每个会员的各成员项的值
            For i=0 To MAX_MEM
                list(i).num=InputBox("请输入编号")
                list(i).name=InputBox("请输入姓名")
                list(i).title=InputBox("请输入职称")
                list(i).addr=InputBox("请输入地址")
                list(i).zip=InputBox("请输入邮编")
                list(i).tel=InputBox("请输入电话号码")
            Next i
            '在输出窗口中输出数据
            Debug.WriteLine("")
            Debug.Write("=================================================")
            Debug.WriteLine("============== ")
            Debug.Write("编号  姓名    职称      地址")
            Debug.WriteLine("        邮政编码      电话号码")
            '依次显示已录入数据的各成员值
            Dim spa As String="    "
            For i=0 To MAX_MEM
                Debug.Write("=============================================")
                Debug.WriteLine("============ === ")
                Debug.Write(" " & list(i).num & spa & list(i).name)
                Debug.Write(spa & list(i).title & spa & list(i).addr)
                Debug.WriteLine("    " & list(i).zip & spa & "     " & list(i).tel)
            Next
            Debug.Write("=================================================")
            Debug.WriteLine("============== ")
        End Sub
    End Class
```

该程序有两个功能,一是向结构数组中输入数据;二是列表显示数组中已有的全部数据。程序运行后,显示结果如图 7-11 所示。

图 7-11　运行结果

7.8　列表类控件

在 Visual Basic.NET 中提供了一类列表控件,可以为用户提供若干个选项供用户选择或进行其他操作。以下主要介绍列表类控件 ListBox、CheckedListBox 以及 ComboBox 的常用属性和使用方法。

7.8.1　ListBox 控件

ListBox 控件,也称列表框控件,用于显示一个选项列表,用户可以从中选择一项或者多项。如果选项总数超出可以显示的项数,则自动向 ListBox 控件添加滚动条。当 MultiColumn 属性设置为 True 时,列表框以多列形式显示项,并且会出现一个水平滚动条。当 ScrollAlwaysVisible 设置为 True 时,无论项数多少都将显示滚动条。

要在窗体上创建一个列表框,可以单击工具箱中的 ListBox 小图标,将鼠标指针移到窗体上的适当位置,按住鼠标左键,拖动鼠标到合适大小即可。添加了 ListBox 控件后,可以对其执行下列操作:

(1) 设置控件以显示特定数目的项。

(2) 设置控件的大小(以像素为单位)。

(3) 使用数据绑定来指定要显示的项的列表。

(4) 确定选定了哪个项或哪些项。

(5) 以编程方式指定选定的一个或多个项。

1. ListBox 控件的属性

(1) Items 属性。Items 是一个集合属性,用来设置列表框中的显示内容。既可以在设计的时候通过"属性"窗口中的 Items 属性进行 Listbox 选项的添加,也可以在程序中用语句进行选项的添加。当然也可以从中删除项或清除集合等。

单击 Items 属性项右边的带有 3 个小黑点的按钮,将会打开一个字符串集合编辑器,将相应的选项内容输入到字符串集合编辑器中,每输入一个选项按 Enter 键换行,如图 7-12 所示。

图 7-12　字符串集合编辑器

全部选项输入完毕后,单击"确定"按钮关闭。如果项目总数超出可以显示的项数,则自动向 Listbox 控件添加滚动条。添加过选项之后的 Listbox 控件如图 7-13 所示。

图 7-13　输入内容后的 Listbox 控件

（2）SelectionMode 属性。该属性设置在列表框中选择项目的方式。有 4 个可选值：One、None、MultiSimple、MultiExtended。含义如下。

① One。一次只能选择一项,不接受多项选择。此时如果再选择了第二项,则第一项的选定自动取消。

② None。用户不能在列表中选择任何一项。

③ MultiSimple。单击或按空格键将选择或撤销选择列表中的某项。使用这个模式,在单击列表框中的一项时,该项就会被选中,即使单击另一项,该项也仍保持选中状态,除非再次单击它。

④ MultiExtended。按 Shift 键的同时单击或者同时按住 Shift 键和箭头键（上、下、左、右）之一,会将选定内容从前一选定项扩展到当前项。按 Ctrl 键的同时单击将选择或撤销选择列表中的某项。

（3）SelectedIndex 属性。SelectedIndex 属性用来设置或者返回当前在列表框中选定项目的索引号,索引号是从 0 开始的。该属性只能在程序中设置或引用,通过在代码中更改 SelectedIndex 的值将以编程方式来更改选定项,列表中的相应项将在窗体上突出显示。如果未选定任何项,则 SelectedIndex 值为 −1;如果选定了列表中的第一项,则 SelectedIndex 值为 0;若选择了图 7-13 所示 Listbox 控件的第 5 项"郑州",则 SelectedIndex 的值为 4（第一项为 0,依次类推）。如果 ListBox 控件的 SelectionMode 属性设置为 MultiSimple 或 MultiExtended,并在该列表中选定多个项,则此属性返回列表中最先出现的选定项的索引。若要获取包含多重选择 ListBox 中所有选定项的索引的集合,需要使用 SelectedIndices 属性。

（4）SelectedItem 属性。SelectedItem 属性用来获取或设置列表框中的当前选定项。SelectedItem 属性类似于 SelectedIndex,SelectedIndex 返回当前选定项的索引,而 SelectedItem 返回项本身,即选定项中的实际内容,通常是字符串值。例如,当图 7-13 所示的 Listbox 控件的 SelectedIndex 的值为 3 时,SelectedItem 的值为"南京"。同样,若要获取包含多重选择 ListBox 中所有选定项的集合,需使用 SelectedItems 属性。

（5）SelectedIndices 属性。该属性获取一个集合,集合包含 ListBox 中所有当前选定项的从 0 开始的索引。

（6）SelectedItems 属性。对于多重选择 ListBox,此属性返回一个集合,集合包含 ListBox 中选定的所有项。

（7）Sorted 属性。该属性决定列表框中的项目是否按字母顺序排列显示。当 Sorted 值为 True 时,项目按字母顺序排列显示;为 False 时,项目按加入的先后顺序排列显示。

（8）Text 属性。Text 属性的值是被选中的列表项的文本内容,类似于 SelectedItem,该属性只能在程序中设置或引用。当此属性的值设置为字符串值时,ListBox 在 ListBox 内搜索与指定文本匹配的项并选择该项。如果 ListBox 的 SelectionMode 属性未设置为 SelectionMode. None,则此属性返回第一个选定项的文本。

2. Items 属性的常用方法和属性

ListBox 控件的 Items 属性本身是一个集合对象,对它的管理可以使用几个常用的方法和属性,如表 7-1 所示。

表 7-1   Items 属性的常用方法和属性

名　　称	类　　别	说　　明
Add	方法	在列表框中添加新项目
Insert	方法	在列表框的指定位置插入新项目
Remove	方法	删除列表框中指定的列表项
Clear	方法	清除列表框中的所有项
Count	属性	统计列表框的总项数

Count 属性反映列表框的总项数,由于 SelectedIndex 是从 0 开始的,所以 Count 属性的值比 SelectedIndex 的最大可能值大 1。Items 属性常用方法的具体使用如下所示:

```
ListBoxName.Items.Add("新的列表项")          '在列表框中添加一项
ListBoxName.Items.Insert(n, "新的列表项")
                            '将某一项插入到列表框的指定位置,n 表示插入位置的索引号
ListBoxName.Items.Remove("要删除的项")        '删除列表框中的指定项
ListBoxName.Items.Clear                      '删除列表框的所有项
```

【例 7-13】   设计如图 7-14 所示用户界面,程序启动运行后,如果在项目内容和项目位

图 7-14   用户界面图

置文本框中均输入内容,单击"添加"按钮,可以把新项添加到指定位置,如果没有输入位置号,则将新项添加到文本框尾部;在列表框中选中一项,单击"删除"按钮,可以将它删去;单击"清空"按钮,清除列表框中的所有项,编程实现上述功能。

```
Private Sub Button1_Click(sender As Object, e As EventArgs) Handles Button1.Click
    '添加
    If TextBox1.Text <>"" Then
        '项目内容文本框中有项目时才可以执行添加操作
        If TextBox2.Text <>"" Then
            '项目位置文本框中有值时使用 Insert 方法,插入位置的索引号是位置号-1
```

```
                    ListBox1.Items.Insert(TextBox2.Text-1, TextBox1.Text)
                Else
                    '项目位置文本框中无值时使用 Add 方法
                    ListBox1.Items.Add(TextBox1.Text)
                End If
            Else
                MsgBox("请先输入项目内容")
            End If
        End Sub
        Private Sub Button2_Click(sender As Object, e As EventArgs) Handles Button2.Click
            '删除
            If ListBox1.SelectedIndex>=0 Then
                '在列表框中选择项目后才可以执行删除操作
                ListBox1.Items.Remove(ListBox1.SelectedItem)
            Else
                MsgBox("请先选择要删除的项目")
            End If
        End Sub
        Private Sub Button3_Click(sender As Object, e As EventArgs) Handles Button3.Click
            '清空
            ListBox1.Items.Clear()
        End Sub
```

注意:

(1) 当用户在列表框中一项也没选定时执行删除操作或者项目内容文本框中没有输入内容时执行添加操作,单击按钮不会完成相应的添加项、删除项功能,会弹出消息框对用户进行提示。

(2) 在列表框中,只有要删除的项被选中,即列表框的 SelectedIntex 属性不为—1 时,才能删除项目。

3. ListBox 控件的常用事件

ListBox 控件的常用事件是 SelectedIndexChanged 事件和 TextChanged 事件。SelectedIndexChanged 事件在列表框控件的 SelectedIndex 属性值变化时触发,而 TextChanged 事件在列表框的 Text 属性值变化时触发。

7.8.2 CheckedListBox 控件

CheckedListBox 控件,也称复选列表框,它扩展了 ListBox 控件,几乎可以完成 ListBox 控件可以完成的所有功能,并且可以在列表框中项目内容旁边显示复选标记。CheckedListBox 控件的使用本质上与 ListBox 控件是一样的,只是选项在列表中显示的样式稍有不同。图 7-15 所示就是一个 CheckedListBox 控件的示例。

图 7-15 CheckedListBox
控件示例

可以看到,在每一项的前面都有一个方框。方框里面有"√"

的项表示被选中,带蓝色条的表示是目前突出显示的项。CheckedListBox 控件的大部分属性以及添加项、删除项等方法与 ListBox 是一样的,它所特有的属性和方法如表 7-2 所示。

表 7-2　CheckedListBox 控件特有的属性和方法

名　　　称	类别	说　　　明
CheckOnClick	属性	设置当第一次选取列表项时是否马上打钩。当属性值为 True 时表示单击马上打钩,当属性值为 False 时则必须双击才能打钩
SetItemChecked	方法	设置指定索引处的列表项是否被选中
GetItemChecked	方法	返回指示指定索引处的列表项是否被选中的值

需要注意的是属性 SelectedItems 和 SelectedIndices 并不确定哪些项被选中,它们只确定哪些项为突出显示的项。如果要确定哪些项被选中,则需要对每一项分别调用方法 GetItemChecked,若调用结果为 True,表示被选中;反之,则未被选中。调用时,采用索引号指定某一项。对图 7-15 所示的 CheckedListBox 而言,若有:

```
CheckedListBoxName.GetItemChecked(1)
CheckedListBoxName.GetItemChecked(2)
```

则由于第二项未被选中所以第一个式子的结果为 False;而第三项被选中,因此第二个式子的结果为 True。

对于 SetItemChecked 方法,在使用时需要两个参数,一个表示要设置项的索引号,一个表示要设置项是否被选中的值,即 True 或 False,具体使用如下所示:

```
CheckedListBoxName.SetItemChecked(n,True)    '选中索引号为 n 的列表项
CheckedListBoxName.SetItemChecked(n,False)   '不选中索引号为 n 的列表项
```

7.8.3　ComboBox 控件

ComboBox 控件,也称组合框,结合了文本框和列表框两者的特点。列表框存在的问题是,它受限于列表框中列出的列表项,不能对列表框中的数据进行编辑,也不能选择列表框中不存在的项目。而组合框可以允许用户从列表框中选定预定义的项目,也可通过在组合框中输入文本来输入不在列表项中的项目。

ComboBox 控件用于在下拉组合框中显示数据。默认情况下,ComboBox 控件分两个部分:第一部分是顶部显示的一个允许输入列表项的文本框;第二部分是列表框,列表框中列出所有可供选择的项。若选中列表框中的某项,该项内容会自动装入组合框顶部的文本框中。

ComboBox 控件的属性大部分与 ListBox 控件的属性相似,具体如下所示。

(1) Items 属性。和列表框控件一样用来编辑列表框中的列表项。可以通过该属性向 ComboBox 中输入选项。程序运行后可以单击 ComboBox 控件的下三角按钮查看可供选择的列表项。

(2) DropDownStyle 属性。该属性用于设置组合框的样式,即下拉式(DropDown)、简单式(Simple)和下拉列表式(DropDownList)3 种样式。3 种样式的组合框的区别是,下拉

式组合框允许用户直接输入文本,也可以单击右侧的"下拉"按钮或 Alt＋↓ 键打开选项列表从中选择;简单式组合框的选项列表直接显示在窗体上,用户可以从中选择,也可以直接输入文本;下拉列表式组合框与下拉式组合框类似,不同点是下拉列表式组合框不允许用户直接输入文本,仅能在选项列表中选择。

（3）MaxLength 属性。设置用户在组合框中可输入的最多字符数。

（4）Text 属性。设置或返回在组合框顶部的文本框中显示的内容。仅当 DropDownStyle 属性为 DropDownList 时,该属性为只读属性。

图 7-16 所示是 ComboBox 控件的示例,是 Microsoft Word 2010 中的"字体"对话框。左边的"中文字体"和"西文字体"组合框样式是 DropDown,通过单击下三角按钮可以展开列表做出选择。"字形"和"字号"组合框样式是 Simple,没有了下三角按钮,直接将选项显示了出来。很明显,这种样式比较占空间。

图 7-16　ComboBox 控件示例

组合框控件的使用和列表框控件的用法基本相同。组合框控件有一个它特有的 SelectAll 方法。SelectAll 方法是一个无参数方法,执行该方法将选中组合框控件可编辑部分的所有文本。

7.8.4　一个综合例子

【例 7-14】　设计图 7-17 所示用户界面,实现查看各高校不同专业的相关信息。

分析:界面上有一个 ComboBox 控件用来选择高校,一个 ListBox 控件用来选择专业,一个 Button 按钮用来显示所选专业的具体信息,还有一个 Label 控件用来显示提示信息。为简单起见,仅在 ComboBox 控件中显示 4 个高校名称,并且将每个高校的专业数也定为 4 个,所显示的信息为该专业的平均分和最高分。程序启动运行后,在 ComboBox 控件中选择了高校后,该高校的专业名称将自动显示在 ListBox 控件中,要实现这一功能,可以利用

图 7-17　用户界面

ComboBox 的 SelectedIndexChanged 事件,该事件在每次用户改变 ComboBox 中的选定项时被触发。表 7-3 给出了用户界面上各控件的属性设置。

表 7-3　各控件的属性设置

对　　象	属　　性	值
ComboBox	Name	ComboBoxSchool
	DropDownStyle	DropDownList
	Items	北京大学 清华大学 南京大学 武汉大学
ListBox	Name	LstboxMajor
	Items	请选择专业
Button	Name	BtnInfo
	Text	专业信息
	Enabled	False
Label	Text	请选择学校:

　　要为 ComboBox 控件添加 SelectedIndexChanged 事件的处理程序,可以直接双击界面上的 ComboBox 控件,也可以先在"代码"窗口上方左侧的下拉列表中选择 ComboBoxSchool 控件,然后再在右边的下拉列表中选择 SelectedIndexChanged 事件。此时,系统自动生成该事件的处理程序框架。具体代码如下:

```
Private Sub ComboBoxSchool_SelectedIndexChanged(sender As Object, e As EventArgs) _
Handles ComboBoxSchool.SelectedIndexChanged
    '当选中组合框中某一高校时,在右边的列表框中显示该高校的招生专业
    LstboxMajor.Items.Clear()
    BtnInfo.Enabled=True
    Select Case ComboBoxSchool.SelectedIndex
        Case 0        'SelectedIndex 为 0 的列表项是北京大学
            LstboxMajor.Items.Add("新闻传播学")
            LstboxMajor.Items.Add("考古学")
            LstboxMajor.Items.Add("数学")
            LstboxMajor.Items.Add("国际政治")
        Case 1        'SelectedIndex 为 1 的列表项是清华大学
```

```
                    LstboxMajor.Items.Add("新闻学")
                    LstboxMajor.Items.Add("化学")
                    LstboxMajor.Items.Add("生物科学")
                    LstboxMajor.Items.Add("车辆工程")
            Case 2      'SelectedIndex 为 2 的列表项是南京大学
                    LstboxMajor.Items.Add("数学")
                    LstboxMajor.Items.Add("国际金融")
                    LstboxMajor.Items.Add("会计")
                    LstboxMajor.Items.Add("生命科学")
            Case 3      'SelectedIndex 为 3 的列表项是武汉大学
                    LstboxMajor.Items.Add("法学")
                    LstboxMajor.Items.Add("经济与管理")
                    LstboxMajor.Items.Add("国际经济与贸易")
                    LstboxMajor.Items.Add("临床医学")
        End Select
    End Sub
    Private Sub BtnInfo_Click(sender As Object, e As EventArgs) Handles BtnInfo.Click
        '在列表框中选择了专业后,单击"专业信息"按钮显示该专业的信息
        If LstboxMajor.SelectedIndex>=0 Then
            Select Case ComboBoxSchool.SelectedIndex
                Case 0  '"北京大学"被选中
                    If LstboxMajor.SelectedIndex=0 Then
                        MsgBox("平均分:650,最高分:659")
                    ElseIf LstboxMajor.SelectedIndex=1 Then
                        MsgBox("平均分:632,最高分:638")
                    ElseIf LstboxMajor.SelectedIndex=2 Then
                        MsgBox("平均分:665,最高分:684")
                    Else
                        MsgBox("平均分:668,最高分:673")
                    End If
                Case 1  '"清华大学"被选中
                    If LstboxMajor.SelectedIndex=0 Then
                        MsgBox("平均分:646,最高分:654")
                    ElseIf LstboxMajor.SelectedIndex=1 Then
                        MsgBox("平均分:647,最高分:655")
                    ElseIf LstboxMajor.SelectedIndex=2 Then
                        MsgBox("平均分:652,最高分:662")
                    Else
                        MsgBox("平均分:669,最高分:678")
                    End If
                Case 2  '"南京大学"被选中
                    If LstboxMajor.SelectedIndex=0 Then
                        MsgBox("平均分:659,最高分:666")
                    ElseIf LstboxMajor.SelectedIndex=1 Then
                        MsgBox("平均分:657,最高分:667")
```

```
            ElseIf LstboxMajor.SelectedIndex=2 Then
                MsgBox("平均分：662,最高分：675")
            Else
                MsgBox("平均分：669,最高分：678")
            End If
        Case 3    '"武汉大学"被选中
            If LstboxMajor.SelectedIndex=0 Then
                MsgBox("平均分：639,最高分：666")
            ElseIf LstboxMajor.SelectedIndex=1 Then
                MsgBox("平均分：627,最高分：647")
            ElseIf LstboxMajor.SelectedIndex=2 Then
                MsgBox("平均分：632,最高分：655")
            Else
                MsgBox("平均分：659,最高分：678")
            End If
        End Select
    Else
        MsgBox("请选择专业")
    End If
End Sub
```

程序一开始运行时，ListBox 控件中显示的是该控件 Items 属性的初始值：请选择专业。一旦用户在 ComboBox 中作出了选择，ComboBox 控件的 SelectedIndexChanged 事件被触发，该事件的处理程序将被运行。该程序的第一条语句是"LstboxMajor. Items. Clear()"，会将 ListBox 中的选择项全部删除。随后通过一个 Select Case 语句来判断用户选择了哪个高校，并用 ListBox 控件 Items 属性的 Add 方法在其中加入相应的专业选项。

在"专业信息"按钮的单击事件处理函数中，首先通过条件语句来判断用户是否已选择了专业，如下所示：

```
If LstboxMajor.SelectedIndex>=0 Then
    ...
End If
```

若已经选择了专业，则使用 Select Case 语句和多分支的 If 语句来判断选择的是哪个学校的哪个专业，并根据选择显示相关信息，如图 7-18 所示。

图 7-18　选择了"清华大学"的"生物科学"专业的运行结果图

选择了学校未选择专业就单击"专业信息"按钮,运行情况如图 7-19 所示。

图 7-19 选择了学校而未选择专业的运行结果图

最后,为了防止用户在一开始就单击"专业信息"按钮,可以在设计时将 Button 按钮的 Enabled 属性设为 False。此时,程序启动后按钮是灰色的,处于不可用状态。在选择完学校后再通过 ComboBox 控件的 SelectedIndexChanged 事件处理程序中的代码"BtnInfo. Enabled=True"将该属性设为 True,这样用户就可以单击按钮来查看所选学校所选专业的信息了。

习 题 7

1. 编写程序,随机产生若干个 1~100 的整数,再通过键盘输入一个数,判断这个新输入的数是否存在于随机产生的这些个数中。

2. 分别定义一个一维数组和一个二维数组,并利用随机函数为它们赋值,然后把它们的值显示出来。

3. 设有如下两组数据:

A:2,8,7,6,4,28,70,25

B:79,27,32,41,57,66,78,80

编写一个程序,把上面两组数据分别读入两个数组。然后把两个数组中对应下标的元素相加,即 2+79,8+27,…,25+80,并把相应的结果放入第三个数组,最后输出第三个数组的值。

4. 从键盘输入 10 个整数,并放入一个一维数组,将其前 5 个元素与后 5 个元素对换,即第 1 个元素与第 10 个元素互换,第 2 个元素与第 9 个元素互换……第 5 个元素与第 6 个元素互换。分别输出数组原来各元素的值和对换后各元素的值。

5. 已知一维数组 A,数组元素值分别为{16,62,34,9,25,36,78,20,31,12}。编写程序删除数组 A 中的第 5 个元素,输出删除前后的数组 A。

6. 求一个 5×5 的整型方阵(元素初值任意)对角线上各元素之积。

7. 建立一个 $n×m$ 的矩阵,为其赋值后找出其中最小的元素所在的行和列,并输出该值及其行号和列号。

8. 编写程序,实现矩阵转置,即将一个 $n×m$ 的矩阵的行和列互换。例如,矩阵 a 为

$$a = \begin{bmatrix} 1 & 2 & 3 \\ 4 & 5 & 6 \end{bmatrix}$$

转置后的矩阵 b 为

$$b = \begin{bmatrix} 1 & 4 \\ 2 & 5 \\ 3 & 6 \end{bmatrix}$$

9. 编写程序,把下面的数据输入一个二维数组:

25	36	78	13
12	26	88	93
75	18	22	32
56	44	36	58

然后执行以下操作:

(1) 输出矩阵两个对角线上的数。

(2) 分别输出各行和各列的和。

(3) 交换第 1 行和第 3 行的位置。

(4) 交换第 2 列和第 4 列的位置。

(5) 输出处理后的数组。

10. 编写程序,建立并输出一个 10×10 的矩阵,该矩阵对角线元素为 1,其余元素均为 0。

11. 编写程序,把下面的数据读入一个二维数组,之后计算该数组以主对角线分隔的上三角形中各元素值之和的立方根,结果保留三位小数。

30	26	45	23	67
76	32	21	54	75
65	58	87	64	37
55	22	78	21	32
53	77	63	31	98

12. 编写程序,输出 $n=10$ 的杨辉三角形(共 11 行)。

杨辉三角形的每一行是 $(x+y)^n$ 的展开式的各项系数。例如第 1 行是 $(x+y)^0$,其系数为 1;第 2 行为 $(x+y)^1$,其系数为 1、1;第 3 行为 $(x+y)^2$,其展开式为 $x^2+2xy+y^2$,系数分别为 1、2、1、…。一般形式如下:

```
1
1   1
1   2   1
1   3   3    1
1   4   6    4    1
1   5   10   10   5   1
        ...
```

通过上述形式,可以找出规律:对角线和每行的第一列均为 1,其余各项是它的上一行中前一个元素和上一行的同一列元素之和。例如第 4 行第 3 列的值为 3,它是第 3 行第 2 列与第 3 列元素值之和,可以一般地表示为:

$$a(i,j) = a(i-1, j-1) + a(i-1, j)$$

13. 数学中的矩阵实际上是一个二维数组。矩阵运算的内容较多,诸如矩阵的输入、相加、相减、相乘、一个矩阵乘以一个常数以及矩阵的复制、转置等,可以把这些运算放在一个通用矩阵处理程序中。矩阵运算通常由两个矩阵作运算对象,而把运算结果放在另一个矩阵中,每个矩阵各用一个二维数组存放。编写程序,实现以下矩阵运算:

(1) 输入矩阵 A、B:首先输入矩阵 A 和 B 的行数和列数,然后一行一行地输入矩阵的各个元素。

(2) 矩阵 A 和 B 相加:根据数学中的规定,只有当两个矩阵的大小相等,即行数和列数分别相同时,才能相加。因此,在执行两个矩阵的相加运算之前,首先应对矩阵 A、B 的行数和列数进行检查。如果对应相等,则相加,否则输出适当的信息,并且不进行相加运算。

矩阵相加的规则是:矩阵 A 和 B 中对应的元素相加,结果放入矩阵 C,即

$$C(I,J) = A(I,J) + B(I,J)$$

(3) 矩阵乘以一个常数:矩阵 A 的每个元素分别乘以常数 K,结果放入矩阵 C,即

$$C(I,J) = A(I, J) \times K$$

(4) 输出矩阵:一行一行地输出矩阵的每个元素。

14. 已知二维数组 $A(6,4)$ 和 $B(4,6)$,数组元素初值任意,编程计算二维数组 $C(6,6)$ 的各元素值,C 数组的计算公式为:$C(6,6)=A(6,4) \times B(4,6)$。

提示:数组 $C(6,6)$ 中第 i 行第 j 列的元素 $C(i,j)$ 的计算公式为:

$$C(i,j) = \sum A(i,p) \times B(p,j) \quad (\text{其中 } p = 1,2,\cdots,4)$$

15. 设计用户界面,包含 1 个列表框、1 个文本框和两个按钮。在列表框中有两个列表项(列表项内容任意),两个按钮所显示内容分别为"添加"和"删除"。编写程序,在文本框中输入信息,单击"添加"按钮,将文本框中的内容插入到列表框中当前选择项(高亮度显示)的前一项;单击"删除"按钮将列表框的当前选择项删除。

16. 编写程序,实现两个列表框中内容的转移。即单击任何一个列表框中的选项可以将其转移到第二个列表框中,在第一个列表框中不再显示该选项。

第8章 过　　程

过程是完成某一特定功能的一段程序,又称子程序。使用过程的第一个原因在于结构化程序设计的需要,结构化程序设计的重要思想就是把一个复杂问题分成许多个小而独立的问题,即把一个大程序分为若干个小程序,这些小程序就叫模块,每个模块完成一部分功能。使用过程的第二个原因是为了解决代码的重复,可以把经常用到的完成某种功能的程序段编写成过程,每当需要完成这一功能时只要调用这个过程即可,无须重复编写代码。

根据不同的方法,过程可以分成不同的种类。从使用的角度来看,可以把过程分成 Sub 过程和函数(Function)过程;从定义时有无参数来分,可分为有参过程和无参过程;根据过程调用时是否有返回值来分,可分为有返回值的过程和无返回值的过程;根据过程的调用关系来分,可分成主调过程和被调过程,主调过程是指调用其他过程的过程,被调过程是指被其他过程调用的过程。在 Visual Basic.NET 中通常采用第一种分法,即 Sub 过程和 Function 过程,其中 Sub 过程又可分为事件过程和通用过程(或自定义过程)两种类型。本章将介绍如何在 Visual Basic.NET 中使用通用过程和函数过程。

8.1　Sub 过程

事件过程是当某一对象在一个事件发生时,对该事件做出响应的程序段,它是 Visual Basic.NET 应用程序的主体。事件可以由用户引发或由系统引发。例如,用户单击窗体上的某个控件时,可引发该控件的一个 Click 事件并调用一个处理该事件的过程。

通用过程也称为自定义的 Sub 子过程,它可以完成一项指定的任务,起到共享代码的作用。通用过程不依赖于任何对象,也不是由对象的某个事件激活的,它只能由事件过程或别的过程来调用才能运行。

通常在程序设计中,若有几个不同的事件过程要执行一个同样的操作,就可以将这个动作用一个独立的通用过程来实现,并由事件过程来调用它,这样既可避免代码的重复又容易实现对应用程序的维护。主程序对通用过程的调用如图 8-1 所示。其中图中线上(边)的数字顺序表示过程执行的顺序。

图 8-1　主程序对通用过程的调用

8.1.1　通用过程的定义和建立

1. 定义通用过程

通用过程的结构与事件过程的结构类似。一般格式如下:

```
[Private | Public] Sub <过程名>([参数列表])
    [局部变量或常量等声明]
    语句块                        } 过程体
    [Exit Sub]
    [语句块]
End Sub
```

例如：

```
Sub sum1()                      'sum1 为过程名,没有参数
    Dim i,s As Integer          '过程体
    s=0
    For i=1 To 10
        s=s+i
    Next
    MsgBox(str(s))
End Sub
```

说明：

（1）通用过程以 Sub 开头，以 End Sub 结束，在 Sub 和 End Sub 之间是描述过程操作的语句块，称为"过程体"。过程体由合法的 Visual Basic.NET 语句组成。

（2）以关键字 Private 开头的通用过程是模块级的（私有的）过程，只能被本模块内的事件过程或其他过程调用。以关键字 Public 开头的通用过程是公有的（全局的）过程，在应用程序的任何模块中都可以调用它。默认是 Public。

（3）在过程体内可以含有多个 Exit Sub 语句，程序执行到 Exit Sub 语句时立即退出该过程，返回到主调过程中调用该过程语句的下一条语句。

（4）过程名是标识符，应遵从标准变量命名约定，长度一般不超过 255 个字符。

（5）参数列表可选项。列表中的参数称为形式参数（简称形参），它可以是变量名或数组名。如有多个参数时，各参数之间用逗号分隔。Visual Basic.NET 的过程可以没有参数，但一对圆括号不能省略。不带参数的过程称为无参过程，带有参数的过程称为有参过程。"参数列表"指明了形参的类型和个数，每个参数的格式为：

[ByVal]|[ByRef] |[…] 参数名称[()][As 数据类型][=默认值]

如果参数名称后面加()，就表示该参数是个数组。"数据类型"指的是参数的类型，可以是 Integer、Long、Single、Double、String、Boolean、Date、Object 等；也可以是结构、枚举、类或接口的名称。

参数名称前的 ByVal 是指定变量用"传值"的方式传送，它是 Visual Basic.NET 传送变量的默认方式；ByRef 则是指定变量以"传地址"的方式传送。

下面是一个有参过程的例子：

```
Sub tryout(ByVal x As Integer, ByVal y As Integer)
    Dim z As Integer
    z=x+y
    MsgBox("这是一个有参通用过程"+chr(13)+"z="&z)
```

```
End Sub
```

下面是一个无参过程的例子：

```
Sub subtest()
    MsgBox("hello,everyone")
End Sub
```

要注意的是，在同一个模块中不能使用名称相同的过程。除此之外，还要注意过程不能写在事件过程和其他过程之中，这是因为过程是独立的程序单元。

2. 建立通用过程

通用过程不属于任何一个事件过程，因此不能放在事件过程中。建立的通用过程要放在其他过程之外，如图 8-2 所示的 sum1 和 tryout。

图 8-2　窗体中通用过程的创建位置

8.1.2　调用通用过程

定义了通用过程后，通用过程并没有执行，它只有在被调用后才被执行。在 Visual Basic.NET 中调用通用过程通常采用以下两种方式。

1. 使用 Call 关键字调用通用过程

格式：

```
Call  过程名[(实际参数)]
```

Call 语句把程序控制流程转移到要调用的通用过程。用 Call 语句调用过程时，如果过程本身没有参数，则"实际参数"和括号可以省略；否则应给出相应的实际参数，并把参数放在括号中。"实际参数"是传送给通用过程形参的变量、常量或表达式，实际参数简称实参。例如：

```
Call Tryout(5, 10)
```

2. 直接使用通用过程名调用通用过程

在调用通用过程时,省略关键字 Call。例如:

```
Tryout(5, 10)
```

下面举一个例子。

【例 8-1】 编写一个计算矩形面积的通用过程,然后调用该过程计算矩形面积。

```
Sub ComputeArea(Length As Double, Width As Double)
    Dim Area As Double
    Area=Length * Width                     '计算矩形的面积
    MsgBox("矩形面积为: " & Str(Area))     '显示矩形的面积
End Sub
Private Sub Button1_Click(sender As Object, e As EventArgs) Handles Button1.Click
    Dim a, b As Double
    a=InputBox("请输入矩形的长: ")
    b=InputBox("请输入矩形的宽: ")
    Call ComputeArea(a, b)                   '调用通用过程
End Sub
```

通用过程 ComputeArea 的功能是计算并输出矩形的面积,它有两个形参,分别为矩形的长和宽。在 Button1_Click 事件过程中,从键盘输入矩形的长和宽,并用它们作为实参调用 ComputeArea 过程。当输入矩形的长和宽分别为 3、4 时的运行结果如图 8-3 所示。当通用过程返回调用程序时,继续执行调用它的语句的下一个语句。

图 8-3　例 8-1 运行结果

通常,过程会一直运行到执行完所有指令。然而,有时需要在过程正常结束之前提前退出,就要用到 Exit Sub 语句或 Return 语句。

在例 8-1 中,计算矩形面积时,如果考虑矩形的长和宽不能为零或负数,使程序更完善,可把通用过程改写如下:

```
Sub ComputeArea(Length As Double, Width As Double)
    Dim Area As Double
    If Length <=0 Or Width <=0 Then
        MsgBox("输入的数据有误!")           '显示提示信息
        Exit Sub                            '立即退出通用过程
    End If
    Area=Length * Width                     '计算矩形的面积
    MsgBox("矩形面积为: " & Str(Area))     '显示矩形的面积
End Sub
```

8.2 事 件 过 程

事件过程在前面的章节中已经用到，例如"计算"按钮的 Click 事件等。Visual Basic .NET是由事件驱动的，所谓事件是能被对象（窗体和控件）识别的动作。例如，对象的事件有单击（Click）、双击（DblClick）、内容改变（Changed）等。为一个事件所编写的程序代码称为事件过程。当 Visual Basic.NET 的某个对象的某个事件发生时，Visual Basic.NET 会自动调用相应的事件过程。

事件过程可以附加在窗体或控件上，分别称为窗体事件过程和控件事件过程。

8.2.1 窗体事件过程

其定义的语法格式如下：

```
Private Sub 窗体名_事件名([参数列表])
    [局部变量和常数声明]
    语句块
End Sub
```

其中的窗体事件过程名由窗体名、下划线和事件名组成的。其他与通用过程类似。

例如，当单击窗体的空白位置，会显示一个消息框，如图 8-4 所示。

```
Form1.vb*  ⊕ ×  Form1.vb [设计]*
(常规)                          (声明)
  ⊟Public Class Form1
      Private Sub Form1_MouseClick(sender As Object, e As MouseEventArgs) Handles Me.MouseClick
          MsgBox("hello!")
      End Sub
End Class
```

图 8-4 窗体事件示意图

编写时，左侧选择窗体（如 Form1），右侧选择某一事件（如 MouseClick），然后再在它所在的代码区编写相应的代码。

8.2.2 控件事件过程

其定义的语法格式如下：

```
Private Sub 控件名_事件名([参数列表])
    [局部变量和常数声明]
    语句块
End Sub
```

其中的控件事件过程名由控件名、下划线和事件名组成。其他与通用过程类似。如图 8-2 中的 Button1_Click 和 Button1_Click 过程。

8.3 函 数 过 程

函数过程与通用过程最根本的不同之处在于,通用过程没有返回值,可以作为独立的语句调用;而函数过程有一个返回值,通常出现在表达式中。在 Visual Basic.NET 中,系统包含了许多内部函数过程,如 Sin( ),Sqrt( ),Mid( )等,在编写程序时只需写出函数过程名和相应的参数,就可得到函数值。在应用程序中,用户还可以使用 Function 语句来定义自己的函数过程。

8.3.1　函数过程的定义

函数过程定义的格式如下:

```
[Private|Public] Function 函数名([参数列表])[As 数据类型]
    [语句块]
    [函数名=表达式]|[Return 表达式]
    [Exit Function]
    [语句块]
End Function
```

说明:

(1) 函数过程以 Function 开头,以 End Function 结束,在 Function 和 End Function 之间是描述过程操作的语句块,称为过程体或函数体。参数列表、Private、Public、Exit Function 的含义与通用过程中的相同。"As 数据类型"确定了函数返回值的类型(缺省时,默认为 object 类型)。

(2) 调用通用过程相当于执行一个语句,通用过程不返回值;而调用函数过程时,可以通过函数过程名返回一个值,因此可以像内部函数一样在表达式中使用。在函数过程体内通过"函数名=表达式"确定函数的返回值;也可以直接使用"Return 表达式"语句返回函数值,表达式的值就是函数过程的返回值。

(3) 在函数过程体内,可以通过 Exit Function 语句,提前退出函数过程。

(4) 可以使用建立通用过程的方法建立函数过程。

【例 8-2】　采用辗转相除法,编写求最大公约数的函数过程。

辗转相除法的算法如下:

(1) 输入两个自然数 M,N;

(2) 计算 M 除以 N 的余数 R,即 $R=M \text{ MOD } N$;

(3) 若 $R<>0$,重复(4)、(5)、(6)步骤;若 $R=0$,则 N 为最大公约数;

(4) 用 N 替换 M,即 $M=N$;

(5) 用 R 替换 N,即 $N=R$;

(6) 求新的余数 R,即 $R=M \text{ MOD } N$;

程序如下:

```
Function gcd(x As Integer, y As Integer) As Integer
    Dim reminder As Integer
```

```
        Do While y <>0
            reminder=x Mod y
            x=y
            y=reminder
        Loop
        gcd=x
End Function
```

8.3.2　调用函数过程

函数过程的调用比较简单,因此可以像使用 Visual Basic.NET 的内部函数一样来调用函数过程。实际上,它与内部函数没有区别,只不过内部函数由语言系统提供,而函数过程由用户自己定义。

前面编写了求最大公约数的函数过程 gcd,该函数的类型是 Integer,有两个整型参数,可以在下面的事件过程中调用该函数:

```
Private Sub Button1_Click(sender As Object, e As EventArgs) Handles Button1.Click
    Dim a, b, x As Integer
    a=96
    b=64
    x=gcd(a, b)
    MsgBox("最大公约数: " & x)
End Sub
```

上述事件过程中的 x＝gcd(a,b)就是调用 gcd 函数过程的语句。调用时的参数分别为 96 和 64(分别对应 a 和 b),调用后的返回值放入变量 x。

【例 8-3】　编写程序,求 $S!=a!+b!+c!$,阶乘的计算分别用通用过程和 Function 过程两种方法来实现。

过程分别定义如下:

```
'用通用过程实现求 n!
Sub sum1(ByVal n As Integer, ByRef s As Integer)
    Dim i As Integer
    s=1
    For i=1 To n
        s=s * i
    Next
End Sub
'用 Function 过程实现求 n!
Function sum2(ByVal n As Integer) As Integer
    Dim i, s As Integer
    s=1
    For i=1 To n
        s=s * i
    Next
```

```
        Return s
    End Function
    Private Sub Button1_Click(sender As Object, e As EventArgs) Handles Button1.Click
        Dim a, b, c As Integer
        Dim s1, s2, s3, f1, f2 As Integer
        a=3
        b=4
        c=5
        sum1(a, s1)                        '调用通用过程 sum1,通过 s1 返回 a!
        sum1(b, s2)                        '调用通用过程 sum1,通过 s2 返回 b!
        sum1(c, s3)                        '调用通用过程 sum1,通过 s3 返回 c!
        f1=s1+s2+s3                        '求 a! +b! +c!
        f2=sum2(a)+sum2(b)+sum2(c)         '调用 Function 过程
        MsgBox("调用通用过程 f1=" & f1 & vbCrLf & "调用 Function 过程 f2=" & f2)
    End Sub
```

分析:在解决某一问题时,到底是使用通用过程还是函数过程。只要抓住函数过程和通用过程的区别:函数过程返回一个值而通用过程不返回值的特点即可。

要将定义好的函数过程改为通用过程,只要将函数过程名改为通用过程的 ByRef 传地址形参,再增加一个通用过程名即可;反之要将通用过程改为函数过程,只要将 ByRef 传地址类型的一个形参改为函数过程名,并在函数过程体内对函数过程名赋值即可。

8.4　参　数　传　递

在调用一个过程时,一般主调过程与被调过程之间有数据传递,即将主调过程的实参传递给被调过程的形参,完成"实参"与"形参"的结合,然后执行被调过程体。被调过程执行结束时,形参的值是否返回给实参要取决于参数的传递方式。在 Visual Basic.NET 中,参数的传递有两种方式:按值传递和按地址传递。

8.4.1　形参和实参

形参是在 Sub、Function 过程的定义中出现在参数列表中的参数。在过程被调用之前,系统并未给形参分配内存,只是说明形参的类型和在过程中的作用。实参则是在调用 Sub 或 Function 过程时用到的常数、变量、表达式或数组。

形参表和实参表中对应的参数名可以不同,但实参和形参的个数、顺序以及数据类型必须相同,即"形参"与"实参"的结合是按照位置一一对应结合的。例如,定义过程:

```
Sub Mysub(byval t As Integer, byval s As String, byval y As Single)
```

调用过程:

```
Call Mysub(100, "computer", 1.5)
```

第 1 个实参值(100)传递给第一个形参 t,

第 2 个实参值("computer")传递给第二个形参 s,

第 3 个实参值(1.5)传递给第三个形参 y。

8.4.2　按值传递

按值传递使用的关键字是 ByVal(可以省略),是指通过传值的方式把实参的值传递给形参。换句话说,传递的只是实际参数的值的一个副本。在被调过程中若形参的值发生了改变,也仅仅是改变了形参的临时存储空间中的内容,而不会影响实参本身的值。一旦过程执行结束,返回主调过程时,形参占用的临时存储空间被释放,形参的值也就不存在了。

可见,按值传递参数是一种单向传递,即实参的值能够传给形参,但在被调过程中对形参的改变却无法影响到实参。为了保证数据传输的安全性,在 Visual Basic.NET 中默认的传递方式是按值传递。

8.4.3　按地址传递

按地址传递使用的关键字是 ByRef,又称按引用传递,就是当调用一个过程时,把实参变量的内存地址传递给被调过程对应的形参,即形参与实参使用相同地址的内存单元,如果在被调过程中改变了该形参的值,也就改变了相应实参变量的值。

可见按地址传递是一种双向传递。在调用时,系统把实参的地址传给形参;在被调过程中,对形参值的改变也就是对实参值的改变。

【例 8-4】　比较按值传递(ByVal)和按引用传递(ByRef)的区别。

过程分别定义如下:

```
Sub addnum1(ByVal x As Integer)        '声明传值参数通用过程
    x=x+5
End Sub
Sub addnum2(ByRef x As Integer)        '声明传地址参数通用过程
    x=x+5
End Sub
Private Sub Button1_Click(sender As Object, e As EventArgs) Handles Button1.Click
    Dim i As Integer
    i=10
    TextBox1.Text=i                    '输出 i 的值
    addnum1(i)                         '传按值调用过程 addnum1
    TextBox2.Text=i                    '输出 i 的值
    i=10
    addnum2(i)                         '传地址调用过程 addnum2
    TextBox3.Text=i                    '输出 i 的值
End Sub
```

程序的运行结果如图 8-5 所示。

调用过程 addnum1 和 addnum2 参数传递示意图如图 8-6 所示。

在图 8-6 中,实线箭头表示在调用过程时形、实参数的传递:在图 8-6(a)中把实参 i 的值(10)传递给形参 x 对应的存储单元,在图 8-6(b)中传递的则是实参的地址。虚线箭头表示形参 x 对应的存储空间就是实参 i 的存储空间。

图 8-5　程序运行结果示意图

(a) 调用过程 addnum1

(b) 调用过程 addnum2

图 8-6　例 8-4 的参数传递示意图

说明：

（1）在图 8-6(a)中可以看到，在调用过程 addnum1 时，把实参 i 的值传递给形参 x，类似于 x＝i；在执行过程体 addnum1 时，过程体 addnum1 中对 x 的操作与实参 i 没有关系（从图中可以看到，在执行过程体 addnum1 中，没有变量 i）；在返回（或者是退出）过程 addnum1 时，addnum1 的形参 x 不存在了，所以它的结果（15）也就不存在了。

（2）在图 8-6(b)中可以看到，在调用过程 addnum2 时，把实参 i 的地址传递给形参 x；在执行过程体 addnum2 时，对形参 x 的操作实际上就是对实参 i 的操作，从图 8-6(b)中可以看到，通过 x 访问到的是 i 的空间；在返回（或者是退出）过程 addnum2 时，addnum2 的形参 x 不存在了，但在 addnum2 中对它（即对 i）的操作结果还是存在的。

8.4.4　数组作为函数的参数

【例 8-5】　编写一个函数过程，用来求一维数组各元素的平均值，同时把数组中的元素倒序，编写程序验证该函数过程。

程序代码如下：

```
Private a(10) As Single              '定义模块级实参数组,存放随机产生的数
Private Function Aver(b() As Single) As Single
```

```
        Dim i, n As Integer
        Aver=0
        n=UBound(b, 1)                         '获取形参数组的下标上界
        For i=0 To n
            Aver=Aver+b(i)
        Next i
        Aver=Aver / (n+1)
        For i=0 To n \ 2                        '把数组倒序
            Dim t As Single
            t=b(i)
            b(i)=b(n-i)
            b(n-i)=t
        Next i
    End Function
    Private Sub Button1_Click(sender As Object, e As EventArgs) Handles Button1.Click
        Dim i As Integer
        Randomize()                             '随机数初始化
        TextBox1.Text=""
        For i=0 To 10                           '用随机函数为实参数组元素赋值
            a(i)=Int(90 * Rnd()+10)
            TextBox1.Text=TextBox1.Text+CStr(a(i))+" "
        Next i
    End Sub
    Private Sub Button2_Click(sender As Object, e As EventArgs) Handles Button2.Click
        Dim temp As Single
        temp=Aver(a)
        TextBox2.Text=""
        For i=0 To UBound(a, 1)
            TextBox2.Text=TextBox2.Text+CStr(a(i))+" "
        Next i
        TextBox2.Text=TextBox2.Text+"平均值为："+Str(temp)
    End Sub
```

通过上例可以看到：

（1）形参是数组时，只需用数组名和后面的圆括号表示，不需要给出数组的上界，本例为 b()；若二维以上的数组，每维用逗号分隔。在过程中使用 UBound 函数确定每维的上界。

（2）在过程调用时，若实参是数组，只需给出数组名即可，后面不需加括号。

（3）当数组作为参数传递时，不管参数前是 ByVal 还是 ByRef，都将以传地址方式传送。因为系统实现时，是将实参数组的起始地址传给过程，使形参数组也具有与实参数组相同的起始地址，因此，形参与实参数组对应元素共享同一个存储单元，当改变了形参数组元素的值时，也就改变了实参数组对应元素的值。

8.4.5 传递方式的选择

对于参数传递的使用方式没有硬性规定，一般进行以下考虑．

（1）若要将被调过程中的结果返回给主调过程，则形参必须是传地址方式。这时实参必须是同类型的变量名（包括简单变量、数组名、结构类型等），不能是常量、表达式。

（2）若不希望被调过程修改实参的值，则选择传值方式，这样可以减少各个过程的关联，增加程序的可靠性并便于调试。因为在被调过程体内对形参的改变不会影响实参。

（3）如果形参是数组，则是地址传递。形参的改变都会修改实参。

（4）用 Function 过程可以通过过程名或 Return 语句返回值，但只能返回一个值；Sub 过程不能通过过程名返回值，但可以通过参数返回 1 个或多个值，这时被调过程的相应参数要用传地址方式。

8.4.6　选择性参数的传递

在前面几节中，讲述的都是具有固定个数参数的传递，即在定义过程时有几个形参，那么在调用时必须有几个实参与其一一对应。如果要传递的参数个数不确定，就无法使用上述方法来进行传递，而要使用选择性参数。

有编写程序时，有时会希望某个过程所传递的参数个数具有灵活性。例如：若将一个名为 Hello!的实参传给一个过程（假定过程名为 test）时，过程 test 可以将传递的实参内容加上"Everyone。"显示出来，即显示"Hello! Everyone。"；若将"Hello!"和"张三。"两个实参传给 test 过程时，test 过程可以显示："Hello! 张三。"。这种可以改变传递参数个数的参数称为"选择性参数"。

在 Visual Basic.NET 中，选择性参数用关键字 Optional 进行声明。

要使用 Optional 进行声明，必须为每个选择性参数明确指定一个常数的默认值，并且在此声明之后的每一个参数都必须是选择性的，并且要明确指定其参数的数据类型。

其语法格式如下：

```
[Private|Public] [Sub]|[Function] [函数名]|[过程名] (Optional ByVal 参数 1 As 数据_
    类型 1=默认值 1]…)
    语句块
End [Sub]|[Function]
```

【例 8-6】　选择性参数的使用。

程序如下：

```
Sub test(ByVal s1 As String, Optional ByVal s2 As String=" Everyone。")
    '参数 s2 的默认值已指定
    TextBox1.Text=s1+" "+s2
End Sub
Private Sub Button1_Click(sender As Object, e As EventArgs) Handles Button1.Click
    test("Hello!", "张三。")              '调用时,给了两个参数,s2 的默认值没有用
End Sub
Private Sub Button2_Click(sender As Object, e As EventArgs) Handles Button2.Click
    test("hello!")                       '调用时,只给了一个参数对应 s1,则 s2 使用默认的值
End Sub
```

单击 Button1，系统显示：

Hello! 张三。

单击 Button2,系统显示：

hello! Everyone。

8.4.7 按参数名称进行传递

在前面章节中讲到实参与形参的结合是按照位置一一对应结合的。在传递参数时,若想忽略中间部分的参数或不想按照参数的排列顺序传递,可以使用逗号将所省略的参数隔开或者是使用形参名进行传递。

【例 8-7】 按参数名称进行值传递的举例。

```
Sub sub1(ByVal a As Integer, Optional ByVal b As String="Hello", Optional ByVal c As
Integer=0)
    Dim s As Integer
    s=a+c
    TextBox1.Text=Str(s)+" "+b
End Sub
Private Sub Button1_Click(sender As Object, e As EventArgs) Handles Button1.Click
    sub1(4,, 5)                    '调用时,给了两个参数,分别对应 a 和 c,b 使用的是默认值
End Sub
Private Sub Button2_Click(sender As Object, e As EventArgs) Handles Button2.Click
    sub1(b:="张三", a:=4, c:=5)    '调用时,通过指定参数的名字来传递值
End Sub
```

单击 Button1,系统显示：

9 Hello

单击 Button2,系统显示：

9 张三

8.5 变量的作用域

Visual Basic.NET 应用程序中进行数据处理离不开变量,变量可以在过程体中定义,也可以在窗体及标准模块的过程之外定义,在不同地方定义的变量能够被使用的程序段是不同的,能够使用某变量的程序段称为该变量的作用域。

根据变量作用域的不同可以把变量分为语句块级变量、局部变量、模块级变量和全局变量 4 类。

1. 语句块级变量

语句块是一个程序段,它通常指的是一个控制结构,例如 For…Next、If…End If、Do…Loop、While…End While 等。在一个语句块中声明的变量称为语句块级变量,这类变量只能在所声明的语句块中使用,离开了本语句块将不能再使用。语句块级变量通常用 Dim 定

义,例如:

```
Dim k As Integer=10          '模块级变量
Private Sub Button1_Click(sender As Object, e As EventArgs) _
Handles Button1.Click
    Dim a As Integer=100     '过程级变量
    If a>=10 Then
        Dim b As Integer     '语句块级变量
        b=a+k
        MsgBox(b)
    End If
    MsgBox(b)                '此句出错---显示 b 未声明
End Sub
```

2. 过程级变量(局部变量)

过程级变量是在过程(事件过程或通用过程)内声明的变量,也称局部变量,其作用域仅为定义它的过程,离开该过程,该变量将不能被使用。

局部变量可以用 Dim 或 Static 语句声明。用 Dim 定义的局部变量,每调用一次将重新初始化;而用 Static 定义的局部变量则称为静态变量,静态变量一旦定义就将在程序的整个运行期间占用固定的存储空间。如果在某个过程中定义了一个静态变量,则该过程被调用退出后,由于静态变量的存储空间没有释放(也就是说,数据没有丢失),下一次再调用该过程时,静态变量将保持上一次过程退出时的值,而不是初始值。

【例 8-8】 比较用 Dim 和 Static 所定义局部变量的不同。

程序代码如下:

```
Private Sub sta1(ByVal i As Integer)
    Static x As Integer=100       '定义静态变量
    Dim y As Integer=100
    Static str1 As String
    x=x+50                        'Static 定义变量的值加 50
    y=y+50                        'Dim 定义变量的值加 50
    str1=str1+"第" & i & "次调用后" & "x=" & x & "  y=" & y & vbCrLf
    Label1.Text=str1
End Sub
Private Sub Button1_Click(sender As Object, e As EventArgs) Handles Button1.Click
    Dim i As Integer
    For i=1 To 3                  '调用 3 次 Sta1 通用过程
        Call sta1(i)
    Next i
End Sub
```

程序的界面设计图和运行结果图分别如图 8-7 和图 8-8 所示。

3. 模块级变量

在 Visual Basic.NET 中,窗体类(Form)、类(Class)、标准模块(Module)都称为模块。有时将窗体称为窗体模块,类称为类模块,Module 称为标准模块。模块级变量是指在模块

图 8-7 程序设计界面

图 8-8 程序运行结果示意图

内、任何过程外用 Private 或 Dim 定义的变量。其作用域是定义该变量的模块,在模块内的所有过程都可以引用它们,但其他模块不能访问这些变量。

如果在同一个窗体内的不同过程中想使用同一个变量,就可以在窗体层定义该变量。

4. 全局变量

全局变量是在窗体模块、标准模块和类的所有过程外用关键字 Public 或 Shared 定义的变量,其作用域为整个程序。全局变量定义后,本模块中的过程和同一项目中的所有模块中的过程均可以使用该变量。由于全局变量具有被同一项目中的所有模块中的所有过程共同使用的特点,所以可以使用全局变量在多模块多过程之间进行数据传递。

全局变量所占用的内存空间在整个程序执行期间不会被释放,其内容(值)也不会重新初始化和消失。

8.6 递 归 过 程

简单地说,递归就是一个过程调用过程本身的现象。递归调用中,一个过程执行的某一步要用到它自身的上一步(或上几步)的结果。

Visual Basic.NET 的过程具有递归调用功能。递归调用在完成阶乘运算、级数运算、幂指数运算等方面特别有效。递归分为两种类型,一种是直接递归,即在过程中直接调用过程本身;另一种是间接递归,即间接地调用过程本身。例如第一过程调用第二个过程,第二个过程又调用第一个过程。Visual Basic.NET 支持上述两种类型的递归。

为理解递归的含义,我们通过一个例子说明 Visual Basic.NET 的递归操作。

【例 8-9】 编写程序,计算 $n!$。

根据数学知识,负的阶乘没有定义,0 的阶乘为 1,正数 n 的阶乘为:

$$n(n-1)(n-2) \times \cdots \times 2 \times 1$$

可以用下式表示:

$$n! = \begin{cases} 1, & n = 1 \\ n(n-1)!, & n > 1 \end{cases}$$

利用此式,求 n 的阶乘可以转换为求 $n(n-1)!$,在 Visual Basic.NET 中,这种运算可以用递归过程实现。

程序实现代码如下:

```
Function Fac(ByVal N As Integer) As Double
    If N=1 Then
        Fac=1
    Else
        Fac=N * Fac(N-1)
    End If
End Function
Private Sub Button1_Click(sender As Object, e As EventArgs) Handles Button1.Click
    Dim num As Integer, r As Double
    num=InputBox("Enter a number from 1 to 20 ")
    r=Fac(num)
    MsgBox(Str(num) & "!=" & r)
End Sub
```

上述程序把输入限制在 1~20 范围内。因为如果输入值过大时,计算结果将产生溢出错误。

当输入的 num>0 时,把实参 num 的值传给被调过程 Fac 的形参 N,在执行 Fac 的过程中,通过语句 Fac＝N ＊ Fac(N－1),把实参 N－1 的值再传给被调过程 Fac 的形参 N,……这种操作一直持续到 N＝1 时为止。例如,当 N＝4 时,求 Fac(4)的值变为求 4 ＊ Fac(3);求 Fac(3)变为求 3 ＊ Fac(2);求 Fac(2)变为求 2 ＊ Fac(1);当 N＝1 时,递归调用停止,进行回归操作,其执行结果为 4 ＊ 3 ＊ 2 ＊ 1,程序运行结果为 24。

递归调用过程如图 8-9 所示。

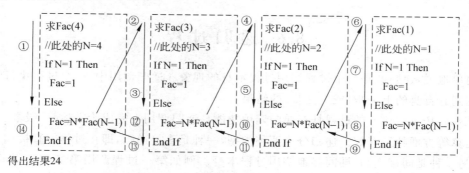

图 8-9　递归调用过程示意图

从图 8-9 可以看出,递归调用过程可以分为"递推"和"回归"两个阶段,要经过许多步才能求出最后的值,所以,必须能找到实现"递推"和"回归"的递归计算公式;同时,递归过程不能无限制地进行下去,必须有一个结束递归过程的条件。

递归计算公式:Fac＝N ＊ Fac(N－1)

递归结束条件:Fac＝1

从程序设计的角度说,凡是能够给出递归计算公式和递归结束条件的,均可以用递归来实现,在递归过程中一般可用双向选择语句来实现:

```
If 递归结束条件 Then
    函数名=递归终止值 | Retun(递归终止值)
```

```
Else
    函数名=递归计算公式 | Retun(递归计算公式)
End If
```

【例 8-10】 用递归过程求两个整数的最大公约数。

所谓最大公约数(gcd),是指能同时除尽两个整数的最大整数,例如:

gcd(4,6)=2　　　　(因为 2 是能除尽 4 或 6 的最大整数)

两千年前,欧几里得(Euclid)给出了求两个整数 a 和 b 的最大公约数的方法:如果 b 能除尽 a,则这两个数的最大公约数就是 b,否则 gcd(a,b)=gcd(b,a Mod b)。例如:

gcd(126,12)=gcd(12,126 Mod 12)=gcd(12,6)=6

根据这一方法,编写递归过程如下:

```
Function gcd(p As Long, q As Long) As Long
    If p Mod q=0 Then
        gcd=q
    Else
        gcd=gcd(q, p Mod q)
    End If
End Function
'可以在下述事件过程中调用该过程
Private Sub Form1_Load(sender As Object, e As EventArgs) Handles MyBase.Load
    Dim a As Long
    a=gcd(126, 12)
    MsgBox("两个数的最大公约数是:"+Str(a))
End Sub
```

注意:

(1) 递归算法设计简单,但消耗的 CPU 时间和内存空间比非递归要多。

(2) 设计一个正确的递归过程必须注意两个要素:递归公式和递归结束终值。

(3) 一般的,递归函数过程对于求阶乘、基数、指数运算有特殊效果。通常情况下,如果运算结果在有限范围内,且能找到递归公式和递归终值,采用递归算法可简化程序;否则,可考虑采用前面学过的迭代(递推)算法求解。

8.7　过程应用举例

【例 8.11】 二分法猜数。由读者想好一个介于[1,10000]的整数 x,计算机猜一个数 y,用户根据 x 和 y 的关系做出提示:$x>y$、$x=y$ 和 $x<y$。经过若干次猜数,计算机能猜到用户已想好的数。程序并显示猜数的次数。

思路如下:假定区间的下限是 low,上限是 high。则计算机每次猜的数是 low 和 high 的中间值,即 mid=(low+high)\2,也就是上面所说的 y;

若 mid>x,则说明 x 在前半部,应把 high 置为 mid-1 继续猜中间值,即 high=mid-1;

若 mid<x,则说明 x 在后半部,应把 low 置为 mid+1 继续猜中间值,即 low=mid+1;
若 mid=x,则成功。
程序如下:

```
Dim low=1, high=10000, cs=0, mid
Private Sub Button1_Click(sender As Object, e As EventArgs) Handles Button1.Click
    '让计算机猜数
    mid= (low+high) \ 2
    TextBox1.Text=mid
    RadioButton1.Checked=False
    RadioButton2.Checked=False
    RadioButton3.Checked=False
End Sub
Private Sub RadioButton1_Click(sender As Object, e As EventArgs) Handles _
    RadioButton1.Click
    '猜的数小了
    low=mid+1
    cs=cs+1
End Sub
Private Sub RadioButton2_Click(sender As Object, e As EventArgs) Handles _
    RadioButton2.Click
    '猜的数大了
    high=mid-1
    cs=cs+1
End Sub
Private Sub RadioButton3_Click(sender As Object, e As EventArgs) Handles _
    RadioButton3.Click
    '猜中了
    Label4.Text="你想的数是:"+Str(mid)+"。"+vbCrLf+"共猜了:"+Str(cs)+"次。"
End Sub
```

程序的运行界面图如图 8-10 所示。

图 8-10　例 8-11 运行结果示意图

说明：采用此方法计算机猜数的次数最多是 $\log_2 n+1$（其中的 n 表示区间中整数的个数）次，请读者分析原因。

【例 8-12】　编写一个函数过程，用来实现将八进制数转换为等值的十进制数。

此题是利用把输入的一个八进制数当成一个数字字符串，然后按位权展开即可得到该数的十进制数值。

程序代码如下：

```
Function readoctal(ByVal x As String) As Single
    Dim n, i, t, s As Integer
    s=0
    n=Len(x)                              '返回八进制数的长度
    For i=1 To n
        t=Val(Mid(x, i, 1)) * 8 ^ (n-i)   '将八进制各位乘以位权
        s=s+t
    Next
    readoctal=s                           '返回计算结果
End Function
Private Sub Button1_Click(sender As Object, e As EventArgs) Handles Button1.Click
    Dim a As String, d As Single
    a=textbox1.text
    d=readoctal(a)
    TextBox2.Text=Str(d)
End Sub
```

【例 8-13】　编写程序，计算 100 以内的所有孪生素数。素数是指除了 1 和该数本身，不能被任何整数整除的数。（孪生素数是指两个素数的差值为 2，例如：3 和 5，5 和 7，11 和 13 就是 3 对孪生素数。）

此题是先编写一个函数判断一个数 Num 是否为素数，然后在 Button1_Click 事件中调用该函数来判断相邻的两个奇数是否为素数。

程序代码如下：

```
Private Function Prime(ByVal Num As Integer) As Boolean
    Dim i As Integer
    For i=2 To Num-1
        If Num Mod i=0 Then Exit For
    Next i
    If i=Num Then
        Return True
    Else
        Return False
    End If
End Function
Private Sub Button1_Click(sender As Object, e As EventArgs) Handles Button1.Click
    Dim n As Integer=1                     '记录第几对孪生素素
    Dim i As Integer
```

```
        Label1.Text=""
        For i=3 To 97 Step 2
            If Prime(i) And Prime(i+2) Then    '调用过程判断 i 和 i+2 是否同时为素数
                Label1.Text=Label1.Text+"第"+CStr(n)+"对孪生素数是："_
                    +CStr(i)+","+CStr(i+2)+vbCrLf
                n=n+1
            End If
        Next i
        Label1.Text=Label1.Text+vbCrLf+"100 以内的孪生素数对数为" & Str(n)+"个。"
End Sub
```

程序的运行结果如图 8-11 所示。

图 8-11　例 8-13 运行结果示意图

【**例 8-14**】　编写程序，实现英语单词或短语的加密、解密操作。

加密、解密的基本原理是把英语单词或短语每个字符的 ASCII 码加上一个值（例如 1、2 等），使其变为另外一个字符。例如"CHINA"，每个字符的 ASCII 码加上 2，变为"EJKPC"，从而对原来的单词或短语"加密"。为了对加密后的单词或短语解密，应对加密后的单词或短语中各字符的 ASCII 码减去所加的值。例如，把"EJKPC"每个字符的 ASCII 码减 2，即可恢复为原来的"CHINA"。

根据以上分析，编写两个通用过程，分别执行加密、解密操作，如图 8-12 和图 8-13 所示。

图 8-12　例 8-14 设计界面

图 8-13　例 8-14 的运行结果图

```
'声明模块级(窗体)变量
Dim str1 As String        '原字符串
Dim str2 As String        '加密后字符串
```

```
Dim str3 As String        '解密后字符串
Function jiami(ByVal x As String) As String
    '加密操作函数过程
    Dim i, n As Integer
    Dim s1 As String, s2 As String, s3 As String    '声明过程级变量
    n=Len(x)
    s3=""
    For i=1 To n
        s1=Mid(x, i, 1)
        s2=Chr(Asc(s1)+2)
        s3=s3 & s2
    Next
    jiami=s3
End Function
Function jiemi(ByVal x As String) As String
    '解密操作函数过程
    Dim i, n As Integer
    Dim s1 As String, s2 As String, s3 As String    '声明过程级变量
    n=Len(x)
    s3=""
    For i=1 To n
        s1=Mid(x, i, 1)
        s2=Chr(Asc(s1)-2)
        s3=s3 & s2
    Next
    jiemi=s3
End Function
Private Sub Button1_Click(sender As Object, e As EventArgs) Handles Button1.Click
    '录入单词或短语的事件
    str1=TextBox1.Text
End Sub
Private Sub Button2_Click(sender As Object, e As EventArgs) Handles Button2.Click
    '加密事件过程
    str2=jiami(str1)                          '调用加密函数过程
    TextBox2.Text=str2
End Sub
Private Sub Button3_Click(sender As Object, e As EventArgs) Handles Button3.Click
    '解密事件过程
    str3=jiemi(str2)                          '调用解密函数过程
    TextBox3.Text=str3
End Sub
```

习　题　8

1. 编写求 $\sum\limits_{i=1}^{n} i$ 的函数过程，调用此函数求以下表达式的值。

$$y=\frac{(1+2+3)+(1+2+3+4)+(1+2+3+4+5)}{(1+2+3+4+5+6)+(1+2+3+4+5+6+7)}$$

2. 编写程序，求当 X 分别为 $1,3,5,7,9$ 时 Y_i 的值（$Y_i=X+3X^3+5X^5+\cdots+11X^{11}$），然后求出此 5 个数的平均值 S（$S=(Y_1+Y_2+Y_3+Y_4+Y_5)/5$）。

3. 设 $y=2x^2-x$，编写程序，计算当 $x=0.0,0.1,0.2,0.3,\cdots,0.9,1.0$ 时的相应 y 值，只要求输出这 11 个 y 值的最大值与最小值。

4. 编写函数过程，求任意一个正整数各位数字之和。

5. 编写一个求 3 个数的最大值 Max 的过程。然后使用这个过程分别求 3 个数、5 个数和 7 个数中的最大值。

6. 编写函数过程，用下面公式计算 π 的近似值：

$$\frac{\pi}{4}=1-\frac{1}{3}+\frac{1}{5}-\frac{1}{7}+\cdots(-1)^{n-1}\frac{1}{2n-1}$$

然后在事件过程中调用该函数过程，并输出当 $n=100$、500、1000、5000 时 π 的近似值。

7. 分别编写通用过程和函数过程计算下列级数的和。

级数为 $1+x+\dfrac{x^2}{2!}+\dfrac{x^3}{3!}+\dfrac{x^4}{4!}+\cdots+\dfrac{x^n}{n!}=\displaystyle\sum_{n=0}^{\infty}\dfrac{x^n}{n!}$ 精度为 $\left|\dfrac{x^n}{n!}\right|<10^{-5}$

说明：$0!=1$。

8. 有一个数列，其前三项分别为 $1,2,3$，从第 4 项开始，每项均为其相邻的前三项之和的 $1/2$，编写函数过程或通用过程，求该数列前 n 项的平均值。要求调用该过程，计算并输出 $n=30$ 时前 n 项的平均值。

9. 斐波纳契（Fibonacci）数列：该数列的第 1 项是 1，第 2 项是 1，以后各项都是前两项的和。试用递归算法和非递归算法各编写一个程序，求数列前 30 项中偶数项的平方根之和。

第 9 章　常 用 算 法

9.1　算法的概念

　　算法（Algorithm）的广义定义是，为解决一个实际问题而采取的方法和步骤，换句话说算法是问题解决方法的精确描述。在日常生活中做任何一件事情，都是按照一定规则，一步一步地进行，比如到商场购物，基本的方法与步骤是，挑选商品、询问价格、交款提货，这就是在实现解决"购物"问题的算法。又如在工厂中生产一部机器，先把零件按一道道工序进行加工，然后，把各种零件按要求组装成一部完整机器，它们的工艺流程就是算法。

　　计算机解决问题的方法和步骤，就是计算机的算法。算法是程序设计的核心，要用计算机解决某个实际问题，就需要为计算机设计好解决该问题的方法和步骤，而且这个方法和步骤要符合计算机运算的特点和能力。并不是所有问题都有算法，有些问题经研究可行，则相应有算法；而有些问题不能说明可行，则表示没有相应算法。要把算法"告诉"给计算机，就需要编写能描述该算法的计算机程序，程序是用程序设计语言对算法的实现，是一种计算机可以识别、接受的算法的描述形式。

　　通常，根据所处理的对象和用途可将算法分为两大类：数值算法和非数值算法。计算机用于解决数值计算，如科学计算中的数值积分、解线性方程等的计算方法，就是数值计算的算法；用于解决非数值计算，如用于管理、文字处理、图像图形等的排序、分类、查找，就是非数值计算的算法。

　　本章将介绍穷举、迭代、递归、查找、排序等几个常用算法的描述及其实现。

9.1.1　算法的描述

　　描述算法有多种不同的工具，采用不同的算法描述工具对算法的质量有很大的影响。描述一个算法可以采用自然语言、计算机程序设计语言、流程图、N-S 图、伪代码语言等。

　　用自然语言描述算法，虽然通俗易懂，但文字冗长，书写不便，特别是文字的"二义性"会导致描述不清，因此在实际的程序设计工作中并不采用。

　　流程图是一种直观易懂的描述方法。该方法用一些规定的框图、流程线和框图中的说明文字、算式等来表示各种类型的操作与步骤，既符合计算机程序的特点，又比较容易理解和掌握。

　　N-S 图的基本单元是矩形框，它只有一个入口和一个出口，长方形框内用不同形状的线来分割，可表示顺序结构、选择结构和循环结构。

　　所谓伪代码语言是一种用高级程序语言和自然语言组成的面向读者的语言。

　　不同的描述方法可以满足不同的需求。如一个需在计算机上运行的程序（程序也是算法）必须用严格的程序语言（或机器语言或汇编语言）来编写；而一个为了阅读或交流的算法可以用伪代码语言或流程图来描述。

9.1.2　算法的特性

设计算法应遵循以下 5 个特性。

（1）有穷性。算法中执行的步骤总是有限次数的，不能无休止地执行下去。

（2）确定性。算法中的每一步操作的内容和顺序必须含义确切，不能有二义性。

（3）可行性。算法中的每一步操作都必须是可执行的，也就是说算法中的每一步都能通过手工或计算机在有限时间内完成，这称之为有效性。

（4）零或多个输入。一个算法中可以有零个或多个输入。

（5）一个或多个输出。算法的目的是用来解决给定的问题，它应向使用者反馈运行的结果，所以一个算法至少要有一个输出，否则，算法就没有意义了。

在设计计算机算法时，不但要考虑算法的可执行性（能够被执行）和执行的有穷性，还要考虑其是否易于其所利用的程序设计语言来实现。

9.1.3　算法的评估

对于解决同一个问题，往往能够编写出许多不同的算法。例如对于一批数据的排序问题，有很多种排序方法。进行算法评估的目的既在于从解决同一问题的不同算法中选择出较为合适的一种，也在于知道如何对现有算法进行改进，从而设计出更好的算法。一般从以下 4 个方面对算法进行评价。

（1）正确性。也称为有效性，是指对任何合法的输入，算法都能得出正确的结果。正确性是设计和评估一个算法的首要条件，如果一个算法不正确，其他方面也就无法谈起。一般可通过对典型的、苛刻的几组输入数据进行分析和调试来测试算法的正确性。

（2）可读性。算法主要是为了人的阅读和交流，其次才是计算机运行。可读性好有助于人对算法的理解，难读的程序易于隐藏较多错误，难以调试和修改。

（3）健壮性。是指对非法输入的抵抗能力。如果输入非法数据，算法应能加以识别并做出处理，而不是产生错误动作或陷入瘫痪。

（4）高效性（低时间复杂度和空间复杂度）。时间复杂度指的是算法运行的时间消耗，对于同一个问题如果有多个算法可以解决，执行时间短的算法效率高。空间复杂度指算法执行过程中所需要存储空间的多少。不过，这两者都与问题的规模有关，对 100 个数排序和对 10000 个数排序所花费的时间和占用的空间显然不一样。

以上 4 个方面，正确性和健壮性是设计一个算法首先要保证的。其他方面往往是相互影响的，不能孤立地看待一个方面。如果追求较短的运行时间，可能带来占用较多的存储空间和编写出较难读的算法。所以，在设计一个算法时，要从 4 个方面综合考虑，另外还要考虑到算法的使用频率以及所使用计算机的软硬件环境等诸多因素，这样才能设计出好的算法。随着计算机软硬件的飞速发展，对于一般的运算而言，存储空间和执行时间已不是程序设计者要考虑的主要因素，因此对于求解一个简单问题而可供选择的多种算法而言，选择的主要标准是算法的正确性、可读性和健壮性，其次是算法的低时间复杂度和空间复杂度。而对于数据量大、计算精度高或使用频率高的运算，就要追求低的时间复杂度和空间复杂度，即高效性要甚于可读性。

9.2 穷 举 算 法

在对一些问题求解时,有时会遇到找不出合适的数学求解规律或公式,这时可根据问题的部分条件将所有可能的情况列举出来,一一去验证是否符合整个问题的求解要求,从而得到问题的解,这种求解问题的方法就叫穷举算法,也称为枚举算法。穷举算法比较简单,但运行所花费的时间较长。对于能用其他算法求解的尽量不要采用穷举算法,但对有些问题,穷举算法却是不能替代的、最直观的求解方法。

【例 9-1】 编写应用程序,统计并显示在区间[10000,50000]上的回文数(每行 5 个数)。回文数的含义是,从左向右读与从右向左读是相同的,即对称数,如:12321。

分析:题目要求统计区间[10000,50000]上的回文数,由于区间的上下界确定,可用 For 循环对区间内的所有自然数进行遍历,逐一测试是否符合"回文数"的特点,"是"则加入输出队列,按每行 5 个输出,"不是"则继续判断下一个数。

判断一个数是否"回文",可将该数的万位(用变量 ww 表示)、千位(用变量 qw 表示)、十位(用变量 sw 表示)、个位(用变量 gw 表示)数字分别分离出来,然后判断等式 ww＝gw 和 qw＝sw 是否同时成立,如成立则表示是"回文数"。

程序代码如下:

```
Private Sub Button1_Click(sender As Object, e As EventArgs) Handles Button1.Click
    Dim i, n, ww, qw, sw, gw As Integer
    Dim s As String
    n=0                                      '统计回文数个数
    s=""                                     '回文数输出字符串
    For i=10000 To 50000                     '穷举整个给定区间
        ww=i \ 10000                         '万位数字
        qw=(i \ 1000) Mod 10                 '千位数字
        sw=(i \ 10) Mod 10                   '十位数字
        gw=i Mod 10                          '个位数字
        If ww=gw And qw=sw Then
            n=n+1
            s=s+Str(i)+" "                   '回文数加入输出队列
            If n Mod 5=0 Then s=s+vbCrLf     '满 5 个,则换行
        End If
    Next
    TextBox1.Text=s                          '输出所有回文数
End Sub
```

程序在界面中添加文本框 TextBox1 来输出回文数序列,并设置 TextBox1 的 Multiline 属性为 True(多行输出),ScrollBars 属性为 Vertical(具有垂直滚动条)。程序运行界面如图 9-1 所示。

算法中使用了整除(\)和取余(mod)运算来分离各数字位,另外也可采用字符串运算 mid( )函数来分离各数字位,主要程序段如下:

图 9-1　统计回文数的运行界面

```
Dim i, n As Integer
Dim s, ww, qw, sw, gw,nn As String                '相应变量设为字符串类型
n=0
s=""
For i=10000 To 50000
    nn=Cstr(i)
'将当前要测试的数字 i 转换为字符串,注意用 Cstr()函数转换后不含符号位
    ww=mid(nn, 1, 1)                              '万位数字
    qw=mid(nn, 2, 1)                              '千位数字
    sw=mid(nn, 4, 1)                              '十位数字
    gw=mid(nn, 5, 1)                              '个位数字
    If ww=gw And qw=sw Then
        …                                         '每行 5 个加入输出队列
    End If
Next
TextBox1.Text=s
```

【例 9-2】　显示 1000 以内的所有素数(每行显示 5 个)。

分析:首先利用前面学习过的算法,编制判断是否为素数的函数过程,然后在事件代码中调用该过程,逐一判断 2～1000 之间的自然数是否为素数,"是"则按每行 5 个输出。程序界面设计可仿照图 9-1,仍采用多行文本框输出结果。

程序代码如下:

```
Function sushu(ByVal n As Integer) As Boolean    '函数过程,判断 n 是否为素数
    Dim i As Integer, flag As Boolean
    flag=True
    i=2
    For i=2 To Int(Math.Sqrt(n))
        If n Mod i=0 Then
            flag=False
            Exit For
        End If
```

```
        Next
        sushu=flag
End Function


Private Sub Button1_Click(ByVal sender As System.Object, _
ByVal e As System.EventArgs) Handles Button1.Click
        Dim str1 As String
        Dim k, n As Integer
        'k 的功能是用来统计素数的个数,够 5 个就换行
        k=0
        str1=""
        For n=2 To 1000                    '穷举 n 从 2 到 1000 是不是素数
            If sushu(n) Then               '是素数,就按每行 5 个的格式输出
                str1=str1+Str(n)+"   "
                k=k+1
                If k Mod 5=0 Then
                    str1=str1+vbCrLf
                End If
            End If
        Next
        TextBox1.Text=s
End Sub
```

【例 9-3】　搬运砖头问题:36 块砖,36 人搬。男搬 4,女搬 3,两个小儿抬一砖,要求一次全搬完,问男、女、小儿各若干?

分析:题目要求找出符合条件的男生、女生和小孩的人数,答案显然是一组数据。对于男生来说,取值是 0~9 之间,女生的取值是 0~12,对于小孩来说,取值应是 0~36 的偶数,所以有 19 种取值。最坏的情况下,男生、女生、小孩的人数可以有 $10 \times 13 \times 19 = 2470$ 种不同的组合,使用三重循环穷举这 2470 种组合,通过测试是否符合 36 个人和 36 块砖这两个条件来确定是否是问题的解。假设男生人数为 x,女生人数为 y,小孩人数为 z,三重循环的主要程序段如下:

```
Dim x, y, z As Integer
Dim str1 As String
str1=""
For x=0 To 9
    For y=0 To 12
        For z=0 To 36 Step 2
            If x+y+z=36 And 4 * x+3 * y+z / 2=36 Then
                str1=str1+Str(x)+"   "+Str(y)+"   "+_
                Str(z)+"   "+Chr(13)+Chr(10)
            End If
        Next
    Next
Next
```

```
MsgBox("人数组合如下："+vbCrLf+str1, , "搬砖问题")
```

算法的改进：如果男生和女生的人数（x、y）已确定，那么根据总共搬运 36 块砖的条件，小孩人数 z 的值肯定是 2 ＊ (36－4 ＊ x－3 ＊ y)。所以，可以把第三层循环去掉，变成两重循环。

两重循环的程序段如下（为了省略篇幅，只写出了循环部分）：

```
For x=0 To 9
    For y=0 To 12
        z=2 * (36-4 * x-3 * y)
        If x+y+z=36 Then
            str1=str1+Str(x)+"  "+Str(y)+"  "+Str(z)+"  "+Chr(13)+Chr(10)
        End If
    Next
Next
```

这个程序最内层语句的循环次数为：10×13＝130 次，效率明显提高。

9.3　迭代（递推）算法

迭代算法也称为递推算法，是一种不断用变量的旧值递推新值的过程。迭代算法是计算机解决问题的一种基本方法，它利用计算机运算速度快、适合做重复性操作的特点，让计算机对一组指令（或一定步骤）进行重复执行，在每次执行这组指令（或这些步骤）时，都从变量的原值推出它的一个新值。

利用迭代算法解决问题，需要做好以下 3 个方面的工作。

（1）确定迭代变量。在可以用迭代算法解决的问题中，至少存在一个直接或间接地不断由旧值递推出新值的变量，这个变量就是迭代变量。

（2）建立迭代关系。所谓迭代关系，指如何从变量的前一个值推出其下一个值的公式（或关系）。迭代关系式的建立是解决迭代问题的关键，通常可以使用递推或倒推的方法来完成。

（3）对迭代过程进行控制。在什么时候结束迭代过程？这是编写迭代过程必须考虑的问题。不能让迭代过程无休止地重复执行下去。迭代过程的控制通常可分为两种情况：一种是所需的迭代次数是个确定的值，可以计算出来；另一种是所需的迭代次数无法确定。对于前一种情况，可以构建一个固定次数的循环来实现对迭代过程的控制；对于后一种情况，需要进一步分析用来结束迭代过程的条件。

最经典的迭代算法是欧几里得（Euclid）算法，用于计算两个整数 a、b 的最大公约数。其计算原理依赖于下面的定理：

```
gcd(a,b)=gcd(b,a mod b)
```

证明：a 可以表示成 a＝k ＊ b＋r，即 r＝a mod b。假设 d 是（a，b）的一个公约数，则有 a mod d ＜＞ 0，b mod d ＜＞ 0，而 r＝a－k ＊ b，因此 r mod d ＜＞ 0，因此 d 是（b，a mod b)的公约数。同理,假设 d 是(b, a mod b)的一个公约数,则有 b mod d $<>$ 0,r mod d $<>$ 0,但是 a＝k ＊ b+r,因此 d 是(a, b)的公约数。

因此,(a，b)和(b, a mod b)的公约数是一样的,其最大公约数也必然相等,得证。

欧几里得算法就是根据这个原理来做的,欧几里得算法又叫辗转相除法,它是一个反复迭代过程,直到余数等于 0 停止。下面算法给出求两个整数 a,b 的最大公约数的过程:

```
Dim a, b, r As Integer
a=TextBox1.Text
b=TextBox2.Text
r=a Mod b
While r <>0
    a=b
    b=r
    r=a Mod b
End While
MsgBox("最大公约数为:"+Str(b))
```

本算法中,迭代变量是 a 和 b,迭代关系是 b→a,r→b,迭代控制条件是 r$<>$0。

还有一个很经典的例子是斐波那契(Fibonacci)数列。斐波那契数列为:1、1、2、3、5、8、13、21、…,即 fib(1)＝1,fib(2)＝1,fib(n)＝fib($n-1$)+fib($n-2$)(当 $n>2$ 时)。在 $n>2$ 时,fib(n)总可以由 fib($n-1$)+fib($n-2$)得到,由旧值推出新值,这是一个典型的迭代关系,可以用迭代算法实现。

【例 9-4】 求斐波那契数列前 30 项的和。

程序段如下:

```
Dim f1, f2, f3, n, s As Integer
f1=1
f2=1
s=f1+ f2                                    's 为求和变量
For n=3 To 30
    f3=f1+f2
    s=s+f3
    f1=f2
    f2=f3
Next
MsgBox("斐波那契数列前 30 项之和为:"+Str(s))
```

本例中,迭代变量 f1、f2、f3 分别表示 fib(n−1)、fib(n−2)和 fib(n);迭代关系为:f1+f2→f3,f2→f1,f3→f2;因明确求其前 30 项之和,所以迭代控制可使用固定循环次数的 For 循环。要想求出斐波那契数列各项的值,也可以使用数组来逐项存储,读者可自行修改程序。

【例 9-5】 用下列泰勒多项式求 sin$x$ 的值(精确到 0.00001)。

$$\sin x \approx \frac{x}{1} - \frac{x^3}{3!} + \frac{x^5}{5!} - \frac{x^7}{7!} + \cdots + (-1)^{n-1} \times \frac{x^{2n-1}}{(2n-1)!}$$

分析：这是一个级数求和问题，经分析其通项公式可得出 a_n 和 a_{n-1} 之间的递推关系：$a_{n-1} \times (-1) \times x^2 / ((2 \times n - 2) * (2 \times n - 1)) \to a_n$，所以可以利用上次循环中计算出的 a_{n-1} 经迭代后计算出 a_n，且运算复杂度比直接由通项公式 $a_n = (-1)^{n-1} \times x^{2n-1} / (2n-1)!$ 求出 a_n 要小得多。

本例程序段如下：

```
Private Sub Button1_Click(sender As Object, e As EventArgs) Handles Button1.Click
    Dim x, s, an As Double, n As Integer
    x=InputBox("Please Input X: ")
    an=x
    n=1
    s=an
    While Math.Abs(an)>0.00001
        n=n+1
        an=an * (-1) * x ^ 2 / ((2 * n-2) * (2 * n-1))
        s=s+an
    End While
    MsgBox(s)
End Sub
```

另外，在数学中也经常用迭代算法求一元非线性方程的根，请大家参阅相关文献，这里不再赘述。

9.4 递 归 算 法

过程或函数调用它自身，称为递归。这种用递归来描述的算法称为递归算法。递归是计算机科学的一个重要概念，递归方法是程序设计中一种有效的方法，采用递归编写程序能使程序变得简洁和清晰。

递归分为两种类型，函数直接调用自身称为直接递归，函数 a 调用函数 b，函数 b 又调用 a，称为间接递归。

递归算法的两个必要条件：

（1）递归就是在过程或函数里调用自身。

（2）在使用递归时，必须有一个明确的递归结束条件，称为递归出口。

在设计递归算法中，如何将一个问题转化为递归的问题，是初学者面临的难题，下面看看如何用递归算法来求解实际问题。

【例 9-6】 用递归计算 $n!$，其中 n 由键盘输入。

分析：由于 $n!$ 可以由它的前一项 $(n-1)!$ 通过公式 $n(n-1)!$ 得到，所以可以通过递归实现。递归出口就是当 $n=0$ 的时候结束。

$n!$ 可以转换为以下的公式：

$$n! = \begin{cases} 1, & n = 0 \\ n(n-1)!, & n > 0 \end{cases}$$

可以将 $n!$ 做成函数的形式,那么 $(n-1)!$ 也是调用此函数,形成了自己调用自己的递归。

按照上面的公式,求 $n!$ 就转化为了求 $(n-1)!$ 的问题,而求 $(n-1)!$,又变成了求 $(n-2)!$ 的问题,如此继续,直到最后变成求 0!,根据公式有 0!＝1,再反过来依次求出 1!,2!,3!……,直到最后求出 $n!$。

参考程序:

```
Function Fac(ByVal n As Integer) As Double
    If n=0 Then
        Fac=1
    Else
        Fac=n * Fac(n-1)
    End If
End Function
Private Sub Button1_Click(sender As Object, e As EventArgs) Handles Button1.Click
    Dim num As Integer, s As Double
    num=InputBox("Enter a number from 0 to 20 ")
    s=Fac(num)
    MsgBox(Str(num) & "!=" & s)
End Sub
```

上述程序把输入范围限制在 0～20 内。因为对于双精度数来说,输入值太大时,将产生溢出错误。当 $n>0$ 时,调用 Fac 过程,传送的实参为 $n-1$,这种操作一直持续到 $n=1$ 时为止。例如,当 $n=4$ 时,求 Fac(4) 的值变为求 4 * Fac(3);求 Fac(3) 变为求 3 * Fac(2);求 Fac(2) 变为求 2 * Fac(1);求 Fac(1) 变为求 2 * Fac(0);当 $n=0$ 时,递归调用停止,返回 Fac(0)=1,进行回归操作,其执行结果为 4 * 3 * 2 * 1＝24。

递归调用过程如图 9-2 所示。

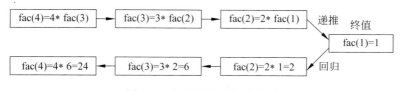

图 9-2 递归调用过程示意图

从图 9-2 可以看出,递归调用过程可以分为"递推"和"回归"两个阶段,要经过许多步才能求出最后的值,所以,必须能找到实现"递推"和"回归"的递归计算公式;同时,递归过程不能无限制地进行下去,必须有一个结束递归过程的条件。

递归计算公式:

Fac=n * Fac(n-1)

递归结束条件:

Fac=1

从程序设计的角度说,凡是能够给出递归计算公式和递归结束条件的,均可以用递归来实现,在递归过程中一般可用双向选择语句来实现:

```
If 递归结束条件 Then
    函数名=递归终止值 | Return(递归终止值)
Else
    函数名=递归计算公式 | Return(递归计算公式)
End if
```

【例 9-7】 用递归过程求两个整数 a,b 的最大公约数。

前面介绍了利用递推迭代实现欧几里得算法的过程,本例依然利用 $gcd(a,b)=gcd(b,a \ Mod \ b)$ 来编写递归过程如下:

```
Function gcd(ByVal p As Long, ByVal q As Long) As Long
    If p Mod q=0 Then
        gcd=q                                    '递归结束值
    Else
        gcd=gcd(q, p Mod q)                       '递归公式
    End If
End Function
Private Sub Button1_Click(sender As Object, e As EventArgs) Handles Button1.Click
    Dim m , a, b As Long
    a=TextBox1.text                              '使用文本框输入两整数 a,b
    b=TextBox2.text
    m=gcd(a, b)                                   '调用递归函数计算出最大公约数 m
    MsgBox("两个数的最大公约数是: "+Str(m))
End Sub
```

【例 9-8】 用递归过程求任意第 N 个斐波那契数。

前面已用迭代(递推)算法给出了斐波那契数列的求法,本例以 Function 过程的形式给出斐波那契数的递归算法,请读者比较掌握。

```
Function fib(ByVal n As Integer) As Integer
    If n <3 Then
        fib=1                                    '递归结束值
    Else
        fib=fib(n-2)+fib(n-1)                     '递归公式
    End If
End Function
```

注意:

(1) 设计一个正确的递归过程必须注意两个要素:递归公式和递归结束终值。

(2) 递归算法虽然设计简单,但时间复杂度和空间复杂度较大,所以对于一般问题尽量设计非递归算法实现,例如前面学习过的迭代算法。

9.5 查 找 算 法

要想在信息资源海洋中迅速地查找到有用的信息,就必须有好的查找算法和良好的数据资源环境的支持。本节介绍常用的顺序查找和二分查找算法。

9.5.1 顺序查找算法

对于命题"在一组数据中查找有或者没有其值等于给定数 X 的元素",最基本的方法就是将数据置入一个数组中,从数组的第一个元素开始,依次取出各个数组元素与 X 比较,一旦相等就说明数组中存在数 X,查找过程就可以结束;若直到取出数组的最后一个元素还没有发现和 X 相等的数,则说明数组中不存在数 X。这种在全部查找范围内逐一比较的查找方法称为顺序查找算法。

为了描述上的直观,数组 $A(N)$ 中仅使用下标 $1\sim N$ 的 N 个数据,元素 $A(0)$ 没有使用。本章其他算法相同。

顺序查找算法的思路:

(1) 将被查找的 N 个数存放到数组 A 中,将待查找的数存放到变量 X 中;

(2) 从数组的第 1 个元素开始,逐个与变量 X 进行比较,对于某个数组元素 $A(i)$,若 $A(i)=X$,表示查找成功,输出该元素的下标 i,并停止比较;若 $A(i)<>X$,则数组的下一个元素 $A(i+1)$ 继续与 X 进行比较……

(3) 若找遍了所有元素,没有一个元素 $A(i)=X$,表示在该组数中没找到数 X,输出"查找不成功"的信息。

若有 N 个元素的数组 A 已被赋值,顺序查找算法的流程图如图 9-3 所示。

实现该算法的程序段如下所示:

图 9-3 顺序查找算法流程图

```
...
X=Val(TextBox1.Text)                '从 TextBox1 控件读入要查找的数 X
For i=1 To N
    If (A(i)=x) Then                 '若某数组元素值和 X 值相同,退出循环
        Exit For
    End If
Next
If (i <=N) Then                     '依据退出循环时的查找位置判断查找结果
    MsgBox("找到了" & Str(X))
Else
```

```
    MsgBox("没找到" & Str(X))
End If
...
```

上述算法要在 N 个数中查找数 X,最快只需要比较 1 次,最慢要比较 N 次,则顺序查找算法的算法复杂度为 $(N+1)/2$,即平均比较次数为 $(N+1)/2$ 次。

【例 9-9】 设计程序,完整实现顺序查找算法。

设计分析:程序界面如图 9-4 所示,要查找的原始序列使用标签 Label 在窗体中显示,使用按钮"原始数组"的 Click 事件调用随机函数对一维数组赋值并在窗体中输出;用户在文本框 TextBox 中输入待查找的数 X 后,单击"顺序查找"按钮完成查找,用 MsgBox 输出查找结果信息。

图 9-4　顺序查找算法界面设计

程序代码如下:

```
Dim N, a() As Integer            '定义数组 a 和数组元素个数 N 为窗体级变量
Private Sub Button2_Click(sender As Object, e As EventArgs) Handles Button2.Click
    '"原始数组"按钮,用于随机生成原始数组,并在 Label 中输出
    Dim i As Integer
    Dim str1 As String
    str1=""
    N=15                         '用户自定义数组元素个数
    ReDim a(N)                   '根据 N 重定义数组上界
    Randomize()
    For i=1 To N
        a(i)=Int(Rnd() * 100)
        str1=str1+Str(a(i))+" "
    Next
    Label3.Text=str1
End Sub
Private Sub Button1_Click(sender As Object, e As EventArgs) Handles Button1.Click
    '"顺序查找"按钮,用顺序查找算法实现
    Dim x, i As Integer
    x=Val(TextBox1.Text)         '从 TextBox1 控件读入要查找的数 X
    For i=1 To N
        If (a(i)=x) Then         '若某数组元素值和 X 值相同,退出循环
            Exit For
```

```
            End If
        Next
        If (i <=N) Then              '依据退出循环时的查找位置判断查找结果
            MsgBox("在第" & Str(i) & " 个元素的位置找到了" & Str(x))
        Else
            MsgBox("没有找到" & Str(x))
        End If
    End Sub
```

在本例中,数组元素个数 N 和原始数组 a 采用窗体级变量定义,其作用域包含本窗体的所有过程。变量 N 可使程序更具有通用性,可通过修改对 N 的赋值,从而方便地修改数组 a 的大小。

程序运行后,单击"原始数组"按钮,生成随机数序列,界面如图 9-5 所示。

图 9-5　顺序查找算法执行界面

输入待查找的数 83 后,单击"顺序查找"按钮,执行顺序查找算法,弹出如图 9-6 所示的 MsgBox 消息框,返回查找结果。

图 9-6　顺序查找算法执行结果消息框

9.5.2　二分查找算法

顺序查找算法简单,且对原数据的排列次序无任何要求,但执行效率较低。大家可能玩过这样一个游戏:如何在最短的时间内猜出一件不超过 1000 元的商品的价格? 最聪明的办法就是每次猜中间值,然后根据"猜高了"或"猜低了"再调整范围,重新猜中间值。这就是二分查找算法的思想。

若数据为有序排列(按从小到大的次序存放,或按从大到小的次序存放),则采用二分查找算法显然能提高查找效率。二分查找算法的思路如下。

(1) 数组 $A(N)$ 已假设存放从小到大排列的 N 个数,待查找的数存放于变量 X 中;

（2）初次查找区间为$[1,N]$，令$L=1,H=N$（L和H分别为待查找区间的下界和上界），则区间中点$M=(L+H)/2$。

（3）若查找区间$[L,H]$存在，即$L<=H$，则向下执行步骤4；否则说明所有区间已查找完毕，没有找到X，输出查找失败。

（4）若$A(M)=X$，则查找成功，输出M点位置，结束查找；若$A(M)>X$，说明X可能存在于前半区间，则修改区间上界，令$H=M-1$，即当前实际查找区间为$[1,M-1]$；若$A(M)<X$，说明X可能存在于后半区间，则修改区间下界，令$L=M+1$，即当前实际查找区间为$[M+1,H]$；再次求得新的区间中点$M=(L+H)/2$。继续执行步骤3。

二分查找算法的流程图如图9-7所示。

图9-7　二分查找算法流程图

二分查找算法因为每一轮查找的区间减半，所以其算法复杂度为$\log(N)$，大大优于顺序查找算法，但注意其前提是数列已有序。

经过流程图分析，参照例9-4的界面设计，二分查找算法的完整例程序如下：

```
Dim N, a() As Integer
Private Sub Button2_Click(sender As Object, e As EventArgs) Handles Button2.Click
    '生成原数据序列的事件过程
    Dim i As Integer
    Dim str1 As String
```

```
        str1=""
        N=16
        ReDim a(N)
        Randomize()
        For i=1 To N
            a(i)=Int(Rnd() * 10)+i * 10   '生成有序数列
            str1=str1+Str(a(i))+" "
        Next
        Label3.Text=str1
End Sub
Private Sub Button1_Click(sender As Object, e As EventArgs) Handles Button1.Click
    ' "二分查找"按钮的事件过程
        Dim L, H, M, X, K As Integer          '定义相关变量
        L=1
        H=N
        K=1                                   '设定变量K的值表示查找状态,1表示还没有找到
        X=Val(TextBox1.Text)                  '读入要查找的整数X
        While (L<=H) And (K=1)                '由于比较次数为未知,用当型循环控制查找过程
            M=(L+H) / 2                       '计算查找区间的中点位置
            If A(M)=X Then                    '若存在X的值,设置结束循环的条件K值非1
                K=0
            Else
                If A(M)>X Then                '否则依据比较结果修改下次的查找区间
                    H=M-1
                Else
                    L=M+1
                End If
            End If
        End While
            '退出循环后,要依据退出循环的条件(L>H 或 K<>1)判断是否找到了X
        If (K=1) Then
            'K=1成立,意味着上面循环是由L>H而退出的,即查找不成功
            MsgBox("没有找到" & Str(x))
        Else
            MsgBox("在第" & Str(i) & "个元素的位置找到了" & Str(x))
        End If
End Sub
```

应当提请注意的是,在本例中用变量 K 的不同取值 0 和 1 来表示查找的状态,即先为变量 K 赋值 1,表示"尚未找到数 X",一旦找到了数 X,则把 K 赋值为 0。把这类表示某种程序运行状态的变量称为标志变量。合理使用标志变量控制程序的执行流程,是常用的编程技巧之一,当然读者也可以使用 Boolean 型变量来作为查找标志。

若数组为从大到小的顺序,请读者自行修改程序。

9.6 排序算法

排序算法能实现把数据按指定要求的顺序进行排列。排序算法在执行时间和存储空间上对程序的执行有影响,因此选择高效合理的排序算法是编程者应该注意的。本节介绍选择排序、冒泡排序和插入排序等几种经典的排序算法。

9.6.1 选择排序算法

选择排序算法是基于顺序查找算法的一种排序算法,用两个数的比较和交换来实现排序。

以从小到大排序为例,其基本思路是,先将第一个位置的数据确定,即通过第一个数和后面的所有数据比较,若后面的数据小于第一个数,则进行交换,一趟比较后将最小数交换到了第一个位置;再用此方法逐步确定第二个数、第三个数,直到第 $N-1$ 个数;则整个数列即排成了从小到大的序列。

例如,对给定的 5 个数:25 56 23 48 12,按从小到大的排序要求,排序过程如下。

第 1 趟比较,确定第 1 个位置的数。即 $A(1)$ 依次与 $A(2)$ 到 $A(N)$ 依次比较交换,待比较的数据以下划线标识,其比较交换的过程如下:

	25	56	23	48	12
25<56,不交换	**25**	56	<u>23</u>	48	12
25>23,交换	**23**	56	25	<u>48</u>	12
23<48,不交换	**23**	56	25	48	<u>12</u>
23>12,交换	**12**	56	25	48	23

本趟比较完后,$A(1)$ 即被确定为 12。

第 2 趟比较,确定第 2 个位置的数。即 $A(2)$ 依次与 $A(3)$ 到 $A(N)$ 依次比较交换,其比较交换的过程如下:

	12	**56**	25	48	23
56>25,交换	12	**25**	56	<u>48</u>	23
25<48,不交换	12	**25**	56	48	<u>23</u>
25>23,交换	12	**23**	56	48	25

本趟比较完后,$A(2)$ 即被确定为 23。

第 3 趟比较,确定第 3 个位置的数。即 $A(3)$ 依次与 $A(4)$ 到 $A(N)$ 依次比较交换,其比较交换的过程如下:

	12	23	**56**	48	25
56>48,交换	12	23	**48**	56	<u>25</u>
48>25,交换	12	23	**25**	56	48

本趟比较完后,$A(3)$ 即被确定为 25。

第 4 趟比较,确定第 4 个位置的数。即 $A(4)$ 与 $A(N)$ 比较交换,其比较交换的过程如下：

		12	23	25	**56**	48
56>48,交换		12	23	25	**48**	56

至此,整个序列从小到大排序完成。

总结上述关于选择排序算法的描述,若要按从小到大的次序对给定的 N 个数排序,假定数组 A 已经定义并赋值,选择排序算法的流程图如图 9-8 所示。

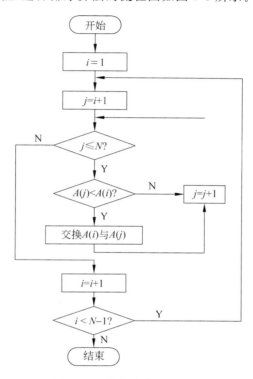

图 9-8　选择排序算法流程图

实现选择排序算法的程序段如下：

```
...
For i=1 To N-1            '外层循环控制查找第 i 个最小数并放置到 i 位置
    For j=i+1 To N        '内层循环控制第 i 个最小数的查找过程
        If A(i)>A(j) Then '若第 j 个数比第 i 个数小,则交换它们的位置
            t=A(i)        '交换 A(i) 和 A(j)
            A(i)=A(j)
            A(j)=t
        End If
    Next
Next
...
```

在该程序执行时,有两个值得注意的问题：

（1）一趟比较过程中，有可能要作多次交换。

（2）即使数组 A 中的数据在给定时就已经符合了排序要求，但内循环体的比较操作仍然要执行 $N(N-1)/2$ 次。

为了克服这两个问题，提高运行效率，提出两种解决方案：其一是改善本算法，其二是设计新的排序算法。首先看改进本算法的简单分析。

若在程序中增加一个变量 P，用于在一趟比较过程中仅记录最小数的位置，在一趟比较完成后再判别 P 的值确定是否作交换操作，就可以减少交换操作，提高程序运行效率。

假定数组 A 和变量 i、j、P 等均已经定义并赋值，实现改进后的算法的程序段如下：

```
...
    For i=1 To N-1              '外层循环控制查找第 i 个最小数并放置它到 i 位置
        P=i                     '一趟比较前,假定第 i 个数是最小数,并记下其位置
        For j=i+1 To N          '内层循环控制第 i 个最小数的查找过程
            If A(P)>A(j) Then   '若第 j 个数比第 i 个数小则记下新的位置号
                P=j
            End If
        Next
        If P <>i Then           '一趟比较完成后,判定比较前的假定是否正确
                                '若 P<>i,即最小数不是第 i 个数,则执行交换操作
            t=A(i)
            A(i)=A(P)
            A(P)=t
        End If
    Next
...
```

【例 9-10】 编写程序，实现选择排序算法。

分析：程序界面设计如图 9-9 所示，"生成原始数组"按钮用于生成原始随机数组 a，并在 Label3 中显示输出，其代码同例 9-8，这里不再赘述。选择排序算法使用通用过程 xz_sort 实现，"选择法排序"按钮实现调用通用过程，并将排序后数组在 Label4 输出的操作。

图 9-9   选择排序算法界面设计

xz_sort 过程代码如下：

```
Sub xz_sort()
    Dim i, t As Integer
    For i=1 To N-1              '外层循环控制查找第 i 个最小数并放置到 i 位置
```

```
        For j=i+1 To N          '内层循环控制第 i 个最小数的查找过程
            If a(i)>a(j) Then    '若第 j 个数比第 i 个数小,则交换它们的位置
                t=a(i)           '交换 a(i)和 a(j)
                a(i)=a(j)
                a(j)=t
            End If
        Next
    Next
End Sub
```

"选择排序算法"按钮代码如下:

```
Private Sub Button1_Click(sender As Object, e As EventArgs) Handles Button1.Click
    Dim i As Integer
    Dim str2 As String
    xz_sort ()                   '调用选择排序算法
    str2=""
    For i=1 To N
        str2=str2+Str(a(i))+" "
    Next
    Label4.Text=str2
End Sub
```

程序运行后,效果如图 9-10 所示,对原随机数组成功实现了排序。

图 9-10　选择排序算法运行结果

若要使用改进后的选择排序算法,则仅修改通用过程 xz_sort 即可。

上述的算法说明和程序举例都是以"从小到大"为条件的,请读者参照写出实现"从大到小"排序的算法描述和程序段(注意算法中比较"条件"的描述)。

9.6.2　冒泡排序算法

冒泡排序算法是一种形象的称呼,说明在排序过程中数据将依据值的大小向两端移动,就像水中的气泡向水面移动时一样,大的水泡所受浮力较大,可快速移向水面。冒泡排序过程可描述如下。

(1) 从第 1 个数开始到第 N 个数,依次比较相邻的两个数,即将第 i 个数和第 $i+1$ 个数比较,若不符合所要求的大小次序,就交换它们的位置。称此为一趟比较。

(2) 第 1 趟比较后,第 N 个数就被确定了。从小到大排序时,最大的数一趟比较将被

交换到 $A(N)$ 的位置;从大到小排序时,最小的数一趟比较将被交换到 $A(N)$ 的位置。若将排序趟数记录为 J,则第 J 趟比较的范围为 $1\sim N-J$。

(3) 若 $J=N-1$,则已进行 $N-1$ 趟比较,排序完成。

例如,按从小到大的排序要求,排序如下给定的 5 个数:

$$25 \quad 56 \quad 23 \quad 48 \quad 12$$

第 1 趟比较:

	25	56	23	48	12
25<56,不交换	25	**56**	23	48	12
56>23,交换	25	23	**56**	48	12
56>48,交换	25	23	48	**56**	12
56>12,交换	25	23	48	12	56

本趟比较完后,最大的数 56 最先移到自己的位置,下一趟的比较范围缩小 1。

第 2 趟比较:

	25	23	48	12	*56*
25>23,交换	23	**25**	48	12	*56*
25<48,不交换	23	25	**48**	12	*56*
48>12,交换	23	25	12	**48**	*56*

本趟比较完后,次大的数 48 也移到了自己的位置。

第 3 趟比较:

	23	25	12	*48*	*56*
23<25,不交换	23	**25**	12	*48*	*56*
25>12,交换	23	12	**25**	*48*	*56*

第 3 趟比较后,第 3 大数 25 移到了自己的位置。

第 4 趟比较:

	23	12	*25*	*48*	*56*
23>12,交换	12	**23**	*25*	*48*	*56*

至此排序操作完成。

$$12 \quad 23 \quad 25 \quad 48 \quad 56$$

假定数组 A 和变量 i、J、N 等均已经定义,有 N 个元素的数组 A 已被赋值,实现从小到大排序的冒泡排序算法的流程图如图 9-11 所示。

冒泡排序算法的通用过程如下所示:

```
Sub bubbling_sort()                   '冒泡排序算法
    Dim i, J, t As Integer
    For J=1 To N-1
        For i=1 To N-J
            If a(i)>a(i+1) Then
                t=a(i)
```

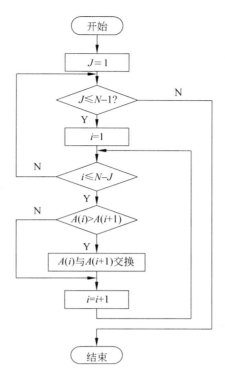

图 9-11　冒泡排序算法流程图

```
            a(i)=a(i+1)
            a(i+1)=t
        End If
    Next
  Next
End Sub
```

请读者在例 9-3 的程序中替换 xz_sort(),调用 bubbling_sort()过程,即可实现完整的冒泡排序。

在冒泡算法中,每趟比较把一个大数放到适当的位置,所以 N 个数要 N-1 趟比较才能完成排序操作。实际上有一些序列在 N-1 趟比较前已完成排序。为了改进算法,可引入交换变量 P,用以记录在本趟比较中有无交换发生,有交换发生则进入下一趟比较,若本趟比较中已无交换发生,则说明数列已全部按序排放,排序结束。改进后的冒泡排序算法如下:

```
Sub bubbling1_sort()                    '改进的冒泡排序算法
    Dim i, J, t, P As Integer
    P=1                                 '交换标志,初始为 1,保证进入循环
    J=1
    While (P=1) And (J <=N-1)
        '上次有交换发生,并且没有比较完毕,则进入下一趟比较;
        '若上一趟无交换发生,即 P=0,则不再进行下一趟比较
```

```
        P=0                          '每趟比较之初,先假设本趟无交换发生
        For i=1 To N-J
            If a(i)>a(i+1) Then
                t=a(i)
                a(i)=a(i+1)
                a(i+1)=t
                P=1                   '有交换发生时,置标志 P 为 1
            End If
        Next
    End While
End Sub
```

9.6.3　插入排序算法

若数组 A 中 T 个数据已为有序存放,实现存入第 $T+1$ 个数后数组中的数据仍符合原排列次序要求的算法称为插入算法。仍以从小到大排序为例,插入算法可描述如下:

(1) 读入数 X。

(2) 若 X 值不是结束标志(因要实现连续插入数据并排序,所以必须约定一个结束标志,比如当 X 输入为"99999"时,表示输入完毕),且 T 值小于数组下标取值的上界 M,则继续执行步骤(3),否则转步骤(6)。

(3) 将 X 和已有的数逐个进行比较,查找应插入存放数 X 的位置 K。

(4) 将位置 K 腾空出来,即把从位置 K 到位置 T 间所存放的数据依次后移一位。

(5) 将 X 放到位置 K,记录数组中有效数据个数的计数变量 T 增值。

(6) 为观察插入运算结果,输出插入 X 后的数组内容。

假定数组 A 和变量 i、M、T 等均已经定义,数组 A 和变量 M、T 已有赋值,插入一个数据 X 的程序段如下:

```
    …
    X=InputBox("Please Input X:")
    If (X<>99999) And (T<M) Then
        '这里假设 X 取值 99999 为停机标志
        For i=T-1 To 0 Step-
            '从已有数据的尾部开始查找插入位置
            If X<A(i) Then
                A(i+1)=A(i)           '边查找,边进行数据的移位操作
            Else
                Exit For              '找到了插入位置,则结束循环
            End If
        Next i
        A(i+1)=X                      '将 X 存入找到的插入位置 i+1 上
        T=T+1                         '数组有效数据个数计数器 T+1
    End If
    …
```

212

在该程序中,由于采用了从已有数据的尾部开始查找插入位置,所以找位置的比较操作 $X < A(i)$ 和空位置的移位操作 $A(i+1) = A(i)$ 可以共用一个循环结构,简化了程序书写,提高了程序效率,但读起来稍难了一点。

上面程序段列举的是向一个已经有序的序列再插入一个数据 X,使整个序列依然保持有序的插入算法。现实生活中还经常用到边输入数据,同时就需要插入排序,比如在运动会上,每一个运动员的成绩一出来就需要知道他目前的排名。这时,可以采用从第一个数据开始,边输入边插入排序,可以先将第一名运动员的成绩当成一个有序序列(只有一个元素,固然有序),从第二名运动员开始循环使用插入排序,直到输入完毕为止。

【例 9-11】 输入若干个数据,实现边输入边排序(数据输入以 99999 作为结束标志)。

设计程序界面如图 9-12 所示,数据输入用 InputBox 函数,窗体界面上只需设置一个 TextBox 用来显示最终排序后的数据。

图 9-12　插入排序界面设计

程序运行时,单击"插入排序"按钮(Button1),将循环调用 InputBox 函数来输入数据,直至输入"99999"为止。用 Do 循环实现边输入边进行插入排序操作,全部输入完毕后,将排序后的序列在文本框 TextBox1 中输出。"插入排序"事件代码如下:

```
Private Sub Button1_Click(sender As Object, e As EventArgs) Handles Button1.Click
    Dim a(100), X, i, T, M As Integer
    Dim s As String
    s=""                        '字符串用以排序后的数据序列输出
    T=0                         'T为数组中有效数据个数
    M=100                       'M为数组上界,程序中限定有效元素个数 T 不能超过数组上界
    X=InputBox("Please Input X:")
        '输入第一个元素,以此为原始数组开始插入排序
    Do While (X <>99999) And (T <M)
        '用循环实现连续输入,同时插入排序
        T=T+1                   '数组有效数据个数计数器 T 加 1
        For i=T-1 To 1 Step-
            '从已有数据的尾部开始查找插入位置
            If X <a(i) Then
                a(i+1)=a(i)     '边查找,边进行数据的移位操作
            Else
                Exit For        '找到了插入位置,则结束循环
            End If
        Next i
```

```
            a(i+1)=X              '将 X 存入找到的插入位置 i+1 上.
            X=InputBox("Please Input X:")      '继续输入下一个数据
        Loop
        If T>=M Then
            MsgBox("已达到数组上界!")
        Else
            MsgBox("数据输入完毕,插入排序完成!")
        End If
        For i=1 To T
            s=s+Str(a(i))+" "
        Next
        TextBox1.Text=s
    End Sub
```

习 题 9

1. 简述算法的概念、算法的特性、算法的评估要件。

2. 编程统计 1000 之内的所有完数。完数是符合以下特征的数:除了它本身之外的各个因子之和等于其自身,例如 $6=1+2+3$,6 就是完数。

3. 编写程序,查找符合如下条件的两位数对:两个两位数的和等于它们各自交换十位和个位后产生的另两个两位数的和,例如 $10+12=1+21$、$12+32=21+23$。问这样的两位数有多少对,分别输出来。

4. 编写程序,计算并输出 15000~16000 之间的素数之和 S 与其中最小的素数。

5. 用迭代算法编写程序,计算并输出下面数列前 n 项的和(设 $n=20$,结果取 4 位小数)。

数列为:$2/1,3/2,5/3,8/5,13/8,21/13,\cdots$

6. 编写程序,计算并输出下面级数当 n 等于某整数值时的部分和的值 D(设 $n=20$,$x=1.0$)。(其中^表示幂运算)(保留 5 位小数):

$$e^{-x}=1-x/1!+x^2/2!-x^3/3!+\cdots+(-1)^n\times x^n/n!+\cdots$$

7. 分别用迭代和递归算法求解猴子吃桃问题:小猴在一天摘了若干个桃子,当天吃掉一半多一个;第二天接着吃了剩下桃子的一半多一个;以后每天都吃尚存桃子的一半多一个,到第 8 天早上要吃时只剩下一个了。问小猴最初摘了多少个桃子?

8. 分别用迭代和递归算法编写程序求解下面问题:一球从 100m 高度自由落下,每次落地后反跳回原高度的一半,再落下。求它在第 8 次落地时,共经过多少米?第 8 次反弹多高?

9. 编写完整程序,分别模拟实现顺序查找、二分查找、选择排序、改进的选择排序、冒泡排序、改进的冒泡排序、插入排序等算法。

第 10 章　文　　件

文件是程序设计中一个重要的概念。它是指存储在外部介质上的数据的集合,例如用 Word 或 Excel 编辑制作的一个文档或表格就是一个文件,把它存放到磁盘上就是一个磁盘文件,输出到打印机上就是一个打印机文件。通常情况下,计算机处理的大量数据都是以文件的形式存放在外部介质(如磁盘)上,操作系统也是以文件为单位对数据进行管理的。如果想访问存放在外部介质上的数据,必须先按文件名找到所指定的文件,然后再从该文件中读取数据。要向外部介质存储数据也必须先建立一个文件(以文件名标识),才能向它输出数据。

Visual Basic.NET 具有非常强的文件处理能力,它除了提供传统的文件访问方式外,还增加了一个新功能——System.IO 对象模型。System.IO 对象模型提供了一个基于对象的工具来处理文件和文件夹,它包含的选项比操作文件、文件夹以及系统对象所需要的还要多。System.IO 对象模型所能实现的主要功能如下。

(1) 使应用程序能够创建、改变、移动、重命名和删除文件及文件夹。

(2) 设置以及检索文件及文件夹的各种属性。检测是否存在指定的文件或文件夹,如果文件或文件夹存在,能指出该文件或文件夹在哪里,能使程序开发者获取关于文件或文件夹的信息,诸如名称、创建日期或最近修改日期等。

(3) 读写以及添加字符串、二进制文件以及文本文件。

(4) 读写以及添加网络流。

(5) 观察文件系统的修改。

(6) 在结构化存储器中读、写以及添加数据和文件。

这些功能都通过 System.IO 对象模型中有效的抽象类来实现。

鉴于本书的读者对象,本章将主要介绍 Visual Basic.NET 中,使用传统文件访问方式对于文件的操作。关于使用 System.IO 对象模型的方法,请读者参阅其他文献。

10.1　文件结构和文件分类

10.1.1　文件结构

为了有效地存取数据,数据必须以某种特定的方式存放,这种特定的方式称为文件结构。Visual Basic.NET 的数据文件由记录组成,记录由字段组成,字段由字符组成。

1. 字符

字符(Character)是构成文件的最基本元素。字符可以是数字、字母、特殊符号或单一字节,这里所说的"字符"一般为西文字符,一个西文字符用一个字节存放。如果为汉字字符,包括汉字和"全角"字符,通常用两个字节存放。一般把用一个字节存放的西文字符称为"半角"字符,把汉字和用两个字节存放的字符称为"全角"字符。

注意,Visual Basic.NET 支持双字节字符,当计算字符串长度时,一个西文字符和一个汉字都作为一个字符计数,但它们所占的内存空间不同。例如,字符串"VB 程序设计"的长度为 6,所占的字节数为 10。

2. 字段

字段(Field)也称为域,由若干个字符组成,用来表示一项数据。

例如,姓名"李明"是一个字段,由 2 个汉字组成;学号"200201001"也是一个字段,它由 9 个字符组成。

3. 记录

记录(Record)由一组相互关联的字段组成,是计算机处理数据的基本单位。

例如,在成绩单中,每一个同学的学号、姓名及各科成绩构成一条记录,表 10-1 所示是李明同学的成绩信息,它是成绩单文件中的一条记录。

表 10-1　记录

学号	姓名	高数	英语	物理	计算机	哲学	体育
200201001	李明	92	78	81	90	85	80

4. 文件

文件(File)是记录的集合。就是通常所说的一个文件。

例如,在成绩单文件中,有 200 个同学的成绩信息,每个同学的成绩信息是一条记录,200 个记录构成一个文件。

10.1.2　文件分类

根据不同的标准,文件可分为不同的类型。

1. 根据数据性质,可分为程序文件和数据文件

(1) 程序文件(Program File)。这种文件存放的是计算机可以执行的程序,包括源文件和可执行文件。

(2) 数据文件(Data File)。数据文件用来存放普通的数据。例如学生考试成绩、商品库存、职工工资等,它可以是供程序处理的输入数据,也可以是程序处理后的输出数据。

2. 根据数据的存取方式和结构,可分为顺序文件和随机文件

(1) 顺序文件(Sequential File)。顺序文件的结构比较简单,文件中的记录一条接一条地存放。顺序访问模式是专门用来处理文本文件的。文本文件中的每一行字符串就是一条记录,每一条记录可长可短,并且记录与记录之间是以"换行"字符为分隔符号。在这种文件中,要查找某个数据时,只能从文件头开始,一条记录一条记录地顺序读取,直至找到要查找的记录为止。

顺序文件的组织比较简单,只要把数据记录一个接一个地写到文件中即可。但其维护困难,为了修改文件中的某个记录,必须把整个文件读入内存,从第一条记录开始逐条读出记录,直到要修改的位置,修改后再重新写入磁盘。

顺序文件的主要优点是占用空间少,主要缺点是不能灵活地存取和增减数据,因而适用于有一定规律且不经常修改的数据。

(2) 随机存取文件(Random Access File)。又称直接存取文件,简称随机文件或直接文件。随机文件中,每个记录的长度是固定的,记录中每个字段的长度也是固定的。此外,随机文件的每个记录都有一个记录号。在写入数据时,只要指定记录号,就可以把数据直接存入指定位置。而在读取数据时,只要给出记录号,就能直接读取该记录。在随机文件中,可以同时进行读、写操作,因而能快速直接地查找和修改每个记录。

随机文件的优点是数据的存取较为灵活、速度快、更新容易、操作方便,不足之处在于占用空间较大,数据组织较复杂。

3. 根据数据的编码方式,可以分为 ASCII 文件和二进制文件

(1) ASCII 文件。又称为文本文件,它以 ASCII 方式保存文件。这种文件可以用字处理软件(例如记事本或写字板程序)建立和修改(必须按纯文本文件保存)。

(2) 二进制文件(Binary File)。二进制文件是最原始的文件类型,它直接以二进制码保存文件,没有什么格式。二进制文件的存取是以字节数来定位数据,允许程序按所需的任何方式组织和访问数据,也允许对文件中各字节数据进行存取访问和改变。二进制文件不能用普通的字处理软件编辑,占用空间较小。

下面将介绍 Visual Basic.NET 所提供的按数据的存取方式和结构进行文件访问的模式:顺序文件和随机文件访问模式。

10.2 顺序文件操作方法

顺序文件访问模式的规则最简单,读出时从第一条记录"顺序"读到最后一条记录,写入时也一样,不可以在数据间随意跳转(例如读完第一条后直接读第三条)。

将数据写入顺序文件,通常有三个步骤:打开、写入和关闭。从顺序文件读数据到内存具有相似的步骤:打开、读出和关闭,只是打开文件函数 FileOpen 中模式不同。

10.2.1 打开文件

在对文件进行操作之前,必须先打开文件,同时通知操作系统对文件是读操作还是写操作。打开文件函数 FileOpen 的格式如下:

```
FileOpen(文件号,文件说明,OpenMode.模式[,OpenAccess.存取方式,OPenShare.共享方式, _
记录长度])
```

(1) 文件号。文件号是一个整数。当打开一个文件并为它指定一个文件号后,该文件号就代表该文件,在其他输入、输出语句或函数中,均通过该文件号表示该文件,直到文件被关闭后,此文件号才可以再被其他文件使用。

(2) 文件说明。对于磁盘文件来说,文件说明就是文件所在位置的说明,一般用"盘符+路径+文件名"来描述。

(3) 打开模式,有以下 3 种形式。

① Output。打开一个文件,将从第一条记录开始对该文件进行写操作。

② Input。打开一个文件,将从第一条记录开始对该文件进行读操作。

③ Append。打开一个文件,将从该文件末尾开始追加记录。

(4) 存取方式。在多用户或多进程环境中使用,用来限制其他用户或其他进程在打开文件时执行的操作。有以下 4 种形式(默认值为 Shared)。

① Shared。任何计算机上的任何进程都可以对该文件进行读写操作。

② LockRead。不允许其他进程读该文件。

③ LockWrite。不允许其他进程写该文件。

④ LockReadWrite。不允许其他进程读写该文件。

下面是打开文件的例子:

```
FileOpen(1, "d:\vb\test\score.dat", OpenMode.Output)
```

在指定的路径 d:\vb\test\下,建立(或建立并打开)一个新的数据文件 score. dat 作为 1 号文件,下面可以使用写语句从该文件的第一条记录开始写数据。如果 d:\vb\test\下文件 score. dat 不存在,系统则在 d:\vb\test\下创建并打开该文件;如果该文件已经存在,则打开该文件并把原来的数据清空;任何计算机上的任何进程都可以读取或写入该文件。

```
FileOpen(3, "d:\vb\test\score.dat", OpenMode.Append, OpenShare.LockRead)
```

在指定的路径下,打开已存在的数据文件作为 3 号文件,将新写入的记录追加到原文件的后面,原来的数据记录依然存在;如果给定的文件名不存在,则建立一个新文件;其他进程无法读取该文件。

```
FileOpen(2, "score.dat", OpenMode.Input, OpenShare.LockRead)
```

在当前盘的当前文件夹(默认路径)下,打开已存在的文件 score. dat 作为 2 号文件,以便从文件中读出记录;其他进程无法读取该文件。注意,执行此语句前,一定要确保文件存在,否则运行时将出错,提示找不到该文件。

在复杂的应用程序设计中,打开文件较多时,可以利用 FreeFile 函数获得下一个可利用的文件号。特别是当在通用过程中使用文件时,用这个函数可以避免使用其他 Sub 或 Function 过程中正使用的文件号。利用该函数,可以把未使用的文件号赋给一个变量,用此变量作为文件号,不必知道具体的文件号是多少。

【例 10-1】 使用 FreeFile 函数。

```
Private Sub Button1_Click(sender As Object, e As EventArgs) Handles Button1.Click
    Dim filename As String
    Dim filenum As Integer
    filename=InputBox$ ("请输入要打开的文件名: ")
    filenum=FreeFile()
    FileOpen(filenum, filename, OpenMode.Output)
    MsgBox(filename+" opened as file #"+Str(filenum))
    FileClose(filenum)
End Sub
```

该过程把要打开的文件名赋给变量 Filename(从键盘输入),利用 FreeFile 函数获得一个可以使用的文件号,并把该文件号赋给变量 Filenum,它们都出现在 FileOpen 函数中。运行时,若在输入对话框中输入 test1. dat,单击"确定"按钮,程序将输出:

```
test1.dat opened as file #1
```

（5）记录长度。记录长度是一个小于或等于32767（字节）的数字。打开顺序文件时，在把记录写入磁盘或从磁盘读出记录之前，用"记录长度"指定要装入缓冲区的字符数，即确定缓冲区的大小。缓冲区越大，占用内存空间越多，文件的输入输出操作越快。反之，缓冲区越小，剩余的内存空间越大，文件的输入、输出操作越慢。

10.2.2　关闭文件

当结束各种读写操作以后，必须将文件关闭，否则会造成数据丢失等现象。因为实际上写操作都是将数据送到内存缓冲区，关闭文件时才将缓冲区中的数据全部写入磁盘文件。关闭文件所用的是 FileClose 函数，其格式如下：

```
FileClose([文件号][,文件号]…)
```

例如，FileClose(1, 2, 3) 命令是关闭 1 号、2 号、3 号文件。

说明：

（1）FileClose 函数用来关闭文件，它是在打开文件完成读/写之后必须进行的操作。关闭数据文件具有两方面的作用，第一，把文件缓冲区中的所有数据写到文件中；第二，释放与该文件相联系的文件号，以供其他 FileOpen 函数使用。

（2）FileClose 函数中的"文件号"是可选的。若指定了文件号，则把指定的文件关闭；如果未指定文件号，则把所有打开的文件全部关闭。

（3）除用 FileClose 函数关闭文件外，系统也会在程序结束时关闭所有打开的文件。

10.2.3　写操作

将数据写入磁盘文件使用的函数有 Print、PrintLine、Write 或 WriteLine。这 4 个函数的格式相同，其格式如下：

```
Print (文件号, [表达式表])
PrintLine (文件号, [表达式表])
Write (文件号, [表达式表])
WriteLine (文件号, [表达式表])
```

文件号是在 FileOpen 函数中所用的文件号，表达式表是要写入文件中的零个或多个用逗号分隔的表达式。其中可以包含 Spc(n) 函数，用于在输出中插入空格字符，其中 n 是要插入的空格字符数；也可以包含 Tab(n) 函数，用于将插入点定位在某一绝对列号上，其中 n 是列号，使用不带参数的 Tab 将插入点定位在下一打印区的起始位置。

关于这 4 个函数的区别，可以通过下面的两个例子说明。

【例 10-2】　利用 Print 和 PrintLine 函数写数据文件。

```
Private Sub Button1_Click(sender As Object, e As EventArgs) Handles Button1.Click
    FileOpen(1, "d:\file1.txt", OpenMode.Output)              '打开文件以供写操作
    PrintLine(1, "123456789012345678901234567890123456789") '输出列号位置
    PrintLine(1, "Zone 1", TAB(), "Zone 2", TAB(), "Zone 3")  '显示 3 个输出区的位置
    PrintLine(1, "a", "b", "c")                               '输出 3 个字符串
    PrintLine(1, "Hello", " ", "World")                       '输出 3 字符串,其中第 2 个是空格串
```

```
    PrintLine(1, "aaaaaaaaaaaaaaaaa", "b")                    '输出 2 字符串
    PrintLine(1, 1, -2, 3.5)                                  '输出 3 个整数
    Print(1, "This is a test.")                               '输出字符串
    PrintLine(1)                                              '换行
    PrintLine(1, SPC(5), "5 leading spaces ")                 '行首空 5 个空格
    PrintLine(1, TAB(10), "Hello")                            '在第 10 列写字符串
    Dim aBool As Boolean                                      '定义 Boolean 型数据
    aBool=False
    PrintLine(1, aBool, "is a Boolean value")
    FileClose(1)                                              '关闭文件
End Sub
```

该程序段运行后,如图 10-1 所示是用记事本程序打开所生成的文件 file1.txt 的内容。

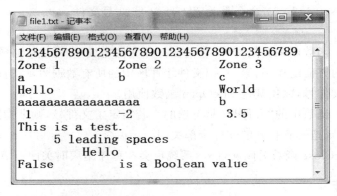

图 10-1　Print 与 PrintLine 写文件

说明:在输出文件中,数据是按照输出区的位置输出的。在此,每个输出区占 14 列,一个数据占一个输出区,左对齐,例如第 3 行和第 4 行。若一个数据太长,可占用一个以上的输出区,如第 5 行。正数在输出时前面加前导空格,如第 6 行。

【例 10-3】　利用 Write 和 WriteLine 函数写数据文件(把例 10-2 中的 Print 和 PrintLine 分别换成 Write 和 WriteLine)。

```
Private Sub Button1_Click(sender As Object, e As EventArgs) Handles Button1.Click
    FileOpen(1, "d:\file2.txt", OpenMode.Output)
    PrintLine(1, "12345678901234567890123456789")
    WriteLine(1, "Zone 1", TAB(), "Zone 2", TAB(), "Zone 3")
    WriteLine(1, "a", "b", "c")
    WriteLine(1, "Hello", " ", "World")
    WriteLine(1, "aaaaaaaaaaaaaaaaa", "b")
    WriteLine(1, 1, -2, 3.5)
    Write(1, "This is a test.")
    WriteLine(1)
    WriteLine(1, SPC(5), "5 leading spaces ")
    WriteLine(1, TAB(10), "Hello")
    Dim aBool As Boolean
```

```
        aBool=False
        WriteLine(1, aBool, "is a Boolean value")
        FileClose(1)
End Sub
```

该程序段运行后,如图10-2所示是用记事本程序打开所生成的文件file2.txt的内容。

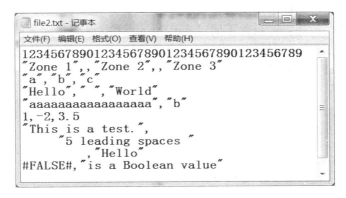

图 10-2　Write 与 WriteLine 写文件

从上面的两个例子中不难看出这 4 个函数的区别与联系。

(1) Print 和 Write 不换行;而 PrintLine 和 WriteLine 换行。

(2) 对于 PrintLine 和 WriteLine,如果省略输出项,则换行(把光标移到下一行的行首);对于 Print 和 Write,则没有输出。

(3) 当将字符串写入文件时,Write 函数自动在字符串两边加上引号,并在两输出项之间插入逗号;当写入数值时,也没有前导空格。Print 函数中每个输出项将以制表符边界为准对齐,且不加入任何标点符号。

(4) 对于 Boolean 数据,Print 函数写入 True 和 False,Write 函数写入 ♯TRUE♯ 和 ♯FALSE♯ 。

10.2.4　读操作

读顺序文件的操作常用以下 3 个函数。

(1) Input 函数。

格式:

```
Input(文件号,变量)
```

使用该函数从文件中读出一个数据,并将读出的数据赋给指定的变量。为了能够用 Input 函数将文件中的数据正确地读出,在数据写入文件时最好用 Write 函数,而不是 Print 函数,因为 Write 函数可以确保将各个数据项正确分开。

(2) LineInput 函数。

格式:

```
LineInput(文件号)
```

使用该函数可以从文件中读出一行数据,并将读出的数据赋给指定的字符串变量。读出的数据不包括回车换行符。

（3）InputString 函数。

格式：

```
InputString(文件号,n)
```

该函数返回从指定文件中读出的 n 个字符的字符串。也就是说，它可以从数据文件读取指定数目的字符。与 Input 函数不同，InputString 函数返回它读取的所有字符，包括逗号、回车符、换行符、引号和前导空格等。

【例 10-4】 用顺序访问模式创建一个学生数据文件（stulist.dat），并在窗体上输出其内容。

在窗体上创建两个按钮，Button1：输入学生信息并写入文件；Button2：读出文件内容并输出到窗体中。在代码设计器中添加程序代码如下：

```
Private Sub Button1_Click(sender As Object, e As EventArgs) Handles Button1.Click
    Dim stname, num, addr As String
    Dim age, n, i As Integer
    FileOpen(1, "d:\stulist.dat", OpenMode.Output)
    n=InputBox("请输入人数:")
    For i=1 To n
        stname=InputBox("请输入第"+Str(i)+"个人的姓名: ")
        num=InputBox("请输入第"+Str(i)+"个人的学号: ")
        age=InputBox("请输入第"+Str(i)+"个人的年龄: ")
        addr=InputBox("请输入第"+Str(i)+"个人的住址: ")
        WriteLine(1, stname, num, age, addr)
    Next i
    FileClose(1)
End Sub
Private Sub Button2_Click(sender As Object, e As EventArgs) Handles Button2.Click
    Dim student As String
    Dim n, i As Int16
    FileOpen(1, "d:\stulist.dat", OpenMode.Input)
    Debug.WriteLine("")
    Debug.WriteLine(" 姓名    学号  年龄  住址")
    While Not EOF(1)
        student=LineInput(1)
        Debug.WriteLine(student)
    End While
    Debug.WriteLine("")
    FileClose(1)
End Sub
```

上例中的 EOF 函数是测试文件是否到达结尾，其返回值为 True 或 False。使用 Debug 类的输出方法是将调试信息输出到输出窗口中显示。图 10-3 是运行时单击 Button 1 输入 3 个同学的情况，再单击 Button2 后输出窗口上的输出情况。

图 10-3　例 10-4 运行输出示例

【例 10-5】 编写程序,在文件中查找指定的字符串。

为了在文件中查找指定的字符串,先输入要查找的字符串 q,接着打开文件,用 Input(文件号,x)逐个读出文件中的字段到字符串变量 x,再用 InStr(母字符串,子字符串)函数来查找 q 是否包含于 x,函数返回值是子字符串在母字符串中出现的首字符位置,若子字符串不包含于母字符串中,则返回值为 0。

程序段如下(设要查找的文件为 d:\input.txt,且文件中已事先用字处理软件输入若干字符串):

```
Private Sub Button1_Click(sender As Object, e As EventArgs) Handles Button1.Click
    Dim q, x As String
    Dim y As Integer
    q= InputBox("请输入要查找的字符串:")
    FileOpen(1, "d:\input.txt", OpenMode.Input)
    y= 0
    While Not EOF(1) And y= 0
        Input(1, x)
        y= InStr(x, q)
    End While
    If y <> 0 Then
        MsgBox("找到" & q)
    Else
        MsgBox("未找到" & q)
    End If
    FileClose(1)
End Sub
```

10.2.5　几个重要的文件函数

(1) Loc 函数。

格式:

```
Loc(文件号)
```

Loc 函数返回由"文件号"指定的文件的当前读写位置。

对于顺序文件,Loc 函数返回的是从该文件被打开以来读或写的记录个数;对于随机文件,Loc 函数返回读或写的最后一个记录的记录号,即当前读写位置的上一个记录;对于二进制文件,Loc 函数返回读或写的最后一个字节的位置。

(2) LOF 函数。

格式:

LOF(文件号)

LOF 函数返回文件的大小(以字节为单位)。

(3) EOF 函数。

格式:

EOF(文件号)

EOF 函数用来测试文件的当前读写位置是否在文件的结尾,若在文件的结尾,返回 True,否则,返回 False。

利用 EOF 函数,可以避免在读文件时出现"超出文件尾"的错误。因此,它是一个很有用的函数。

EOF 函数常用在循环中测试是否已到文件尾,一般结构如下:

```
While Not EOF(1)
    '文件读写语句
End While
```

【例 10-6】 从顺序文件中依次读出 4 个字符,并输出。

```
Private Sub Button1_Click(sender As Object, e As EventArgs) Handles Button1.Click
    Dim FourChar As String
    FileOpen(1, "d:\file3.txt", OpenMode.Input)
    While Not EOF(1)
        FourChar=(InputString(1, 4))
        Debug.WriteLine(FouroChar)
    End While
    FileClose(1)
End Sub
```

假设文件 d:\file3.txt 中已有数据如图 10-4 所示。

图 10-4　例 10-6 的数据文件

则执行本程序段后,程序输出如图 10-5 所示。

图 10-5　例 10-6 的输出窗口

【例 10-7】　已知数据文件 ch1.dat 的每个记录是一个由字母组成的字符串,如:"absolute"。在此文件中查找从第 150 个记录到第 250 个记录间的最大的字符串,并向文件 t2.dat 输出查找结果和该字符串中的字符个数 n。

```
Private Sub Button1_Click(sender As Object, e As EventArgs) Handles Button1.Click
    Dim str1, str2 As String
    Dim i, n As Integer
    str1=" "
    i=0
    FileOpen(1, "d:\ch1.dat", OpenMode.Input)
    While Not EOF(1)
        Input(1, str2)
        i=i+1
        If (i>=150) And (i<=250) Then
            If str1<str2 Then
                str1=str2
            End If
        End If
    End While
    n=Len(str1)
    FileClose(1)
    Debug.WriteLine("最大的字符串: "+str1+"　其字符串个数: "+Str(n))
    FileOpen(2, "d:\t2.dat", OpenMode.Output)
    WriteLine(2, str1, n)
    FileClose(2)
End Sub
```

10.3　随机文件操作方法

在随机访问模式中,文件的存取是按记录进行操作的,每个记录都有记录号并且长度全部相同。那么无论是向磁盘文件写数据,或是从磁盘文件读数据,都需要事先定义内存空间;而内存空间的分配是靠变量说明来进行的,所以不管是读操作还是写操作都必须事先在程序中定义变量,变量要定义成随机文件中一条记录的类型,一条记录又是由多个数据项组成的,每个数据项有不同的类型和长度。因此在程序的变量说明部分采用用户自定义类型说明语句 Structure…End Structure,首先定义记录的结构类型,然后再将变量说明成该类型,这样就为这个变量申请了内存空间,用于存放随机文件中的记录。Structure 数据类型的说明已在第 5 章介绍过,这里不再重复。

10.3.1 随机文件的打开和关闭

打开文件仍然使用 FileOpen 函数。

格式:

FileOpen(文件号,文件说明,OpenMode.模式 [,OpenAccess. Random,OPenShare.共享方式,记录长度])

说明:

(1) 格式中的 Random 表示文件以随机存取模式打开,其他部分的意义与顺序文件的打开语句中的相同。

(2)"记录长度"指明文件中每条记录的长度,即记录中各字段长度之和,它与程序首部定义的结构类型变量的长度相同。

关闭文件仍然使用 FileClose 函数。

10.3.2 随机文件的读写

打开随机文件后,就可以进行读写操作。随机文件可以同时进行写入与读出操作,而顺序文件用 Input 方式打开的文件只能进行读操作,读操作结束并关闭文件后才能用 Output 或 Append 方式重新打开进行写操作。

随机文件的写操作使用 FilePut 函数,其格式如下:

FilePut(文件号,变量名,[记录号])

说明:

(1) FilePut 函数是将一个记录变量的内容写入所打开的磁盘文件中指定的记录位置处。

(2)"记录号"用于指定写入的记录位置。省略"记录号",表示写到下一个记录处,即最近执行过的 FileGet 或 FilePut 函数所指明的记录后。省略"记录号"时,逗号不能省略。

随机文件的读操作使用 FileGet 函数,其格式如下:

FileGet(文件号,变量名,[记录号])

FileGet 函数是从所打开的磁盘文件中将指定的一条记录的内容读入记录变量中。使用方法同 FilePut 函数。

【例 10-8】 用随机访问模式创建一个学生数据文件(stulist2.dat),并在窗体上输出其内容。

在窗体上创建两个按钮,Button1:输入学生信息并写入文件;Button2:读出文件内容,并输出到窗体中。在代码设计器中添加程序代码如下:

```
    Structure stu                                    '定义一个结构类型
        Dim name As String
        Dim num As String
        Dim age As Integer
        Dim addr As String
    End Structure
    Private Sub Button1_Click(sender As Object, e As EventArgs) Handles Button1.Click
        Dim stud() As stu
        Dim n, i As Int16
        FileOpen(1, "d:\stulist2.dat", OpenMode.Random)
        n=InputBox("Enter number of student:")
        ReDim stud(n)
        For i=0 To n-1
            stud(i).name=InputBox$ ("Enter Name:")
            stud(i).num=InputBox$ ("Enter Number:")
            stud(i).age=InputBox$ ("Enter Age:")
            stud(i).addr=InputBox$ ("Enter Address:")
            FilePut(1, stud(i), i+1)
        Next i
        FileClose(1)
    End Sub

    Private Sub Button2_Click(sender As Object, e As EventArgs) Handles Button2.Click
        Dim stud As stu
        Dim n, i As Int16
        FileOpen(1, "d:\stulist2.dat", OpenMode.Random)
        Debug.WriteLine("")
        Debug.WriteLine("姓名      学号          年龄          住址")
        i=1
        While Not EOF(1)
            FileGet(1, stud)
            Debug.Write(stud.name & "   ")
            Debug.Write(stud.num & "          ")
            Debug.Write(stud.age & "          ")
            Debug.Write(stud.addr)
            i=i+1
            Debug.WriteLine("")
        End While
        Debug.WriteLine("")
        FileClose(1)
    End Sub
```

运行时,单击 Button 1 输入 4 个同学的情况,再单击 Button 2 后输出窗口上的输出情况如图 10-6 所示。

图 10-6　例 10-8 输出示例

10.4　文件操作举例

下面以顺序访问模式为例，说明文件操作在程序设计中的应用。

【例 10-9】　在文本文件 testf1.txt 中，从第一个数开始，每 4 个数为一组，第一个数为商场代号，其余 3 个数代表三类商品的营业额（万元）。编写程序，计算并向文件 t3.dat 输出所有商场第一类商品的总营业额 sum 和平均营业额 aver。

思路提示：在本程序中，读出数据时，应以每读出 4 个数据为一组，取出其中的第二个数据（即第一类商品的营业额）来计算平均值。程序清单如下：

```
Private Sub Button1_Click(sender As Object, e As EventArgs) Handles Button1.Click
    Dim b, c, d, sum, aver As Single
    Dim a, n As Integer
    n=0 : sum=0
    FileOpen(1, "D:\testf1.txt", OpenMode.Input)    '打开源数据文件
    FileOpen(2, "D:\t3.dat", OpenMode.Output)       '打开目标数据文件
    '用到 EOF()函数,当文件没达到结尾时,每次读出 4 个数据,循环执行
    While Not EOF(1)
        Input(1, a)                                 '读出商场代号,赋予变量 a
        Input(1, b)                                 '读出第一类商品营业额,赋予变量 b
        Input(1, c)                                 '读出第二类商品营业额,赋予变量 c
        Input(1, d)                                 '读出第三类商品营业额,赋予变量 d
        sum=sum+b                                   '第一类商品营业额累加求和
        n=n+1                                       '用于计数商场个数
    End While
    aver=sum / n                                    '求出第一类商品平均营业额
    MsgBox("总营业额为: "+Str(sum)+Chr(10)+"平均营业额为: "+Str(aver))
    Write(2, sum, aver)                             '写数据到 2 号文件
    FileClose(1, 2)                                 '关闭 1,2 号文件
End Sub
```

【例 10-10】　已知在正文文件 ch1.dat 中，每个记录的数据是有一个由字母组成的字符个数不多于 40 个的字符串，如："absolute"。统计在该文件中只有 10 个字符的字符串的个

数 n1 和字符串的最后一个字符是 f 的字符串的个数 n2，并将统计结果存入文本文件 t4.dat 中。

本例中要用到以下两个字符串操作函数：

（1）Len( )函数。

格式：

Len(字符串)

返回一个整型数值，是该字符串的长度。

（2）Mid( )函数。

格式：

Mid(字符串,m,n)

返回该字符串中从第 m 个字符位置开始的 n 个字符的字符串。

程序清单如下：

```
Private Sub Button1_Click(sender As Object, e As EventArgs) Handles Button1.Click
    Dim str1, str2 As String
    Dim n1, n2, i As Integer
    n1=0
    n2=0
    FileOpen(1, " D:\ch1.dat", OpenMode.Input)
    While Not EOF(1)                            '当文件没达到结尾时,重复以下操作
        Input(1, str1)                          '读出一个数据赋予字符型变量 str1
        i=Len(str1)                             '求出 str1 的长度
        '若 str1 不是空串时,再进行是否满足题意的判断,否则回到循环开始
        If (i<>0) Then
            If (i=10) Then
                n1=n1+1
            End If
            str2=Mid$ (str1, i, 1)              '求出最后一个字符
            If (str2="f") Then
                n2=n2+1
            End If
        End If
    End While
    FileClose(1)
    MsgBox("在该文件中只有 4 个字符的字符串的个数 n1="+Str(n1))
    MsgBox("字符串的最后一个字符是 f 的字符串的个数 n2="+Str(n2))
    FileOpen(2, " D:\t4.dat", OpenMode.Output)
    WriteLine(2, n1)
    WriteLine(2, n2)
    FileClose(2)
End Sub
```

【例 10-11】 已知在数据文件 t1.txt 中，每个记录（即每行）只有一个实数，试把该文件

中从第 100 个数开始（包括第 100 个数）的 225 个数顺序按行读入到一个 15×15 的二维数组中，计算并向文件 t5.dat 中输出数组中右上三角形元素值〔含主对角线元素值〕之和 S 与该数组每列和数中的最大值 mx。

　　思路提示：根据顺序文件的特点，要读出第 100 个数，必须先读出前 99 个数。因此程序中先使用一个 For 循环执行 99 次读数据操作，尽管读出的数据没有参与任何运算，但这是要读出第 100 个数必不可少的前提，是必需的。

```
Dim a(14, 14), s_col(14) As Double
  Dim i, j, n As Integer
  Dim s, mx, t As Double
  Dim str1 As String
  n=0
  FileOpen(1, "D:\t1.txt", OpenMode.Input)
  For i=1 To 99
      Input(1, t)
  Next
  For i=0 To 14
      For j=0 To 14
          Input(1, a(i, j))
      Next j
  Next i
  FileClose(1)
  s=0
  For i=0 To 14
      For j=0 To 14
          If (i <=j) Then
              s=s+a(i, j)
          End If
      Next
  Next
  MsgBox("数组中右上三角形元素值〔含主对角线元素值〕之和 S="+Str(s))
  str1=""
  For i=0 To 14
      s_col(i)=0
      For j=0 To 14
          s_col(i)=s_col(i)+a(j, i)
      Next
      str1=str1+CStr(s_col(i))+Chr(13)+Chr(10)
  Next
  mx=s_col(0)
  For i=0 To 14
      If (mx <s_col(i)) Then
          mx=s_col(i)
      End If
  Next
```

```
        MsgBox("每列和的值分别是：" + vbCrLf + str1 + vbCrLf + "最大值 MX=" + Str(mx))
        FileOpen(2, "D:\t5.dat", OpenMode.Output)
        WriteLine(2, s)
        WriteLine(2, mx)
        FileClose(2)
    End Sub
```

本例中使用 For 循环读数据是建立在数据文件不会到达文件结尾的基础上，即事先知道文件中的数据量大于要读出的数据量，否则要使用 While 循环和 Eof() 函数来保证读操作不会超出文件结尾。

【例 10-12】 编写程序，从数据文件 data1.dat 中读出数据，对数据进行排序，然后写入另一个数据文件 data2.dat。

为了显示运行情况，设计窗体界面如图 10-7 所示。

图 10-7　例 10-12 的窗体设计

窗体上设计 3 个按钮控件：Button1、Button2 和 Button3，其 Text 属性分别为"读文件"、"排序"和"写文件"，添加 2 个文本框控件：Textbox1 和 Textbox2，其 Multiline 属性均设置为 True，即多行显示输出文本。

图 10-8　例 10-12 的数据源文件

数据文件 data1.dat 假设已用记事本输入完毕，且内容如图 10-8 所示，其中第一个数据表示数据个数，后面是要处理的数据。

有关排序算法，在前面章节中已学过多种，本例采用冒泡排序算法。由于要对读入的多个数据进行排序，所以定义一个窗体级整型可变数组 arr_data()，用于读入数据，并进行排序，并且定义一个整型变量 n，用以存储要处理的数据个数。这两个变量应该在窗体模块中定义。

程序代码如下：

```
Dim arr_data() As Integer                    '在窗体模块中定义可变数组
Dim n As Integer


Private Sub Button1_Click(sender As Object, e As EventArgs) Handles Button1.Click
    Dim i As Integer
    Dim str1 As String
    str1=""
    FileOpen(1, "d:\file\data1.dat", OpenMode.Input)
    Input(1, n)                              '读出第一个数据，即数据个数，赋给窗体级变量 n
    ReDim arr_data(n-1)                      '重定义可变数组上限为 n-1
    For i=0 To n-1                           '逐个读出数据到数组元素中
        Input(1, arr_data(i))
        str1=str1+Str(arr_data(i))+" "
        If (i+1) Mod 10=0 Then str1=str1+Chr(13)+Chr(10)
                                             '将数组元素连接为 10 个一行的字符串

    Next
    TextBox1.Text=str1                       '将原始数据在 TextBox1 中输出
    FileClose(1)
End Sub


Private Sub Button2_Click(sender As Object, e As EventArgs) Handles Button2.Click
    Dim i, j, temp, p As Integer
    Dim str2 As String
    str2=""
    p=1                                      '冒泡排序
    While p=1
        p=0
        For i=0 To n-2
            If arr_data(i) >arr_data(i+1) Then
                temp=arr_data(i)
                arr_data(i)=arr_data(i+1)
                arr_data(i+1)=temp
                p=1
            End If
        Next
    End While
    For i=0 To n-1
        str2=str2+Str(arr_data(i))+" "
        If (i+1) Mod 10=0 Then str2=str2+Chr(13)+Chr(10)
    Next
    TextBox2.Text=str2                       '将排序后数据在 TextBox2 中输出
End Sub
```

```
Private Sub Button3_Click(sender As Object, e As EventArgs) Handles Button3.Click
    Dim i As Integer
    FileOpen(2, "d:\file\data2.dat", OpenMode.Output)
    For i=0 To n -1                          '将排序后数据逐个写入 2 号文件
        If (i+1) Mod 5 >0 Then               '每行 5 个数据
            Write(2, arr_data(i))
        Else
            WriteLine(2, arr_data(i))
        End If
    Next
    FileClose(2)
    MsgBox("排序后的数据已以每行 5 列的形式写入 data2.dat 文件!")
End Sub
```

程序运行后,窗体上的输出情况如图 10-9 所示。

图 10-9　例 10-12 的窗体输出

单击"写文件"按钮后,弹出如图 10-10 所示提示框。

图 10-10　例 10-2 提示消息

所写入的数据在 data2. dat 文件中以每行 5 列的形式存储,如图 10-11 所示。

图 10-11　例 10-12 的输出文件

习　题　10

1. System. IO 模型有哪几方面的应用？

2. 按照访问模式，可以把文件分为哪几类？各有什么特点？

3. 写顺序文件的 4 个函数 Print、PrintLine、Write 和 WriteLine 分别有什么区别和联系？

4. 读顺序文件的 3 个函数 Input、LineInput 和 InputString 有什么不同？

5. 已知在顺序数据文件 da1. dat 中，每个记录有两项数据组成：第一项为一个整数表示学生的学号，第二项为一个实数表示学生的成绩，试计算并向文件 t2. dat 输出全部学生的平均成绩 V 与 90 分以上（含 90 分）的学生人数 N。

提示：数据文件 da1. dat 要自己事先创建。

6. 已知在顺序数据文件 da1. dat 中，每个记录有两项数据组成：第一项为一个整数表示学生的学号，第二项为一个实数表示学生的成绩，编程将该文件中 50 个学生的学号与成绩分别赋给整型数组 num 和实型数组 grade，计算并输出第 11～20 名学生的平均成绩。

7. 计算 90°～180°之间每间隔 5°（含边界）的正弦值，并将它们写到文件 sinout. txt 中；然后从该文件中读出这些数据显示在屏幕上。（提示：弧度＝角度×π/180）

第 11 章　Windows 高级界面设计

界面是人机交互的重要环节,是应用程序的重要组成部分。编写应用程序就是首先设计一个美观、简单、易用的界面。然后编写各控件的事件过程。

前几章介绍了常用的控件,如 Label、TextBox 和 Button 等。还介绍了 InputBox 函数和 MsgBox 函数。用前几章所讲述的控件可以设计一些简单的应用程序界面。但在有些情况下,这样的控件可能无法满足实际需要。为此 Visual Basic.NET 语序用户根据需要在窗体上设计菜单栏、状态栏和比较复杂的对话框。此外单一的窗体往往不能满足较复杂应用程序的需要。需要使用多重窗体来实现;利用文档界面,在一个包容式窗体中可以包含多个窗体等。这些都极大地丰富了应用程序的界面。这一章主要讨论 Windows 高级界面设计。

11.1　界面设计的原则

Visual Basic.NET 的出现,更加简化了 Windows 程序界面的设计工作,只需要极少量的代码,就能实现标准 Windows 应用程序的界面。但是,如果不了解 Windows 程序界面设计的原则,或者不熟悉 Visual Basic.NET 下界面编程的技巧,就难以设计和实现既符合一般标准又具有特色的界面。界面设计具有一般性的原则:

1. 界面简单

一个很容易操作的界面,可以吸引用户。而且在没有帮助的情况下,用户可以快速掌握应用程序的功能。也达到了方便用户的目的。

2. 界面一致性

界面要具有一致性。一致性原则在界面设计中最容易被违反,同时也最容易修改和避免。例如,窗体图标的一致性、控件样式选择的一致性、色彩搭配的一致性,以及程序中不同窗口样式的一致性,在菜单和联机帮助中必须使用相同的术语;对话框必须具有相同的风格等。

3. 颜色、字体、图标

在界面设计上使用颜色可以美化界面,增强视觉感染力,但是在选择颜色时应尽量采用一些柔和的、中性保守的颜色。避免强烈的色彩给用户产生视觉压力。

图标也可以曾强应用程序的视觉效果,形象的表达程序的功能。在使用图标时,应该参考其他应用程序的使用习惯。避免使用上的混乱。另外,在界面设计中,应尽量使用简单的 16 色深度的图像,以提高应用程序的兼容性。

4. 快捷键

常用操作要有快捷键。常用操作的使用频度大,应该减少操作繁复。例如,为文件的常用操作如打开、存盘、另存等设置快捷键。使常用操作具有捷径,不仅会提高用户的工作效率,还使得界面在功能实现上简洁和高效。

5. 提供反馈

提供信息反馈。对操作人员的重要操作要有信息反馈。还应该提供简单的错误提示信息。系统要有错误处理的功能。在出现错误时，系统应该能检测出错误，并且提供简单和容易理解的错误处理的功能。错误出现后系统的状态不发生变化，或者系统要提供错误恢复的指导。

11.2 "菜单和工具栏"控件组设计

绝大多数应用程序界面都提供了菜单栏、工具栏和状态栏。这些工具使得见面简洁大方，使用方便，而且提供相应的应用程序信息，如图 11-1 所示。在图 11-1 中可以看到，该工具共有 9 大菜单。以"插入"菜单为例，菜单中包含菜单项、分隔线、快捷键和级联菜单。在菜单栏下方就是有一组图标组成的工具栏。在图 11-1 的最下方一行是状态栏，提供了一些文档的信息。

图 11-1　Visual Basic.NET 2013 菜单栏

在 Visual Basic.NET 2013 工具箱中，将该类控件作为一组列出，这组控件主要包括指针、ContextMenuStrip、MenuStrip、StatusStrip、ToolStrip 和 ToolStripContainer 6 个控件，如图 11-2 所示。

11.2.1　菜单栏设计

菜单有两个基本作用，一是提供人机对话的界面，以便让用户选择应用程序的各种功能；二是管理应用程序，控制各种功能模块的运行。菜单设计的优良，可以使界面简洁美观，

图 11-2　菜单和工具栏控件组

能使用户使用方便,并且可避免由于误操作带来的严重后果。

菜单栏的设计原则如下。

（1）要选用广而浅的菜单树,而不是窄而深的菜单树。

（2）根据菜单选项的含义进行分组;并且按一定的规则排序。菜单选项的标题要力求简短、含义明确,并且最好以关键词开始。

在 Visual Basic.NET 2013 中菜单控件主要有 MenuStrip 控件和 ContextMenuStrip 控件。MenuStrip 控件支持多文档界面（MDI）、菜单合并、工具提示和溢出。可以通过添加访问键、快捷键、选中标记、图像和分隔条,增强菜单的可用性和可读性。

1. MenuStrip 控件

MenuStrip 表示窗体的菜单结构,用来设计下拉式菜单。MenuStrip 控件的常用属性如表 11-1 所示。

表 11-1　MenuStrip 主要属性

属　　性	作　　用
Name	标识属性,指示代码中用来引用该控件的名称
Enabled	指示是否启用该控件,默认属性为 True
Items	在 ToolStrip 上的项的集合。该属性是一个集合编辑器,可通过其添加菜单项 MenuItem

（1）设计菜单项 MenuItem。新建一个项目。在窗体上添加一个 MenuStrip 控件。如

图 11-3 所示。MenuStrip 控件不会在窗体上显示,而是显示在窗体设计区域下面的一个独立面板上。在窗体上显示的是可视化菜单设计器。菜单设计器是窗体菜单栏上带阴影的长条形区域。在该区域上有文字:"请在此键入",将鼠标移至该处,单击出现的下拉箭头,出现如图 11-4 所示添加选项。

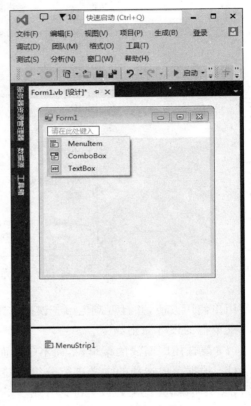

图 11-3　添加 MenuStrip 控件　　　　　　　　图 11-4　添加选项

在图 11-4 所示的添加选项中,可以在菜单中添加菜单项 MenuItem,组合框 ComboBox 和文本框 TextBox。默认选项为 MenuStrip。还可以通过右击,从弹出的如图 11-5 所示的快捷菜单中选择"插入"命令,可以看到除了可以添加上述三种控件外,还可以添加分隔条 Separator,分隔条可以将菜单项进行分隔。

单击"请在此处键入"文本框即可添加菜单项(MenuItem),如图 11-6 所示。

以上是在可视化编辑器中设置菜单项(MenuItem)。还可以通过 MenuStrip 控件的 Items 属性来添加菜单项(MenuItem)。打开 Items 属性的集合编辑器,弹出如图 11-7 所示窗口。

在 Visual Basic.NET 2013 中,允许在菜单项中添加子菜单。最多可达 5 级,每个菜单项都可以响应用户的处理。

(2) MenuItem 主要属性。MenuItem 的主要属性如表 11-2 所示。

图 11-5　快捷菜单

图 11-6　添加菜单项

图 11-7　Items 项集合编辑器

表 11-2　MenuItem 的主要属性

属　　性	作　　用
Name	标识属性,指示代码中用来引用该控件的名称
Text	显示的文本
Checked	指示控件是否处于选中状态
Enabled	指示是否启用该控件,默认属性为 True
ShortcutKeys	与菜单项关联的快捷键
ShowShortcutKeys	指示是否在该项上显示关联的快捷键
Image	在菜单项上显示图像
DropDownItems	用于添加该菜单项(menuItem)的子菜单(ToolStripItem)

（3）给 MenuItem 添加快捷键（ShortCutKeys）。

方法 1：利用 ShortCutKeys 属性。选中需要添加快捷键的某个菜单项。然后在属性栏中选择 ShortCutKeys 属性,在弹出的对话框中选择"修饰符"和"键",如图 11-8 所示。

方法 2：在菜单项的 Text 属性中对快捷键加上"&"符号。如果要使图 11-6 中所示"文件（F）"菜单关联快捷键（Alt＋F）,则将该菜单项的 Text 属性改为"文件（&F）即可。"

（4）事件。菜单创建完成后,只有为他们添加了事件过程,菜单命令才会发生作用。菜单项的唯一事件就是 Click 事件。双击任意一个菜单项,即可进入该菜单项的 Click 事件的编写过程中。

2. ContextMenuStrip 控件

ContextMenuStrip 控件,用来设计右键快捷菜单。一个窗体只有一个 MenuStrip 控件,但可以有多个 ContextMenuStrip 控件。

ContextMenuStrip 控件的属性、方法和事件过程的设置与 MenuStrip 控件的完全相同。在这里不做重复介绍。

特别注意的是,若要使程序运行后在某一控件上右击时,能够弹出快捷菜单,需要将这一控件的

图 11-8　ShortCutKeys 属性设置

ContextMenuStrip 属性设置为需要关联的 ContextMenuStrip 控件。

【例 11-1】　记事本——菜单设计。

（1）新建一个项目,在窗体上添加一个 MenuStrip 控件,添加菜单项如图 11-9 和图 11-10 所示。

（2）在窗体上添加一个 RichTextBox 控件,调整其大小已适应窗体的大小。

图 11-9　文件菜单

图 11-10　编辑菜单

（3）对各个菜单项的属性进行修改，如表 11-3 所示。

表 11-3　菜单项属性设置

菜单项	属性	属性值	菜单项	属性	属性值
文件	Name	FileMenu	字体	Name	EditFont
	Text	文件(&F)		ShortcutKeys	Ctrl+F
新建	Name	FileNew	撤销	Name	Editz
	ShortcutKeys	Ctrl+N		ShortcutKeys	Ctrl+Z
打开	Name	FileOpen	剪切	Name	Editcut
	ShortcutKeys	Ctrl+N		ShortcutKeys	Ctrl+X
保存	Name	FileSave	复制	Name	Editcopy
	ShortcutKeys	Ctrl+S		ShortcutKeys	Ctrl+C
颜色	Name	FileColor	粘贴	Name	Editpaste
	ShortcutKeys	Ctrl+P		ShortcutKeys	Ctrl+V
退出	Name	Filequit	删除	Name	Editdel
	Text	退出(&Q)		ShortcutKeys	Ctrl+D
编辑	Name	EditMenu	全选	Name	Editall
	Text	编辑(&E)		ShortcutKeys	Ctrl+A

更改 Name 属性较为烦琐，但是为了后续代码编写的简便，这里做了以上更改。属性值设置完成后，界面如图 11-11 和图 11-12 所示。

（4）在窗体上添加一个 ContextMenuStrip 控件。设置如图 11-13 的右键弹出菜单。

（5）编写部分菜单项的程序代码。代码如下：

```
Private Sub filequit_Click(sender As object, e As EventArgs) Handles filequit.Click
    Me.Close()                          '"退出"菜单项功能：结束程序运行
End Sub
```

图 11-11　修改后的文件菜单

图 11-12　修改后的编辑菜单

图 11-13　设置右键弹出菜单

```
Private Sub editZ_Click(sender As object, e As EventArgs) Handles editZ.Click
    RichTextBox1.Undo()            '"撤销"菜单项功能：撤销上一步操作
End Sub
Private Sub editcut_Click(sender As object, e As EventArgs) Handles editcut.Click
    RichTextBox1.Cut()            '"剪切"菜单项功能：剪切选中的文本
End Sub
Private Sub editcopy_Click(sender As object, e As EventArgs) Handles editcopy.Click
    RichTextBox1.Copy()            '"复制"菜单项功能：复制选中的文本
End Sub
Private Sub editpaste_Click(sender As object, e As EventArgs) Handles _
editpaste.Click
    RichTextBox1.Paste()            '"粘贴"菜单项功能：粘贴选中的文本
End Sub
Private Sub editdel_Click(sender As object, e As EventArgs) Handles editdel.Click
    RichTextBox1.SelectedText=""    '"删除"菜单项功能：删除选中文本
End Sub
Private Sub editall_Click(sender As object, e As EventArgs) Handles editall.Click
    RichTextBox1.SelectAll()            '"全选"菜单项功能：选中所有文本
End Sub
```

（6）编写 ContextMenuStrip1 各个菜单项 Click 事件的代码。这里不再叙述。

（7）将 RichTextBox1 的 ContextMenuStrip 属性设为 ContextMenuStrip1。

11.2.2　工具栏设计

在应用程序中，通常会将常用的选项以图标的形式放在工具栏里，省去在多级菜单中查找命令的烦琐，方便用户操作程序。如图 11-14 所示 Visual Basic.NET 2013 工具栏。

图 11-14　Visual Basic.NET 2013 工具栏

在 Visual Basic.NET 2013 中工具栏控件就是 Toolstrip 控件。Toolstrip 控件功能强大、使用方便。Toolstrip 控件是一个控件容器，它包含了 ToolStripButton 按钮控件、ToolStripLabel 标签控件、ToolStripButton 下拉按钮控件、ToolStripComboBox 组合框控件、ToolStripProgress 进度条控件、ToolStripTextBox 文本框控件和 ToolStripSplit 分隔线控件等。这些子控件都是 ToolStrip 控件的 Items 属性中的成员。

（1）ToolStrip 控件常用属性。ToolStrip 控件常用属性如表 11-4 所示。

表 11-4　ToolStrip 的主要属性

属　　　性	作　　　用
Name	指示代码中引用该控件的名称
Items	设置工具栏上子控件的集合
ContextMenuStrip	设置工具栏所关联的右键弹出菜单
TextDirection	设置文本的显示方向

（2）添加子控件。在窗体上添加一个 ToolStrip 控件。单击其右侧的下拉按钮，就可以选择要在工具栏上添加的子控件，如图 11-15 所示。

图 11-15　工具栏控件菜单

也可以利用 ToolStrip 控件的 Items 属性添加子控件，如图 11-16 所示。

（3）事件。ToolStrip 控件的常用事件是 ItemClick 事件。单击 ToolStrip 控件时，触发

图 11-16　ToolStrip 控件 Items 项集合编辑器

ToolStrip 的 ItemClick 事件。若是单击 ToolStrip 中子控件,则会触发子控件的相应事件。例如,单击 ToolStrip 上的按钮时,将触发按钮的 Click 事件。

11.2.3　状态栏设计

状态栏控件(StatusStrip),用于显示应用程序的信息和状态。一般位于窗体的底部。Word 状态栏如图 11-17 所示。

图 11-17　Word 状态栏

图 11-18　StatusStrip 控件子控件

StatusStrip 控件和 ToolStrip 控件一样,也是由一些子控件组成的容器。在窗体上添加了 StatusStrip 控件后,单击下拉按钮,可以选择子控件,如图 11-18 所示。也可以通过 Items 属性的项集合编辑器添加。

状态栏的主要作用是显示信息,所以一般不对其事件过程进行代码编写。通常是在其他控件的事件过程中改变 StatusStrip 控件的 Text 属性。

【例 11-2】　记事本——工具栏设计。

(1) 在例 11-1 的基础上添加一个 ToolStrip 控件。在其上添加 7 个 ToolStripButton 子控件。分别对应"打开"、"保存"、"复制"、"粘贴"、"剪切"、"撤销"和"删除"7 个菜单项。为这 7 个 ToolStripButton 子控件的 Image 属性添加图像,如图 11-19 所示。也可以给相应的菜单项添加图标。

(2) 编写 ToolStripButton 的 click 事件代码。

以工具栏上的"复制"按钮为例。"复制"按钮是 ToolStripButton3,对应的是菜单中的

图 11-19　工具栏图标

"复制"功能。所以其 Click 事件代码如下：

```
Private Sub ToolStripButton3_Click(sender As object, e As EventArgs) Handles
    ToolStripButton3.Click
    editcopy_Click(sender,e)                    '调用了 editcopy_Click 事件过程
End Sub
```

调用事件过程使得减少了代码编写量，而且程序容易被理解。其他事件代码省略。

（3）在窗体上添加状态栏 StatusStrip。添加两个 StatusLabel 子控件，StatusLabel Text 属性改为"就绪"。StatusLabel2 的 Text 属性改为日期。

（4）编写 Form1_Load 事件过程。

在 Form1 的 Load 事件中将 StatusLabel2 的 text 属性值更改为当前日期和时间，如图 11-20 所示。代码如下：

```
Private Sub Form1_Load(sender As object, e As EventArgs) Handles MyBase.Load
    ToolStripStatusLabel3.Text=Now
End Sub
```

图 11-20　状态栏信息

通过例 11-1 和例 11-2 已将记事本的功能完成了一部分。在菜单项中，"打开"、"保存"、"字体"和"颜色"的功能还未实现，要实现上述 4 种功能，需要借助于对话框控件，下一节就是介绍常用对话框。

11.3 常用对话框设计

对话框是 Windows 应用程序中常见的一种要素,应用程序可以通过对话框向用户提供信息或接收用户输入的信息。对话框在人机交互中起着非常重要的作用。在 Visual Basic.NET 工具箱中,对话框自成一组,如图 11-21 所示。其中包括"颜色"对话框(ColorDialog)、"浏览"对话框(FolderBrowserDialog)、"字体"对话框(FontDialog)、"打开"对话框(OpenFileDialog)和"另存为"对话框(SaveFileDialog)。

图 11-21 工具箱中的对话框控件

11.3.1 "打开"对话框(OpenFileDialog)控件

OpenFileDialog 控件主要用来弹出 Windows 标准的"打开"对话框,如图 11-22 所示。

1. OpenFileDialog 控件的常用属性

(1) FileName。该属性的功能是在对话框中选定或输入包括完整路径在内的文件名。当用户在对话框中选定文件后,该属性就立即得到了路径和文件名。该属性的值是字符串类型。

(2) Title。该属性用来获取或设置对话框标题。

(3) Filter。该属性用来获取或设置当前对话框中的文件筛选器。该属性值决定了"文件类型"列表中出现的选择内容。该属性的值是字符串类型。对于每个

图 11-22 "打开"对话框

筛选选项,筛选器字符串都包含筛选器说明。分隔符(|)和筛选器模式。例如:

"文本文件(＊.txt)|＊.txt|所有文件(＊.＊)"

"图像文件(＊.BMP;＊.gif;＊.Jpg)|＊.BMP;＊.gif;＊.Jpg|所有文件(＊.＊)|＊.＊"

（4）InitialDirectory。该属性用来设置文件对话框显示的初始目录，默认为空字符串。

（5）MultiSelect。该属性用来设置是否可以在对话框中选中多个文件。默认值为 False。

（6）FilterIndex。该属性为对话框中文件筛选器的索引。第一项的索引为1。

2. OpenFileDialog 控件的方法

OpenFileDialog 控件的常用方法为 ShowDialog()方法。调用该方法后，将会出现 OpenFileDialog 对话框。如果用户在进行完对话框设置后单击"确定"按钮，则返回值为 DialogResult.OK；否则返回值为 DialogResult.Cancel。

其他对话框也都具有 ShowDialog()方法，以后不再重复介绍。

11.3.2　另存为对话框(SaveFileDialogue)控件

SaveFileDialog 控件主要用来弹出 Windows 标准的"另存为"对话框，如图 11-23 所示。该对话框的属性和方法与 OpenFileDialog 基本一致。不再重复介绍。

图 11-23　"另存为"对话框

注意：OpenFileDialog 和 SaveFileDialog 只返回要打开的文件名，并没有真正提供打开或保存文件的功能。这些功能的实现需要编写程序代码。

11.3.3　"颜色"对话框(ColorDialogue)控件

ColorDialogue 控件主要用来弹出 Windows 标准的"颜色"对话框，如图 11-24 所示。颜色对话框不仅提供了 48 种基本颜色，而且还允许用户自定义颜色，自定义颜色种类众多。

ColorDialog 控件的主要属性如下。

（1）Color 属性。Color 属性用于记录用户选择的颜色。

（2）FullOpen 属性，用于控制弹出颜色对话框时是否显示自定义颜色部分，默认值为 False。

（3）AllowsFullOpen 属性，用于设置是否启用自定义颜色按钮，默认值为 True。点击自定义颜色按钮后颜色对话框完全展开，如图 11-25 所示。

图 11-24　"颜色"对话框　　　　　　图 11-25　颜色对话框完全展开

（4）AnyColor 属性，指示对话框是否显示基本颜色集中的所有可能颜色。默认值为 False。

11.3.4　"字体"对话框（FontDialogue）控件

FontDialogue 控件主要用来弹出 Windows 标准的"字体"对话框，如图 11-26 所示。

图 11-26　"字体"对话框

FontDialog 控件的主要属性如下。

（1）Font 属性。Font 属性用于记录用户选择的字体信息。

（2）ShowColor 属性。用于控制是否在字体对话框中显示"颜色"选项。默认值为 False。

（3）ShowEffects 属性。用于控制用于控制是否在字体对话框中显示"效果"选项。默认值为 True。

【例 11-3】　对话框设计：记事本。

（1）在例 11-2 的基础上在窗体上添加 1 个 OpenFileDialog 控件、1 个 SaveFileDialog

控件、1 个 Color 控件和 1 个 Font 控件。

（2）对"打开"Fileopen 菜单项进行编程。双击该菜单项，进入 Fileopen_Click 事件代码编写中。

程序代码如下：

```
Dim Fname as String                          '定义一个全局变量,存放文件名
Private Sub fileopen_Click(sender As object, e As EventArgs) Handles fileopen.Click
    OpenFileDialog1.Filter="文本文件(*.txt)|*.txt|RTF文件(*.rtf)|*.rtf"
                                             '设置筛选器,允许打开.txt和.rtf两种文件
    OpenFileDialog1.FilterIndex=1            '设置当前筛选器
    OpenFileDialog1.ShowDialog()            '弹出对话框
    Fname=OpenFileDialog1.FileName          '获取文件名
    If Fname <>"" Then                       '如果文件名不为空,则进行打开文件操作
        If (OpenFileDialog1.FilterIndex=1) Then   '判断打开文件的类型
            RichTextBox1.LoadFile(Fname, RichTextBoxStreamType.PlainText)
        Else
            RichTextBox1.LoadFile(Fname, RichTextBoxStreamType.RichText)
        End If
    End If
End Sub
```

（3）对"保存"FileSave 菜单项进行编程。双击该菜单项，进入 FileSave_Click 事件代码编写中。

程序代码如下：

```
Private Sub fileSave_Click(sender As object, e As EventArgs) Handles fileopen.Click
    SaveFileDialog1.Filter="文本文件(*.txt)|*.txt|RTF文件(*.rtf)|*.rtf"
                                             '设置筛选器,允许打开.txt和.rtf两种文件
    SaveFileDialog1.FilterIndex=1            '设置当前筛选器
    SaveFileDialog1.ShowDialog()            '弹出对话框
    Fname=SaveFileDialog1.FileName          '获取文件名
    If Fname <>"" Then                       '如果文件名不为空,则进行保存文件操作
        If (SaveFileDialog1.FilterIndex=1) Then   '判断保存文件的类型
            RichTextBox1. SaveFile(Fname, RichTextBoxStreamType.PlainText)
        Else
            RichTextBox1. SaveFile(Fname, RichTextBoxStreamType.RichText)
        End If
    End If
End Sub
```

（4）对"颜色"FileColor 菜单项进行编程。双击该菜单项，进入 FileColor_Click 事件代码编写中。

程序代码如下：

```
Private Sub fileprint_Click(sender As object, e As EventArgs) Handles _
    fileprint.Click
```

```
        ColorDialog1.ShowDialog()                    '打开颜色对话框
        RichTextBox1.SelectionColor=ColorDialog1.Color
                                                 '选中文字颜色为颜色对话框中设置的颜色
    End Sub
```

（5）对"字体"EditFont 菜单项进行编程。双击该菜单项，进入 EditFont_Click 事件代码编写中。

程序代码如下：

```
Private Sub editfort_Click(sender As object, e As EventArgs) Handles editfort.Click
        FontDialog1.ShowDialog()                    '打开字体对话框
        RichTextBox1.SelectionFont=FontDialog1.Font'   '选中文字字体为字体对话框中设置
    End Sub
```

（6）对工具栏中的按钮和快捷菜单中的菜单补充代码，完成关联操作。（参照例 11-2 中第 2 步操作）

11.4   MDI 窗体

MDI(Multiple Document Interface)也称为多文档界面。目前大多数应用程序都采用了 MDI 界面。例如 Microsoft Office 中的 Excel、Adobe Photoshop 等都采用了 MDI 界面。它由一个"父窗体"和多个"子窗体"组成。

11.4.1   MDI 的相关概念

多文档界面允许用户在单个容器中产生多个文档，这个容器既是父窗体。父窗体一般用于做应用程序的主窗口，为所有的子窗体提供操作空间。子窗体被限制在父窗体区域内。父窗体有标题栏和工具栏。

11.4.2   MDI 的属性、方法和事件

1. 属性

（1）IsMdiContainer 属性：设定本窗体是否为 MDI 父窗体。属性值为 Boolean 类型。默认值为 False。

（2）MdiParent 属性：指定本窗体的父窗体。Mdi 属性不能在属性窗口中设置，只能程序中动态设置。格式为：

窗体名称.MdiParent=父窗体名称

例如：在一个项目中有两个窗体，Form1 和 Form2。要将 Form1 指定为 Form2 的父窗体。语句如下：

```
Dim F2 as New Form2()
F2.MdiParent=Me
```

（3）IsMdiChild 属性：该属性用于判断一个窗体是否为 MDI 子窗体。在程序运行过程中可以读取该属性的属性值，但属性值不能被改变。是一个只读属性。

（4）ActiveMdiChild 属性：该属性用于获取当前的活动 MDI 子窗体。可以用它确定应用程序中是否有打开的 MDI 子窗体。如果当前没有活动的子窗体，则返回空引用（Nothing）。

2. 方法

窗体的方法 LayoutMdi 可以用来在 MDI 窗体中，按照不同的方式排列其中的 MDI 子窗体或图标，其枚举值如表 11-5 所示。

表 11-5　MdiLayout 枚举值

枚 举 值	说 明
ArrangIcons	当 Mdi 子窗体被最小化为图标后，会使图标在父窗体底部重新排列
Cascade	子窗体排列方式为"层叠"
TileHorizontal	子窗体排列方式为"水平平铺"
TileVertical	子窗体排列方式为"垂直平铺"

3. 事件

MDI 父窗体的事件是 MdiChildActivate 事件，当激活或关闭一个 MDI 子窗体时将发生该事件。

【例 11-4】　图片浏览器。图片浏览器的功能是可以打开 Jpg、Gif 和 Bmp 3 种格式的图片，当打开多个图片时，可以按照 3 种方式浏览所有的图片："层叠"、"水平平铺"和"垂直平铺"。

（1）Visual Basic.NET 中新建一个 Windows 应用程序。

（2）将窗体 Form1 的 Text 属性值改为"图片浏览器"。将 IsMdiContainer 属性值改为 True。此时 Form1 就被设置为了父窗体。

（3）在窗体上添加一个 MenuStrip 控件，制作菜单如图 11-27 所示。菜单的制作过程请参考例 11-1，这里不再重复。

(a)　　　　　　　　　　(b)　　　　　　　　　　(c)

图 11-27　图片浏览器菜单

（4）添加子窗体。在 Visual Basic.NET 中执行"项目"|"添加 Windows 窗体"命令。弹出如图 11-28 所示对话框。在对话框中，"类别"选择"Windows Forms"，"模板"选择"Windows 窗体"。然后单击"添加"按钮。Form2 的功能是用来显示图片。

图 11-28　添加窗体

（5）在 Form2 上添加一个 PictureBox 控件。将 PictureBox 控件的 Dock 属性设置为 Fill，使 PictureBox 填满整个 Form2；Modifiers 属性值设为 Public，使得 Form2 可以被主窗体访问到；SizeMode 属性设置为 StretchImage。

（6）定义两个全局变量：

```
Dim Filter  As Integer    'Filter 为 OpenFileDialog 筛选器计数
Dim count As Integer      'count 是打开图片数量
```

（7）编写 Form1_load 事件。

在 Form1_load 事件中给两个全局变量赋初值。代码如下：

```
Private Sub Form1_Load(sender As object, e As EventArgs) Handles MyBase.Load
    Filter=-1
    count=0
End Sub
```

（8）为"打开"菜单项的 Click 事件编写代码。要求实现打开多个图片。
代码如下：

```
Private Sub 打开 OToolStripMenuItem_Click(sender As object, e As EventArgs) Handles
    打开 OToolStripMenuItem.Click
OpenFileDialog1.Filter="Image Files(jpeg,GIf,Bmp)|*.jpg;*.gif;*.bmp|All files _
(*.*)|*.*"
    '设置 OpenFileDialog 对话框打开文件类型

    If Filter <>-1 Then
        OpenFileDialog1.FilterIndex=Filter
```

```
        End If

    If OpenFileDialog1.ShowDialog=DialogResult.OK Then
        Dim filename As String              '定义一个变量用于记录文件名
        filename=OpenFileDialog1.FileName    '获取文件名
        If filename.Length <>0 Then
            Filter=OpenFileDialog1.FilterIndex
            Try
                Dim img As New Bitmap(filename)     '定义了一个 Bitmap 成员
                Dim Ftemp As New Form2              '定义了一个 Form2 成员
                Ftemp.MdiParent=Me                  '定义该窗体的父窗体
                Ftemp.WindowState=FormWindowState.Maximized
                                                    '初始化窗体尺寸
                Ftemp.PictureBox1.Image=img
                                                    '获取图片
                Ftemp.AutoScroll=True
                Ftemp.Text=filename
                count=count+1
                Ftemp.Show()
                                                    '显示子窗体
            Catch
                MessageBox.Show(String.Format("{0}is not a valid image file", _
                filename), "error", MessageBoxButtons.OK, MessageBoxIcon. _
                Exclamation)
                                                    '利用 MessageBox 弹出一些提示信息
            End Try
        End If
    End If
End Sub
```

（9）为"退出"菜单项的 Click 事件编写代码。

代码如下：

```
Private Sub 退出 ToolStripMenuItem_Click(sender As object, e As EventArgs) Handles _
    退出 ToolStripMenuItem.Click
    Me.Close()
End Sub
```

（10）为"层叠"菜单项的 Click 事件编写代码。

```
Private Sub 层叠 ToolStripMenuItem_Click(sender As object, e As EventArgs) Handles _
    层叠 ToolStripMenuItem.Click
    Me.LayoutMdi(MdiLayout.Cascade)
End Sub
```

（11）为"水平平铺"菜单项的 Click 事件编写代码。

```
Private Sub 水平平铺 ToolStripMenuItem_Click(sender As object, e As EventArgs) _
```

```
        Handles 水平平铺 ToolStripMenuItem.Click
    Me.LayoutMdi(MdiLayout.TileHorizontal)
End Sub
```

（12）为"垂直平铺"菜单项的 Click 事件编写代码。

```
Private Sub 垂直平铺 ToolStripMenuItem_Click(sender As object, e As EventArgs) _
        Handles 垂直平铺 ToolStripMenuItem.Click
    Me.LayoutMdi(MdiLayout.TileVertical)
End Sub
```

（13）为"关于"菜单项的 Click 事件编写代码。"关于"的功能是显示一些版本信息等。

```
Private Sub 关于 ToolStripMenuItem_Click(sender As object, e As EventArgs) Handles _
        关于 ToolStripMenuItem.Click
    MsgBox("图片浏览器 1.0 版")
End Sub
```

（14）运行效果。打开 3 幅图片。层叠窗口如图 11-29 所示。"水平平铺"效果如图 11-30，"垂直平铺"效果如图 11-31。

图 11-29　层叠

图 11-30　水平平铺

若是打开 4 幅图片，水平平铺窗口如图 11-32 所示。

图 11-31　垂直平铺

图 11-32　4 幅图片水平平铺

关于窗口如图 11-33 所示。

图 11-33　关于窗口

11.5　多媒体播放器控件设置

多媒体已经成了现代生活不可缺少的一部分。在很多应用程序中，都使用到了多媒体播放控件。本节讲述的是 Visual Basic.NET 中的多媒体控件的使用。利用多媒体控件设计一个简单的视音频播放器和一个简单的 Flash 播放器。

11.5.1　视音频播放器

在 Visual Basic.NET 多媒体编程技术中，AxMediaPlayer 是最常用到的控件。AxMediaPlayer 是 ActiveX 的控件。使用之前首先需要系统安装过 Windows Media Player。

1. 在工具箱中添加 AxWindowsMediaPlayer 控件

（1）打开 Visual Basic.NET 2013，新建一个项目。在工具箱中右击。从弹出的快捷菜单中选择"选择项"命令。打开"选择工具箱项"对话框。在对话框中选择"COM 组件"选项卡，如图 11-34 所示。

图 11-34　COM 组件

（2）单击"浏览"按钮，在 C：\windows\system32 目录下选择 wmp．dll 文件进行添加。COM 组件列表中就会出现 Windows media Player 控件。将各控件都选中，如图 11-35 所示。然后单击"确定"按钮。

图 11-35　选择组件

（3）返回工具箱中，就可以看到工具箱中出现了新的控件。本章所使用的是 Windows Media Player 控件。它就是本节开头提到的 AxMediaPlayer 控件。

2．AxMediaPlayer 控件的属性和方法

（1）Filename 属性：用于指定所要播放的多媒体文件的路径与文件名。

（2）Play()方法：播放多媒体文件。

（3）Pause()方法：暂停正在播放的多媒体文件。

（4）stop()方法：用于停止正在播放的多媒体文件。

（5）fastforward()方法：快进正在播放的多媒体文件。

（6）fastreverse()方法：后退正在播放的多媒体文件。

（7）CurrentPosition：获取多媒体文件的播放进度。属性值为数值类型。

（8）Duration 属性：获取当前多媒体文件的播放总时长。属性值为数值类型。

（9）Volume 属性：设置播放时的音量。

（10）Mute 属性：静音设置，默认值为 False。

【例 11-5】　简易播放器。

（1）新建一个项目。在窗体上添加一个 Windows Media Player 控件，两个 Button 按钮。调整位置，如图 11-36 所示。

（2）在窗体上添加一个 OpenFileDialog 对话框。由于 AxMediaPlayer 控件功能全面，自带播放控制面

图 11-36　简易播放器界面

板。所以减少了编程的工作量。只需要对"打开"按钮进行编程即可。代码如下：

```
Private Sub Button1_Click(sender As object, e As EventArgs) Handles Button1.Click
    Dim filepath As String
    With Me.OpenFileDialog1
      .Title="打开"
      .CheckFileExists=True
      .CheckPathExists=True
      .Multiselect=False
      .Filter="音频文件(*.mp3;*.wma)|*.mp3;*.wma|
              视频文件(*.rmvb;*.avi)|*.rmvb;*.avi|all files(*.*)|*.*"
      If OpenFileDialog1.ShowDialog()=
                  Windows.Forms.DialogResult.Cancel   Then
        Exit Sub
      End If
      filepath=OpenFileDialog1.FileName
      Me.Text=filepath
      AxMediaPlayer1.FileName=filepath
      AxMediaPlayer1.DisplayMode=MediaPlayer.MPDisplayModeConstants.mpTime
      Try
          Me.AxMediaPlayer1.Play()
      Catch
          MsgBox("不能播放")
          Exit Sub
      End Try
    End With
End Sub
```

(3)"退出"按钮的代码如下：

```
Private Sub Button2_Click(sender As object, e As EventArgs) Handles Button2.Click
    Me.Close()
End Sub
```

11.5.2 Flash 播放控件的设置

1. Flash 控件的添加

要实现在窗体中播放指定的 Flash 动画。需要在 COM 组件中添加 AxShockwaveFlash 控件。添加方法与 AxMediaPlayer 类似。打开"选择工具箱项"对话框。在对话框中选择 "COM 组件"选项卡，选中 Shockwave Flash Object 选项，如图 11-37 所示。

在工具箱中即有了 Shockwave Flash Object 控件。

2. Shockwave Flash Object 控件的属性和方法

(1) Movie 属性：指定播放的 SWF 文件。

(2) TotalFrame 属性：播放文件的总帧数。

(3) CurrentFrame 属性：正在播放文件的当前帧。

图 11-37　添加"Shockwave Flash Object"组件

（4）Player()方法：播放文件。

（5）Stop()方法：停止播放。

（6）Loop 属性：是否循环播放。

【例 11-6】　简易 Flash 播放器。

（1）新建一个项目，在窗体上添加一个 Shockwave Flash Object 控件和 6 个 Button 按钮和一个 OpenFileDialog 对话框控件，如图 11-38 所示。运行效果如图 11-39 所示。

图 11-38　Flash 播放器界面图

图 11-39　Flash 播放器运行效果

（2）窗体 Form1 的 Load 事件，要求程序刚刚启动时，"停止"，"前进"，"后退"3 个按钮不可用。代码如下：

```
Private Sub Form1_Load(sender As object, e As EventArgs) Handles MyBase.Load
```

```
        Button5.Enabled=False
        Button4.Enabled=False
        Button6.Enabled=False
End Sub
```

（3）"打开"按钮的 Click 事件代码：

```
Private Sub Button1_Click(sender As object, e As EventArgs) Handles Button1.Click
    OpenFileDialog1.Filter="Flash(.*swf;)|*.swf;|all files(*.*)|*.*"
    OpenFileDialog1.ShowDialog()
    AxShockwaveFlash1.Movie=OpenFileDialog1.FileName
    AxShockwaveFlash1.GotoFrame(0)
    AxShockwaveFlash1.Play()
    Button5.Enabled=True
    Button4.Enabled=True
    Button6.Enabled=True
End Sub
```

（4）"播放"按钮的 Click 事件代码如下：

```
Private Sub Button2_Click(sender As object, e As EventArgs) Handles Button2.Click
    AxShockwaveFlash1.Play()
    Button5.Enabled=True
    Button4.Enabled=True
    Button6.Enabled=True
End Sub
```

（5）"停止"按钮的 Click 事件代码如下：

```
Private Sub Button4_Click(sender As object, e As EventArgs) Handles Button4.Click
    AxShockwaveFlash1.Stop()
    Button5.Enabled=False
    Button6.Enabled=False
End Sub
```

（6）"前进"按钮，每按一下，快进 100 帧后继续播放。Click 事件代码如下：

```
Private Sub Button5_Click(sender As object, e As EventArgs) Handles Button5.Click
    AxShockwaveFlash1.GotoFrame(AxShockwaveFlash1.CurrentFrame()+100)
    AxShockwaveFlash1.Play()
End Sub
```

（7）"后退"按钮，每按一下，倒退 100 帧后继续播放。Click 事件代码如下：

```
Private Sub Button6_Click(sender As object, e As EventArgs) Handles Button6.Click
    AxShockwaveFlash1.GotoFrame(AxShockwaveFlash1.CurrentFrame()-100)
    AxShockwaveFlash1.Play()
End Sub
```

（8）"退出"按钮 Click 事件代码如下：

```
Private Sub Button8_Click(sender As object, e As EventArgs) Handles Button8.Click
    Me.Close()
End Sub
```

11.6 键 盘 事 件

键盘事件是 Visual Basic.NET 中最常用的事件之一,它有键盘触发。键盘事件主要包括 KeyDown、KeyUP 和 KeyPress 3 个事件。

11.6.1 KeyDown 和 KeyUp 事件

KeyDown 事件是用户按下键盘上任意一个键时触发的事件。

KeyUp 事件是用户释放键盘上的任意一个键时被触发的事件。

KeyDown 和 KeyUp 事件中,可以通过对象参数 KeyEventArgs(参数 e)的 Keycode 属性或 KeyData 属性来获取用户按下的是哪个键,也可以通过 KeyEventArgs 参数的 Alt、Control 和 Sift 等属性来判定用户是否按下了功能键。KeyEvertArgs 是 KeyDown 和 KeyUp 事件的处理者。其属性如表 11-6 所示。

表 11-6　KeyEvertArgs 的属性

属　　性	作　　用
KeyCode	获取发生 KeyDown 和 KeyUp 事件的按键 ASCII 码
KeyData	获取按键码的同时判定用户是否按下了功能键。其整数为 Keys 枚举值
KeyValue	获取事件发生时的按键值,属性值为 KeyData 属性的整数表示
Alt	判断是否按下 Alt 键
Control	判断是否按下 Control 键
Shift	判断是否按下 Shift 键
Modifiers	获取事件发生时的辅助按钮
Handled	判断是否处理事件

Keys 枚举类型包含了键盘上的每一个键的常量定义。表 11-7 列出了部分常用的 Keys 枚举类型。MSDN 中有完整介绍。

表 11-7　Keys 枚举类型

Keys 值	按　　键	KeyCode
Keys. space	空格键	32
Keys. Delete	Delete 键	8
Keys. enter	Enter 键	13
Keys. Left	←	37
Keys. right	→	39

Keys 值	按　键	KeyCode
Keys. up	↑	38
Keys. Down	↓	70
Keys. D0～keys. D9	0～9	48—57
Keys. A～Keys. Z	A～Z	65—90
Keys. ControlKey	Control 键	17
Keys. AltKey	Alt 键	15
Keys. ShiftKey	Shift 键	16

【例 11-7】　获取按键值。

功能：在 Form1 上按下按键后，在文本框中显示按下的按键。

由于按键较多，本例只涉及几个常用按键。

（1）新建一个项目，在窗体上添加两个 Label 控件，如图 11-40 所示。运行效果如图 11-41所示。

图 11-40　例 11-7 界面

图 11-41　例 11-7 运行效果

（2）创建 Form1 的 KeyDown 事件。对事件进行代码的编写。代码如下：

```
Private Sub Form1_KeyDown(ByVal sender As Object, ByVal e As System.Windows. _
            Forms.KeyEventArgs) Handles Me.KeyDown
    Me.Focus()
    If e.KeyCode=Keys.Space Then
        Label2.Text=Label2.Text & "空格键" & vbCrLf
    End If
    If e.KeyCode=Keys.Enter Then
        Label2.Text=Label2.Text & "回车键" & vbCrLf
    End If
    If e.KeyCode=Keys.Add Then
        Label2.Text=Label2.Text & "+键" & vbCrLf
    End If
    If e.KeyCode=Keys.ControlKey Then
        Label2.Text=Label2.Text & "Control 键" & vbCrLf
```

```
        End If
        If e.KeyCode=Keys.ShiftKey Then
            Label2.Text=Label2.Text & "Shift 键" & vbCrLf
        End If
        If e.KeyCode=Keys.D7 Then
            Label2.Text=Label2.Text & "数字 7" & vbCrLf
        End If
        If e.KeyCode=Keys.Left Then
            Label2.Text=Label2.Text & "←键" & vbCrLf
        End If
        If e.KeyCode=Keys.A Then
            Label2.Text=Label2.Text & "A" & vbCrLf
        End If
    End Sub
```

11.6.2　KeyPress 事件

KeyPress 事件是用户按下并且释放一个会产生 ASCII 码的键时被触发的事件。乍一看 KeyPress 事件与 KeyDown 事件十分相似。两者的不同是 KeyPress 事件通常是发生在 KeyDown 事件之后，KeyUp 之前，它的事件处理者为 KeyPressEventArgs。KeyPress 事件会使用 KeyPressEventsArgs 对象来获取所按按键的 ASCII 码。在默认情况下，控件的键盘事件总是优先于窗体的键盘事件，因此在发生键盘事件时，总是先激活控件的键盘事件。如果希望窗体先接收键盘事件，则必须把窗体的 KeyPreview 属性设置为 True。

【例 11-8】　Enter 键的 Press 事件。

程序界面如图 11-42 所示。程序功能，只要在文本框中输入了 Enter 键即结束程序的运行。

图 11-42　例 11-8 程序界面

程序代码如下：

```
Private Sub TextBox1_KeyPress(ByVal sender As Object, ByVal e As System.Windows. _
    Forms.KeyPressEventArgs) Handles TextBox1.KeyPress
    If e.KeyChar=Chr(13) Then
        Me.Close()
    End If
End Sub
```

11.7　鼠标事件

所谓的鼠标事件是由用户操作鼠标而引发的能被 Visual Basic.NET 中各种对象识别的事件。常见的鼠标事件如表 11-8 所示。

表 11-8　常见鼠标事件

事　件	触 发 操 作	事　件	触 发 操 作
Click	单击鼠标左键	MouseUp	按下鼠标后又释放
DoubleClick	双击鼠标左键	MouseLeave	鼠标离开对象
MouseMove	移动鼠标	MouseWheel	滚动鼠标滚轮
MouseDown	按下鼠标		

其中 MouseMove 事件的处理者为 MouseEventArgs。其参数 e 包含了以下几个常用的属性。

（1）Button 属性：用来获取按下的是哪个鼠标按钮。

（2）Clicks 属性：用来获取按下并释放鼠标按钮的次数。

（3）Delta 属性：用于获取滚轮转动的制动器数的有符号计数。

（4）X 属性：记录鼠标位置的 X 坐标。

（5）Y 属性：记录鼠标位置的 Y 属性。

鼠标的一个动作,通常不止触发一个事件。例如,在一个单击鼠标的过程中,其实触发了 3 个事件,依次为 MouseDown 事件、Click 事件和 MouseUp 事件。双击鼠标时依次触发了 6 个鼠标事件,它们是 MouseDown 事件、Click 事件、MouseUp 事件、MouseDown 事件、DoubleClick 事件和 MouseUp 事件。在写事件过程中不需要对所有的事件进行编程,只要对其中的几个编写事件代码即可。

【例 11-9】　简易写字板。在窗体上按下鼠标左键拖动即可在窗体上出现线条,触发的事件为 MouseMove 事件和 MouseUp 事件。在本实例中界面十分简单,只有一个窗体而已。下面是程序代码：

```
Dim state As Boolean                          '绘图状态
Dim Px, Py As Single                          '鼠标的起点
Dim G As Graphics=Me.CreateGraphics()  '定义画布
'绘图的初始状态为 False
Private Sub Form1_Load(ByVal sender As System.Object, ByVal e As System.EventArgs) _
Handles MyBase.Load
    state=False
End Sub
'按下鼠标左键后记录鼠标的初始坐标
Private Sub Form1_MouseDown(ByVal sender As Object, ByVal e As System.Windows. _
Forms.MouseEventArgs) Handles Me.MouseDown
    If e.Button=MouseButtons.Left Then
```

```
        state=True
        Px=e.X
        Py=e.Y
    End If
End Sub
'在起点和终点间绘制直线
Private Sub Form1_MouseMove(ByVal sender As Object, ByVal e As System.Windows. _
Forms.MouseEventArgs) Handles Me.MouseMove
    If state=True Then
        G.DrawLine(Pens.Black, Px, Py, e.X, e.Y)
    End If
End Sub
'当松开鼠标左键后绘制状态为 False
Private Sub Form1_MouseUp(ByVal sender As Object, ByVal e As System.Windows.Forms. _
MouseEventArgs) Handles Me.MouseUp
    If e.Button=MouseButtons.Left Then
        state=False
    End If
End Sub
```

运行结果如图 11-43 所示。

图 11-43　简易写字板

习　题　11

1. 如何为菜单项添加快捷键？
2. 状态栏中能否显示图标？
3. OpenFileDialog 控件和 SaveFileDialog 控件能否自己打开并读写文件的内容？
4. 在某个对象上双击鼠标左键会触发哪些鼠标事件？它们的响应顺序是什么？
5. KeyDown 和 KeyPress 事件的区别是什么？

第 12 章 ADO.NET 数据库编程

应用程序存储数据时,主要采用两种方法:一种是使用文件存储,一种是通过数据库存储。其中数据库存储除了具有数据存储的功能,重要的是还具有数据管理的功能。所以,利用数据库存储数据是目前大多数机构采用的方法。这就需要开发的应用程序具有对数据库的访问能力。

从 Visual Basic 3.0 开始就已经内置了从关系型数据库中读取数据的功能,并且在以后的版本中不断地提高数据访问的技术。在最新的 Visual Basic 开发环境中,对数据库的访问方式包括有 6 种:ODBC(Open Database Connectivity,开放数据库互联)技术、DAO(Data Access Objects,数据访问对象)技术、RDO(Remote Data Object,远程数据对象)技术、OLE DB(Object Linking and Embedding Database,对象连接嵌入数据库)技术、ADO(ActiveX Data Objects,活动组件数据对象)技术、ADO.NET。本书中主要是介绍 ADO.NET。

12.1 数据库基础

12.1.1 数据库概述

数据库是存储于文件中的有组织的信息集合。目前所有的政府机构、大规模的公司、非营利机构以及多数的中小型企业的各种数据资源,例如账目收支、职员信息、产销记录等都要依赖于数据库的创建及维护,所以说数据库是有机地组织、存储、管理、操作数据的技术。

数据库有层次型、网状型和关系型等类型。从 20 世纪 70 年代开始,关系型数据库的理论研究和软件系统的研制有了巨大的发展,目前几乎所有数据库系统全都是建立在关系模型之上的。

关系数据库是以关系模型为基础的数据库,是根据表、记录、字段之间的关系进行组织和访问数据的一种数据库,是通过若干个表来存取数据,并通过关系将这些表联系在一起。

关系数据库一般分为两类:一类是桌面数据库,主要用于小型的、单机的数据库应用程序,实现比较方便,例如 Access、FoxPro、dBASE 等;另一类是客户/服务器数据库。主要适用于大型的数据库管理系统,例如 SQL Server、Oracle、Sybase 等。

12.1.2 数据库术语

(1) 表。数据库包含一个或多个二维表,表是真正存放数据的地方,由行和列组成,如表 12-1 所示。

(2) 记录。也就是在数据表中的行,它是关于一个特定人员或单位的所有信息。

(3) 字段。也称属性,数据表中的每一列称作一个字段。表是由其包含的各个字段定义的,每个字段描述了它所含有的数据。创建一个表时,为每个字段分配数据类型、最大长度和其他属性。字段可以包含各种字符、数字或图形。如表 12-1 中共有 5 个字段：学号、姓名、性别、院系、成绩。其中学号的数据类型是数字型、院系的数据类型是字符型。

表 12-1　学生成绩表

学　号	姓　名	性　别	院　系	成　绩
20140101001	刘红梅	女	计算机学院	85
20140501003	张建	男	化工学院	80
20140601002	宋楠	男	软件学院	78
20140702016	黄玲玲	女	机电学院	75
20140702018	李亚敏	女	机电学院	70

（4）关键字。关键字是表中为快速检索所使用的字段，可以是唯一的，也可以有多个，每张表应至少有一个主关键字，主关键字用来唯一标识记录的属性，也称主键或主码，它是不允许重复的。只有把表里的一个字段定义为主关键字后，才可以在数据库里建立这个表和其他表的关系。如表 12-1 中，学号可以作为主关键字，因为它可以唯一标识每个学生的信息。

（5）域。字段的取值范围，如性别的域是（男，女）。

（6）关系。定义了两个表如何相互联系的方式。数据库可以由多个表组成，各个表之间可以用不同的方式相互关联。定义一个关系时，必须说明相互联系的两个表中哪两个字段相互连接。一个关系中相互连接的两个字段分别是主关键字和外部关键字。其中外部关键字是指与主表中主关键字相连接的表中的那个关键字。

12.1.3　建立数据库

在 Visual Basic.NET 中使用数据库，可以用多种方法来创建，例如使用 Access 应用程序、SQL 语言或 DAO（数据访问对象）都可以创建数据库。首先介绍使用 Microsoft Access 建立数据库。

Microsoft Access 是 Office 办公套装软件之一，只要在计算机中典型安装了 Office 2010 软件，就可以使用了。

在使用 Microsoft Access 建立数据库时，要先对用户应用程序的要求进行分析，设计确定需要建立数据库的数量、每个数据库中表的数量、每个表中包含的字段等，然后就可以打开 Microsoft Access 应用程序，建立数据库。

1. 启动 Access 2010

打开 Microsoft Access 应用程序窗口，如图 12-1 所示。

2. 建立数据库

在应用程序窗口中，选择中间窗格的"空白数据库"选项。在右侧的"文件名"文本框中输入创建数据库文件的名称，单击"确定"按钮。

创建的数据库文件被默认保存在"我的文档"文件夹中，也可以在"文件"选项卡中选择"打开"命令，在"文件新建数据库"对话框中选择保存的位置。

空白数据库如图 12-2 所示。

图 12-1　Microsoft Access 应用程序窗口

图 12-2　空白数据库

3. 创建数据库表

创建表有 3 种方法：直接创建新表、创建基于模板的表和利用表设计器。

这里选择利用表设计器创建表。

在"创建"选项卡的"表"组中单击"表设计器"按钮，进入表设计视图后，输入表的结构，如图 12-3 所示。

图 12-3　输入表的结构

创建好之后的表如图 12-4 所示。

图 12-4　创建好的空白表

4．为表编辑数据

在数据表视图中输入数据并对数据进行编辑操作。

（1）输入记录。打开创建好的表，单击字段名下方需要输入数据的单元格，就可以输入数据了。输入完毕后单击"保存"按钮保存。

（2）添加记录。只需在表的最后一个记录下面输入新的数据或在"开始"选项卡的记录栏中单击"新建"按钮。

（3）删除记录。选择要删除的记录，按 Delete 键。或在"开始"选项卡中选择记录栏中的"删除"按钮。

添加好记录的数据表如图 12-5 所示。

图 12-5　添加完记录的表

关于 Access 的其他操作，可参看相关资料，本书中就不详细加以介绍了。

12.1.4　SQL 语言

SQL（Structured Query Language，结构化查询语言）是关系型数据库的标准语言，它类似于英语，容易理解和书写，它由命令、子句、运算符和函数组成，可以对数据库进行创建、更新和操纵。其中最常用的是查询语句，即用 SELECT 语句实现查询；其次为数据定义语句，即使用 DDL 语言定义新的数据库、字段、索引。

1．基本的 SQL 语句

（1）创建 CREAT 语句。

格式：

CREAT TABLE   <表名>

功能：创建一个新的数据库表。

例如：

CREAT TABLE 成绩表（学号，院系，姓名，性别，成绩）

说明：创建一个名叫"成绩表"的数据库表，表中有"学号"等字段。

（2）最简单的 SELECT 语句。

格式：

SELECT 字段名列表 FROM <数据表>

功能：将数据表中的指定字段取出来。

例如：

SELECT 专业，姓名 FROM 成绩表

说明：将成绩表中的专业和姓名两列取出来。

例如：

SELECT   *   FROM 成绩表

说明：将成绩表中所有字段取出来。

（3）条件查询语句。

格式：

SELECT 字段名列表 FROM <数据表>   WHERE 筛选条件

功能：将数据表中附和筛选条件的字段取出来。

例如：

SELECT * FROM 成绩表 WHERE 性别＝"女"

说明：将成绩表中"性别"是"女"的所有人筛选出来。

例如：

SELECT * FROM 成绩表 WHERE 成绩＞90 and 成绩＜95

说明：将成绩表中所有成绩大于 90 且小于 95 的人筛选出来。

（4）排序语句。

格式：

SELECT 字段名列表 FROM <数据表>   ORDER BY 字段名 2

功能：将数据表中指定的字段取出来，并按字段名 2 进行排序。

例如：

SELECT * FROM 成绩表 ORDER BY 成绩

说明：将成绩表中所有列取出来，并按成绩进行升序排序。

例如：

SELECT TOP 2 * FROM 成绩表 ORDER BY 成绩 DESC

说明：把成绩表按成绩降序排列，取排序在前两条的记录。

（5）删除 DELETE 语句。

格式：

DELETE FROM <数据表> WHERE 条件

功能：删除附和条件的记录。

例如：

DELETE FROM 成绩表 WHERE 成绩<95

说明：删除成绩表中所有"成绩"低于 95 的记录。

例如：

DELETE FROM 成绩表 WHERE 姓名 LIKE"李%"

说明：删除成绩表中所有姓李的记录。

（6）更新 UPDATE 语句。

格式：

UPDATE 数据表 SET 字段名 1=新值,字段名 2=新值…WHERE 条件

功能：将附和条件的记录的某些字段更新。

例如：

UPDATE 成绩表 SET 成绩=成绩+2 WHERE 院系 like "%计算机"

说明：将成绩表中"院系"列中含"计算机"的人的成绩都增加 2 分。

（7）插入 INSERT INTO 语句

格式：

INSERT INTO 数据表(字段一、字段二、…)VALUES(字段新值)

功能：添加数据记录。

例如：

INSERT INTO 成绩表(学号,姓名,性别,院系,成绩)VALUES(20140502107, "张涛", "男", _
"化工学院",92)

说明：将成绩表中添加一条记录。

其他的 SQL 语句，这里就不加以介绍了，请参看相关资料。

2. 在数据库环境中进行 SQL 语句的操作

（1）打开已经建立的 Access 数据库文件 student，在"创建"选项卡的"查询功能区"组中单击"查询设计"命令，出现"显示表对话框"，添加 student 数据表，如图 12-6 所示。

（2）在"设计"选项卡的"结果"组中，单击"视图"按钮，在下拉菜单里选择"SQL 视图"，

图 12-6　创建查询

如图 12-7 所示。

图 12-7　创建 SQL 视图

（3）在显示的输入窗口中，输入编写的查询语句，然后单击"运行"按钮，如图 12-8 所示。

图 12-8　输入 SQL 语句

（4）运行的结果如图 12-9 所示。

图 12-9　执行 SQL 语句的结果

（5）其他形式的 SQL 语句也可通过这样的流程测试。

12.2　ADO.NET 简介

ADO.NET 是.NET 中新出现的数据访问技术，是 ADO 的最高版本。ADO.NET 提供对诸如 SQL Server 和 XML 这样的数据源以及通过 OLE DB 和 ODBC 公开的数据源的访问。共享数据的用户可以应用程序利用 ADO.NET 连接到数据源，并可以查询、处理和更新其中包含的数据。ADO.NET 通过数据处理将数据访问分解为多个可以单独使用或前后使用的不连续组件。ADO.NET 包含用于连接到数据库、执行命令和检索结果的 .NET Framework 数据提供程序。

ADO.NET 也是.NET Framework 中用于访问数据源的类库名,包括在 System. Data 命名空间及其嵌套的子命名空间和 System. Xml 命名空间中,并与 System. Xml. dll 中的 XML 类集成。由于 ADO.NET 集成到.NET Framework 中,所以对于任何.NET 语言,其使用方法都大致相同。

ADO(ActiveX Data Objects)是应用层数据访问接口,可以方便地用于网络操作环境,并且它是一个直接面向用户的数据接口,可以把复杂的数据访问操作封装在一组简化的组件接口中,所以它使用方便,可以用很简单的命令就实现一系列特定数据访问操作。

12.2.1　ADO.NET 的结构

ADO.NET 的结构主要是由 ADO.NET 组件和.NET Framework 数据提供程序组成,如图 12-10 所示。

图 12-10　ADO.NET 的结构

DataSet 是专门为独立于任何数据源的数据访问而设计的,DataSet 是指内存中的数据库数据的副本。一个 DataSet 组成了数据库数据的一个"断开的"视图。也就是说,它可以在没有包含对应表或视图的数据库的活动连接的情况下存在于内存中。在运行时,控件可以交换 DataSet。例如,一个 CustomerOrder 控件可以包含一个 DataSet,用于携带关于一份订单以及下这份订单的客户详细信息。另外,这个控件可以包含一个执行订单处理规则的商务逻辑。这样,CustomerOrder 控件就可以将 DataSet 提交给某个用户界面控件,例如,Windows 窗体或 Web 窗体,它们能够根据订单处理规则是来显示订单数据。

DataSet 可以用于多种不同的数据源,可以用于 XML 数据,也可以用于管理应用程序本地的数据。DataSet 包含一个或多个 DataTable 对象的集合,这些对象由行和列以及有关 DataTable 对象中数据的主键、外键、约束和关系信息组成。

ADO.NET 中使用的数据开始时是放在传统的关系数据库中,例如 SQLServer 或 Oracle。用.NET Framework 数据提供程序可以从中提取数据,这在概念上类似于 ADO 中的 OLE DB 支持程序。

.NET Framework 数据提供程序把数据提取出来并放在 DataSet 对象中后,就不再需要继续连接数据库了。数据可以用各种方式进行操作,最常见的一个操作是指定 DataSet 对象中的关系,合理地处理数据。代码和绑定控件可以修改 DataSet 对象中的数据,添加新行,修改或删除新行等,完成这些修改后,数据支持程序就解析这些改变,程序遍历该 DataSet 对象,查找修改或新添的数据,并把它们放在源数据库中。如果出现一致性问题,或其他像数据库脱机等问题,.NET Framework 数据提供程序可以更正这些错误。

.NET Framework 数据提供程序是专门为数据操作以及快速、只进、只读访问数据而设计的组件。Connection 对象提供到数据源的连接。Command 对象可以访问用于返回数据、修改数据、运行存储过程以及发送或查询参数信息的数据库命令。DataReader 可从数据源提供高性能的数据流。DataAdapter 在 DataSet 对象和数据源之间起到桥梁作用,它使用 Command 对象在数据源中执行 SQL 命令来向 DataSet 中加载数据,并将对 DataSet 中数据的更改协调回数据源。

由 ADO.NET 的结构可以看到,.NET Framework 数据提供程序和数据库相连接,DataSet 负责和 XML 相连接。ADO.NET 利用 XML 的功能来提供对数据的断开连接的访问。ADO.NET 是与 .NET Framework 中的 XML 类并进设计的,它们都是同一个体系结构的组件。ADO.NET 和 .NET Framework 中的 XML 类集中于 DataSet 对象中。XML 源可以是文件还可以是 XML 流,其中的数据都可以用来填充 DataSet,都可以将 DataSet 作为符合万维网联合会(W3C)的 XML 进行编写,其架构作为 XML 架构定义语言(XSD)架构。由于 DataSet 的本机序列化格式为 XML,因此它是用于在层间移动数据的最好媒介,DataSet 也就成为了与 XML Web 服务之间远程处理数据和连接上下文的最好选择。

12.2.2 ADO.NET 的特点

1. 简单地访问数据

ADO.NET 提供对关系数据的简单访问功能。使用易于使用的类来表示关系数据库中的表、列和行。还引入了 DataSet 类代表来自封装在一个单元的关联表中的一组数据,并保持它们之间完整的关系。

2. 可扩展性

ADO.NET 支持几种内置的.NET 数据提供程序。几乎所有的数据库和数据文件格式都有可用的 ODBC 或 OLE DB 提供者。所以 ADO.NET 可以用于几乎所有的数据或数据格式。

3. 支持多层应用程序

当今商业和电子商务应用程序大多采用多层体系结构,最常见的是三层模型:数据层、业务层、显示层。ADO.NET 支持这种多层的应用程序。

4. 集成 XML 支持

ADO.NET 可以沟通行、列和 XML 文档中的关系数据,其中 XML 文档具有分层的数据结构。

12.2.3 ADO.NET 核心组件

ADO.NET 包括两个核心组件：DataSet 和数据提供程序。

1. DataSet

ADO.NET 有两种工作方式：连接模式和非连接模式。连接模式是开发人员首先创建对数据库的连接，然后通过连接将命令发送到数据源。非连接模式是开发人员从数据源中检索出数据，然后断开连接进行离线处理，最后创建新连接将修改的数据返回到数据源。DataSet 类就工作于非连接模式。

DataSet 是 ADO 的核心组件，DataSet 中常用的对象是 DataTable 和 DataRow 等。通过 DataAdapter 对象从数据源得到数据，从数据库完成数据读取后，DataSet 把各种数据源中的数据在计算机内存中映射成缓存。

2. 数据提供程序

.NET 数据提供程序主要用于进行数据库连接、执行命令和获取结果。这些结果将直接处理、放置在 DataSet 中以便根据需要向用户公开、与多个源中的数据组合，或在层之间进行远程处理。.NET 数据提供程序是轻量的，它在数据源和代码之间创建最小的分层，并在不降低功能性的情况下提高性能。.NET 中包含的数据提供程序有四种：

(1) SQL Server.NET 数据提供程序。用来访问 SQL Server 2000 以上各版本，使用其自己的协议与 SQL Server 进行通信，可直接访问 SQL Server，而无须添加 OLE DB 或开放式数据库连接(ODBC)层。使用 System. Data. SqlClient 命名空间。

(2) OleDb.NET 数据提供程序。用于 OLE DB 的.NET 数据提供程序通过 COM 互操作，使用本机 OLE DB 来启用数据访问。用于 OLE DB 的.NET 数据提供程序支持本地事务和分布式事务。对于分布式事务，默认情况下，用于 OLE DB 的.NET Framework 数据提供程序会自动登记在事务中，并自动从 Windows 2000 组件服务获取事务详细信息。例如用来访问 Access、FoxPro 等数据源。使用 System. Data. OleDb 命名空间。

(3) OracleDb.NET 数据提供程序。用来访问 Oracle 8.1.7 以上各版本，使用 System. Data. OracleClient 命名空间。

(4) ODBC.NET 数据提供程序。使用本机 ODBC 驱动程序管理器(DM)来启用数据访问。ODBC 数据提供程序支持本地事务和分布式事务两者。对于分布式事务，默认情况下，ODBC 数据提供程序会自动登记在事务中，并自动从 Windows 2000 组件服务获取事务详细信息。使用 System. Data. Odbc 命名空间。

以上每种数据提供程序都包括 4 个核心对象 Connection、Command、DataReader 和 DataAdapter。

12.3 ADO.NET 核心对象

ADO.NET 对象模型中包括 5 个数据库访问和操作对象，Connection 对象用来连接数据库，Command 对象用来生成并执行 SQL 语句，DataReader 对象用来读取数据库中的数据，DataAdapter 对象用来在 Command 对象执行完 SQL 语句后生成并填充 DataSet 和

DataTable,DataSet 对象用来存取及更新数据。

12.3.1　Connection 对象

利用 ADO.NET 从数据库中检索数据和发送数据库操作命令前,首先要创建数据库的连接,Connection 对象就可以建立应用程序与数据源的连接。使用 Connection 对象需要提供连接字符串,包括服务器、数据库的名称,以及用户和密码等信息。

ADO.NET 提供了 4 种数据提供程序,那么对应就有 4 种 Connection 对象:SqlConnection、OleDb Connection、OracleDb Connection 和 ODBC Connection。

要连接 OLE DB 数据源或使用 OLE DB 支持程序的 Microsoft SQL Server 7.0 以前版本,需要使用 OLE DB.NET 数据提供程序的 OleDbConnection 对象,需要 Provider 关键字。要连接 Microsoft SQL Server 7.0 或以后版本,需要使用 SQL Server.NET 数据提供程序中的 SqlConnection 对象,SQL Server.NET 管理支持程序支持类似于 OLE DB(ADO)连接字符串格式的连接字符,但是不再需要 Provider 名字。

（1）Connection 对象的属性如表 12-2 所示。

表 12-2　Connection 对象的属性

属　　性	说　　明
ConnectionString	创建 Open 方法连接数据库的字符串
ConnectionTimeout	建立连接时所等待的时间,值为 0 时连接会无限等待,默认值为 15s。超过时间则会产生异常
Database	当前数据库或将要打开的数据库的名称
DataSource	获取数据库的位置和文件名
Provider	获取在连接字符串的 Provider＝子句中所指定的提供程序的名称
State	显示当前 Connection 对象的状态,确定连接是打开还是关闭

（2）Connection 对象常用的方法如表 12-3 所示。

表 12-3　Connection 对象常用的方法

方　　法	说　　明
Open	使用指定的 ConnectionString 属性值打开到一个数据库的连接
Close	关闭打开的数据库连接
Dispose	调用 Close 方法
CreateCommand	创建并返回一个与该连接并联的 Command 对象
ChangeDatabase	改变当前连接的数据库
BeginTransaction	开始一个数据库事务,允许指定事务的名称和隔离级
State	显示 Connection 对象的当前状态

（3）以连接 SQL Server 数据库为例,使用 Connection 对 Connection 对象连接数据源

的方法如下。

① 声明 SqlConnection 对象变量 Consql：

```
Imports System.Data.SqlClient
Dim Consql As SqlConnection.SqlConnection=New Sqlclient.SqlConnection()
```

② 将数据源字符串赋值给 Consql 对象的 ConnectionString 属性，确定数据源所在 SQL Server 网络地址或主机名、SQL Server 数据库文件。

```
Consql.ConnectionString="Integrated Security=false; _
    DataSource=(Local) " & "Initial Catalog=student;Integrated _
    Security=false;User ID=sa ; Password=sa0000"
```

其中 SQL Server 登录账户和密码是用户安装时设置的。

③ 打开数据连接：

```
Consql.Open()
```

（4）下面举例说明 Connection 对象的使用方法。

【例 12-1】 连接一个名为 student1 的 Access 数据库，程序如下：

```
Imports System.Data.OleDb
Public Class Form1
Dim myCon As OleDbConnection
Dim myds As DataSet
Dim myda As OleDbDataAdapter
Private Sub Button1_Click(ByVal sender As System.Object, _
    ByVal e As System.EventArgs) Handles Button1.Click
    Try
      myCon=New OleDbConnection()
myCon.ConnectionString="Provider=Microsoft.ACE.OLEDB.12.0;Data Source= _
D:\student1.accdb"
        myCon.Open()
        MessageBox.Show("数据库正确连接!")
        myCon.Close()
      Catch
        MessageBox.Show(myCon.State.ToString())
      End Try
    End Sub
End Class
```

程序解释：通过 OleDbConnection 对象连接 Access 数据库，利用 ConnectionString 属性把数据库地址、名字传递给 Connection 对象，通过读取 State 属性显示数据库的连接状态。如果要连接的数据库信息是错的，不能建立正确连接，程序执行结果如图 12-11 所示。如果建立连接，程序执行结果如图 12-12 所示。

【例 12-2】 连接一个名为 student2 的 SQL Server 数据库，程序如下：

图 12-11　未建立正确数据库连接　　　　图 12-12　建立正确数据库连接

```
Imports System.Data.SqlClient
Public Class Form1
    Dim myCon As SqlConnection
    Dim myds As DataSet
    Dim myda As SqlDataAdapter
    Private Sub Button1_Click(sender As Object, e As EventArgs) Handles _
        Button1.Click
        Try
            myCon=New SqlConnection()
            myCon.ConnectionString="Integrated Security=false; _
                DataSource=(Local) " & "Initial Catalog=student2; _
                Integrated Security=false;User _
                ID=sa;Password=sa0000"
            myCon.Open()
            MessageBox.Show(Con.State.ToString())
            myCon.Close()
        Catch
            MessageBox.Show("数据库未连接!")
        End Try
    End Sub
End Class
```

12.3.2　Command 对象

建立连接之后,利用 Command 对象执行 SQL 语句,可以查询数据和修改数据。
Command 对象由 Connection 对象创建,其连接的数据源也由 Connection 对象管理。

(1) Command 对象的常用属性如表 12-4 所示。

表 12-4　Command 对象的常用属性

属　　　性	说　　　明
CommandText	用来获取或设置要执行的 SQL 语句、数据表名,存储过程

属　性	说　明
CommandType	用来获取或设置一个指示解释 CommandText 属性的值
Connection	用来获取或设置 Command 对象的连接数据源
Connectionstring	用来获取或设置连接数据库时用到的连接字符串

（2）Command 对象的常用的方法如表 12-5 所示。

表 12-5　Command 对象的常用的方法

方　法	说　明
Cancel	用于取消 Command 执行过的操作
CreatePatameter	用于创建 Parameter 对象的新实例
Prepare	用于在数据源上创建已经准备好的命令
Dispose	用于销毁 Command 对象

Command 对象的常用的方法还有构造函数、执行不带返回结果集的 SQL 语句方法、执行带返回结果集的 SQL 语句方法和用查询结果填充 DataReader 对象的方法。

Command 对象有几个执行 SQL 语句的 Execute 方法。例如 ExecuteNonQuery 方法用于执行不返回结果的 SQL 语句，ExecuteReader 方法创建 DataReader 对象。

（3）下面举例说明 OleDBCommand. ExecuteNonQuery()的使用方法。

【例 12-3】　建立工程，窗体添加一个按钮控件和一个文本框控件。

编写代码如下：

```
Imports System.Data.OleDb
Public Class Form1
    Dim con As OleDbConnection
    Dim com As OleDbCommand
Private Sub Button1_Click(sender As System.Object, e As System.EventArgs) Handles _
    Button1.Click
        Try
            con=New OleDbConnection("Provider=Microsoft.ACE.OLEDB.12.0; Data _
                Source=D:\student.accdb")
            con.Open()
            com=New OleDbCommand(TextBox1.Text, con)
            com.ExecuteNonQuery()
            con.Close()
            MessageBox.Show("SQL 语句顺利运行!")
        Catch ex As Exception
            MessageBox.Show("SQL 语句错误!")
        End Try
    End Sub
End Class
```

程序解释：程序从文本框中读取 SQL 语句，ExecuteNonQuery 方法执行 DELETE 语句，不返回结果，只用消息框返回不出错的信息。

运行程序，在文本框窗口输入 SQL 语句，单击运行按钮，结果如图 12-13 所示。

图 12-13　OleDBCommand.ExecuteReader()的使用方法程序运行结果

12.3.3　DataReader 对象

利用 DataReader 对象可以从数据库中获取一个只读且仅前向的数据流。可以获取 ADO.NET 中最接近于原始数据的数据，它从数据库中依次检索只读的数据流，存储在客户端的网络缓冲区中。

DataReader 对象只能通过 Command 对象 ExecuteReader()方法来创建，不能够实例化，由于它提供单向依次读取数据，所以读取 DataReader 对象数据常用的方法有两种：一种是通过和 DataGridView 等数据控件绑定直接输出，一种是利用循环将数据取出。

下面举例说明 DataReader 对象通过和 DataGridView 数据控件绑定直接输出的方法。

【例 12-4】　程序如下：

```
Imports System.Data.OleDb
Public Class Form1
    Dim con As OleDbConnection
    Dim da As OleDbDataAdapter
    Dim ds As DataSet
    Private Sub Button1_Click(sender As Object, e As EventArgs) Handles _
        Button1.Click
      Try
        con=New OleDbConnection("Provider=Microsoft.ACE.OLEDB.12.0;Data
            Source=D:\student.accdb")
        con.Open()
        Dim com As New OleDbCommand(TextBox1.Text, con)
        Dim dr As OleDbDataReader
        dr=com.ExecuteReader()
        Dim dt As DataTable
        dt=New DataTable()
        dt.Load(dr)
        DataGridView1.DataSource=dt
```

```
            com.ExecuteNonQuery()
            con.Close()
    Catch ex As Exception
            MessageBox.Show("运行有误!")
        End Try
    End Sub
```

程序解释：本例连接的数据源是 Access 数据库，首先建立数据连接，然后在 Button1
Click 事件中编写响应程序，通过 OleDbCommand 对象的 ExecuteReader()方法创建
OleDbDataReader 对象 dr，再创建一个 DataTable 对象 dt，使用 dt.Load(dr)将数据集加载
到 DataTable 对象，之后与 DataGridView 对象绑定。运行程序后，在 TextBox1 中输入
SQL 语句，单击 Button1 按钮，实现对数据源 Access 数据库中成绩表的所有记录进行升序
排序，并在窗体上显示出来。

运行结果如图 12-14 所示。

图 12-14　DataReader 对象用法示例程序运行结果

12.3.4　DataAdapter 对象

DataAdapter 对象用于获取数据源中的数据，并填充到 DataTables 对象和 DataSet 对
象中。DataAdapter 对象可将 DataSet 对象中的数据保存到数据源中，还可以从数据源中读
取数据并进行数据的添加、删除、更新等操作。DataAdapter 对象有 4 个常用的属性，如
表 12-6 所示。

表 12-6　DataAdapter 对象的常用属性

属　　性	说　　明
SelectCommand	设置一个语句或保存，在数据集中选择记录
InsertCommand	设置一个语句或保存，在数据集中插入记录
UpdateCommand	设置一个语句或保存，更新数据源中的记录
DeleteCommand	设置一个语句或保存，从数据集中删除记录

DataAdapter 对象常用的方法如表 12-7 所示。

表 12-7   DataAdapter 对象常用的方法

方　　法	说　　明
Fill	将从数据源中读取的数据填充到 DataSet 对象中
Update	如 DataSet 对象中的数据进行改动后更新数据
Dispose	删除对象
FillSchema	把 DataTable 加入到 DataSet 中,并配置表的模式
GetFillParameters	返回一个用于 SELECT 命令的 DataParameter 对象组成的数组

创建 DataAdapter 对象的方法有两种,一种是使用现存的 Connection 对象,另一种是使用需要打开的 Connection 对象。

下面举例说明如何使用 DataAdapter 对象的 Fill() 方法。

【例 12-5】　程序如下:

```
Imports System.Data.OleDb
Public Class Form1
    Dim Con As OleDbConnection
    Dim da As OleDbDataAdapter
    Dim ds As DataSet
    Private Sub Button1_Click(sender As Object, e As EventArgs) Handles _
        Button1.Click
      Try
        Con=New OleDbConnection("Provider=Microsoft.ACE.OLEDB.12.0; _
        Data Source=D:\student.accdb")
        Con.Open()
        da=New OleDbDataAdapter(TextBox1.Text, Con)
        ds=New DataSet()
        da.Fill(ds, "newtable")
        DataGridView1.DataSource=ds.Tables("newtable")
        Con.Close()
      Catch ex As Exception
        MessageBox.Show("运行有误!")
      End Try
    End Sub
End Sub
```

程序说明:建立 DataAdapter 对象的构造函数 OleDbDataAdapter(TextBox1.Text, Con),通过它传入数据库连接对象及 SQL 语句,通过语句 da.Fill(ds, "newtable") 将 da 中的数据填充到 DataSet 对象中,并起一个别名 newtable。ds.Tables("newtable") 实现读取数据。最后执行 SQL 语句将成绩表中按成绩升序排列的结果显示出来。

运行结果如图 12-15 所示。

图 12-15　DataAdapter 对象的 Fill() 方法用法示例程序运行结果

12. 4　DataSet

DataSet 是 ADO.NET 的核心，DataSet 对象是基于离线的且驻留在缓存中的数据，它可以与多个不同的数据源、XML 数据配合使用。DataSet 代表完整的数据集合，包括关联的表、约束和表间关系。

DataSet 可将数据和架构作为 XML 文档进行读写。数据和架构可通过 HTTP 传输，并在支持 XML 的任何平台上被任何应用程序使用。可使用 WriteXmlSchema 方法将架构保存为 XML 架构，并且可以使用 WriteXml 方法保存架构和数据。若要读取既包含架构也包含数据的 XML 文档，请使用 ReadXml 方法。

12. 4. 1　DataSet 的结构

每个 DataSet 包含一个 Tables，Tables 是一个集合，可以没有表，也可以有多个表，包含了 DataSet 类中所有 DataTable 对象。可使这些 DataTable 对象与 DataRelation 对象互相关联。还可通过使用 UniqueConstraint 和 ForeignKeyConstraint 对象在 DataSet 中保证数据完整性。DataTable 对象在 System.Data 命名空间中定义，每个 DataTable 都包含来自单个数据源的数据，DataTable 对象有两个重要属性 Columns 和 Rows。Columns 为 DataColumnCollection 类型，表示表的所有列的集合，列由 DataColumn 对象表示。Rows 为 DataRowCollection 类型，表示表的所有行的集合，行由 DataRow 对象表示。

每个 DataTable 都包含一个 DataColumnCollection（DataColumn 对象的集合），DataColumnCollection 决定每个 DataTable 的架构。DataType 属性确定 DataColumn 所包含的数据的类型。使用 ReadOnly 和 AllowDBNull 属性可以进一步确保数据完整性。使用 Expression 属性可以构造计算出的列。

DataSet 对象模型如图 12-16 所示。

DataSet 常用的属性如表 12-8 所示。

DataSet 常用的方法如表 12-9 所示。

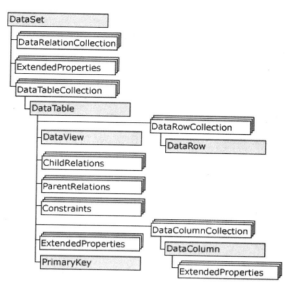

图 12-16　DataSet 对象模型

表 12-8　DataSet 常用的属性

属　　性	说　　明
DataSetName	获取或设置当前 DataSet 的名称
HasErrors	指示当前 DataSet 中的任何 DataTable 对象中是否存在错误
EnforceConstraints	指示在执行更新操作时是否遵循约束规则
RemotingFormat	为远程处理时使用的 DataSet 获取或设置 SerializationFormat
SchemaSerializationMode	用于在使用 Web 服务和远程处理的情况下指定 DataSet 序列化其序列化架构和实例数据的方式

表 12-9　DataSet 常用的方法

方　　法	说　　明
AcceptChanges	提交自加载当前的 DataSet 以来对其进行的所有更改
Clear	移除的所有数据
HasChanges	获取一个指示 DataSet 中的数据是否被更改的布尔值
Merge	合并两个架构类似的 DataSet 对象
ReadXml	将 XML 架构和数据读入 DataSet
RejectChanges	回滚 DataSet 中的所有更改
WriteXml	从 DataSet 中写 XML 数据

下面举例说明 DataSet 对象的创建方法。

【例 12-6】　DataSet 对象的创建方法示例程序如下：

```
Public Class Form1
    Private Sub Button1_Click(sender As Object, e As EventArgs) Handles _
            Button1.Click
        Dim ds As New DataSet()
        Dim dt As New DataTable("area")
        Dim dr As DataRow
        Dim i As Integer
        dt.Columns.Add(New DataColumn("长", GetType(Integer)))
        dt.Columns.Add(New DataColumn("宽", GetType(Integer)))
        dt.Columns.Add(New DataColumn("面积", GetType(Integer)))
        For i=1 To 5
            dr=dt.NewRow()
            dr(0)=i
            dr(1)=i+2
            dr(2)=i * (i+2)
            dt.Rows.Add(dr)
        Next
        ds.Tables.Add(dt)
        DataGridView1.DataSource=ds.Tables("area")
End Sub
```

程序解释：创建一个 DataSet 对象 ds、一个 DataTable 对象 dt，利用循环初始化 DataTable 并填充到 DataTable 对象中。通过 DataGridView 数据控件将绑定的数据输出。

运行结果如图 12-17 所示。

图 12-17　DataSet 对象的创建方法示例程序运行结果

12.4.2　DataTable

DataTable 代表内存中的数据表，它有一个 Columns 集合，其中包含表的模式。DataTable 还包含 DataRow 对象的一个 Rows 集合，每个 DataRow 对象代表一个数据记录。如果以编程方式创建 DataTable，必须通过向 DataColumnCollection 添加 DataColumn 对象来定义表的架构。OleDbCommand 对象可以自动创建数据库中的一个 DataTable 模式，再在表中添加合适的数据。

要在 DataTable 中添加行,使用 NewRow 方法用返回一个引用该新行的对象,然后在行中的每个字段(列)中插入数据。

DataTable 常用的属性如表 12-10 所示。

表 12-10　DataTable 常用的属性

属　　性	说　　明
Columns	获取隶属于该表的 DataColumnCollection
Constrains	获取由当前表维护的 ConstraintCollection
PrimaryKey	获取或设置表的主键的 DataColumn 数组
RemotingFormat	获取或设置一个指示序列化格式的 SerializationFormat 值
TableName	获取或设置 DataTable 的名称

DataTable 常用的方法如表 12-11 所示。

表 12-11　DataTable 常用的方法

方　　法	属　　性
AcceptChanges	提交自上次调用以来对该表进行的所有更改
Clear	清除表的所有数据
Copy	复制表中的结构和数据
Load	通过所提供的 IDataReader 来从数据源填充表
NewRow	创建与当前数据表具有相同架构的新 DataRow
Select	对表执行查询以选择一组 DataRow 对象

12.4.3　DataColumn 和 DataRow

DataColumn 用于定义 DataTable 中的字段。DataColumn 对象的 DataType 属性决定列的数据类型,列的行为方式可以用 AllowNull、Unique 和 ReadOnly 等属性来设置,对数据项添加约束、对数据进行更新,确保数据的完整性。

DataRow 与仅包含模式信息的 DataColumn 相反,DataRow 包含实际数据值。DataRow 类的 Item 属性以列名建索引(从列的 DataColumn 对象中提取列名)。Item 属性是 DataRow 的默认属性,也是一个索引属性,因此,可以将其省略。另外,列也可通过它们的数字索引来访问。

DataRow 可以通过 DataTable 对象的 NewRow 方法创建。首先调用 Add 方法将行添加到 DataRowCollection,然后再为行填充数据。还可以调用 DataRowCollection 的 Remove 及 Delete 方法从 DataRowCollection 中删除 DataRow 对象。

下面代码示例说明 DataTable 对象的创建方法。

```
Dim dt As New DataTable("teacher")
Dim dtcode As New DataColumn("teacherID ", GetType(Integer))
```

```
Dim dtname As New DataColumn("teacherNM", GetType(String))
dt.Columns.Add(dtcode)
dt.Columns.Add(dtname)
Dim row1 As DataRow=dt.NewRow()
row1("teacherID ")=1
row1("teacherNM ")="lily"
dt.Rows.Add(row1)
Dim row2 As DataRow=dt.NewRow()
row2(0)=2
row2(1)="rose"
dt.Rows.Add(row2)
Dim row3 As DataRow=dt.NewRow()
Row3(dtcode)=3
Row3(dtname)="ann"
dt.Rows.Add(row3)
```

程序说明：首先创建 DataTable 的列，然后添加行数据，添加数据时使用了列的名称、列的索引、列的引用。

12.4.4　DataRelation

DataSet 中 的 关 系 通 过 DataRelation 创建。关系作为整体与 DataSet 相关联。Relations 集 合 中 的 每 个 DataRelation 对象都包含 DataSet 的 Tables 集合中两个 DataTables 的链接信息。指定每个表中用于链接的列，就可以链接 DataTables，非常类似于在指定关系数据库的关系时把主键和外键关联起来。DataRelation 实例通常表示"一对多"关系。父表位于关系的"一"端，子表位于关系的"多"端。定义关系时，父列和子列的 DataType 必须相同。

下面的代码为 DataSet 指定了父子关系。

```
Dim Parent As DataColumn
Dim Child As DataColumn
Parent=MyDataSet.Tables("teacher").Columns("teacherID")
Child=MyDataSet.Tables("students").Columns("studentsID")
```

准备创建 DataRelation 对象添加到 Relations 和 collection 集合中。

```
Dim dr As New_ DataRelation("teacherTostudents", _
    ParentColumn, ChildColumn)
MyDataSet.Relations.Add(dr)
```

关系的最主要用途就是允许从数据集中的一个表移动另一个表。在 DataRow 中包含一个方法 GetChildRows，用来引用该数据行的所有子行。调用这个方法时用户要指定所使用的关系。

```
Dim myDataSet As DataSet=New DataSet
Dim childrows() As DataRow
Dim dr As DataRelation=myDataSet.Relations("teacher")
Dim row As DataRow
For Each row in myDataSet.Tables("teacher").Rows
        Childrows=row.GetChildRows(dr)
        ...
Next
```

12.5　在 Visual Studio 2013 中使用数据库示例

12.5.1　使用 Access 数据库

（1）启动 Visual Studio 2013，新建一个名为 ADO13 的 Visual Basic Windows 窗体应用程序项目，如图 12-18 所示。

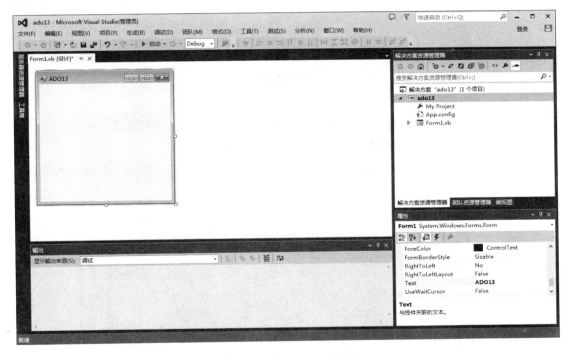

图 12-18　新建项目的窗体

（2）在项目窗口执行"添加新数据源"菜单命令。出现"数据源配置向导"对话框，如图 12-19所示。数据源配置向导，可以自动配置 Visual Basic 程序来接收数据库信息，提示用户选择要连接的数据库的类型，建立到数据库的连接。

（3）在"数据源配置向导"中选择"数据库"，单击"下一步"按钮，出现"选择数据库模型"窗口，如图 12-20 所示。

图 12-19　"数据源配置向导"对话框

图 12-20　"选择数据库模型"对话框

（4）在选择数据库模型窗口中选择"数据集"，然后单击"下一步"按钮，出现"选择您的数据连接"窗口,如图 12-21 所示。

图 12-21 "选择您的数据连接"对话框

（5）在"选择您的数据连接"窗口中,单击"新建连接"按钮,出现"添加连接"对话框,如图 12-22 所示。

图 12-22 "添加连接"对话框

（6）在"添加连接"对话框中，单击"更改"按钮，出现"更改数据源"对话框，如图 12-23 所示。

图 12-23 "更改数据源"对话框

（7）在"更改数据源"对话框中，选择要使用的数据库格式，下面的数据提供程序框中会自动配置建立所选数据源连接所需的程序。本例中使用 Microsoft Access 数据库文件，单击"确定"按钮，回到"添加连接"对话框。

（8）在"添加连接"对话框中，单击"浏览"按钮，选择数据库文件。本例中数据库为 d:\student.accdb，然后单击"打开"按钮，如图 12-24 所示。

（9）单击"测试连接"按钮。这时 Visual Studio 2013 开始使用向导建立的连接字符串打开指定的数据库文件。如果数据库格式正确，将出现测试连接成功消息框如图 12-25 所示。

图 12-24 选择数据库

图 12-25 测试连接成功消息框

（10）单击"确定"按钮，在"添加连接"对话框中单击"确定"按钮，在"选择您的数据连接"对话框中单击"将保存到应用程序中的连接字符串"前面的加号（＋），显示完整的连接字符串，连接字符串中包含用于打开数据库文件和提取信息所必需的信息，包括路径、文件名等，如图 12-26 所示。

图 12-26　显示完整的连接字符串

（11）单击"下一步"按钮，出现如图 12-27 所示提示框。

图 12-27　复制数据文件提示框

（12）单击"否"按钮，以避免制作多余的数据库副本，回到数据源配置向导对话框，默认连接字符串，如图 12-28 所示。

（13）单击"下一步"按钮，保存连接字符串，出现如图 12-29 所示对话框。提示选择在此项目中要使用的数据库对象的子集。此对话框中选择的条目在项目中称为数据库对象，

图 12-28　默认连接字符串

图 12-29　选择数据库对象子集

数据库对象包括表、字段、视图等。

　　（14）单击表结点前的加三角符号，查看数据库中包含的表如图 12-30 所示。选择数据
表及字段。

图 12-30　查看数据库中包含的表

（15）单击"完成"按钮，关闭"数据源配置向导"。此时 Visual Studio 2013 完成了向用户项目中添加数据库连接和用所选数据库对象配置数据集的任务。

（16）单击标准工具栏上的"全部保存"按钮。

（17）打开"解决方案资源管理器"，可以显示此项目中的主要文件和控件，如图 12-31 所示。

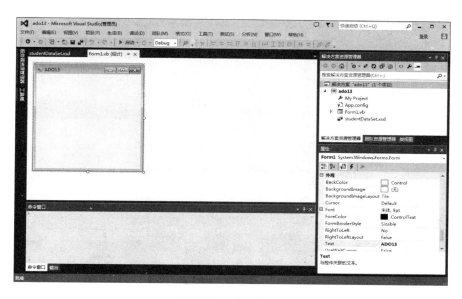

图 12-31　项目窗口

(18) 这时可以看到增加了一个名为 studentDataSet.xsd 的新文件,它是描述刚创建的数据集中的表、字段、数据类型和其他元素的。此文件为 XML 架构的,已经向项目中添加类型化数据集,能给出正在使用的字段和表以说明信息。

(19) 在"解决方案资源管理器"中选择此模式文件,单击"视图设计器"按钮。这时左边出现一个方框,方框中显示表中所有字段、数据适配器命令、工具、组件等,如图 12-32 所示。

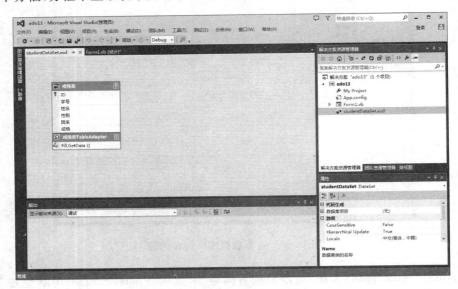

图 12-32　窗口中显示数据集设计器

(20) 单击"姓名"字段,然后按 F4 按钮,突出显示"属性"窗口如图 12-33 所示。

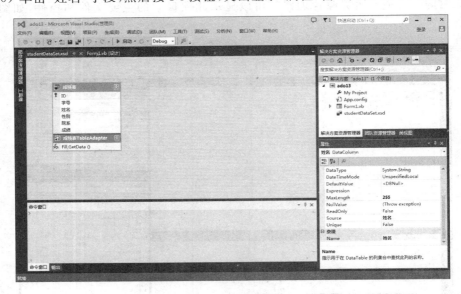

图 12-33　显示所选字段属性

(21) 在"属性"窗口中可以看到相关的属性设置,并且可以进行更改。

12.5.2　使用数据源窗口

（1）执行"视图"|"其他窗口"|"数据源"菜单命令，出现"数据源"窗口，如图 12-34 所示。

图 12-34　项目窗口中显示数据源窗口

（2）在"数据源"窗口中，单击"成绩表"前的三角符号（▷），可以看到 studentDateSet 中可用的字段。

（3）在设计器窗口，激活 Form1.vb"设计"选项卡，单击"数据源"窗口中的"姓名"字段，字段右边出现一个下拉箭头。单击此下拉箭头，出现一个选项列表，都与拖放数据库字段到窗体上时字段的显示方式有关，如图 12-35 所示。

图 12-35　字段下拉列表

（4）单击列表中的 TextBox，然后将"姓名"字段拖入"Windows 窗体设计器"的窗体中。这时窗体中除了创建一个包含数据的文本框，还在文本框左边创建了一个标签，并且窗体顶部出现一个导航栏，如图 12-36 所示。

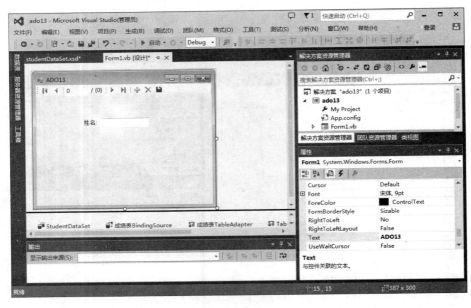

图 12-36　将字段的 TextBox 拖入窗体中

（5）同样操作，在窗体上添加"学号"、"成绩"字段，并调整导航栏的位置到窗体下方，如图 12-37 所示。

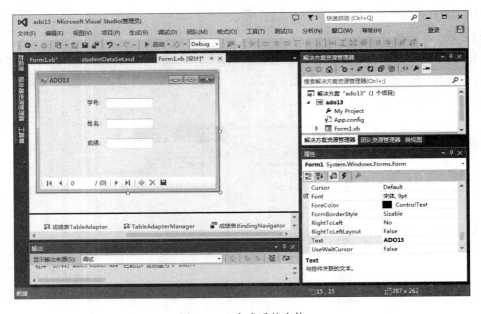

图 12-37　完成后的窗体

（6）单击"启动调试"按钮。文本框中出现第一条记录刘红梅的信息，如图 12-38 所示。

图 12-38　调试后窗体中出现字段

在窗体顶部的导航栏上可看到数据表中共有 5 条记录，当前是第 1 条记录，在导航栏上单击"移到下一条记录"按钮。文本框中出现第二条记录张建的信息，如图 12-39 所示。

图 12-39　显示下一条记录

（7）单击"删除"按钮，就将"张建"这条记录从数据集删除，可以从导航栏的位置指示器上看到剩余的记录只有 4 条，如图 12-40 所示。

图 12-40　删除一条记录

这时再单击导航工具栏查找"张建"这条记录，发现已经被删除了。

其实，此数据集只是在项目中使用的 student 数据库的表的子集，数据集只是数据库在内存中的脱机映像,此时删除记录并没有将原数据库中的记录删除。

（8）单击窗体上的"关闭"按钮,结束程序运行。

（9）再次单击"启动调试"按钮,加载窗体这时窗体上的导航工程栏显示数据集仍有 5 条记录,如图 12-41 所示。可见,刚才进行的删除记录操作并没有把记录从原数据库中删除。

图 12-41　再次启动后的窗体

运用以上两个例子学习不用编写程序代码从数据库显示特定的信息。

习　题　12

一、简答题

1. 什么是关系型数据库?

2. .NET 提供的 4 种数据提供程序及各自的使用范围是什么?

3. ADO.NET 的 5 个核心对象是什么?

4. DataTable 对象的两个重要属性是什么?

二、程序设计题

1. 利用 Access 新建一个名为 zgda. accdb 的数据库文件,新建 zgb 数据表,表中包括职工编号、所属部门、姓名、性别、出生日期、参加工作时间、职务、职称、联系电话、备注等字段。

2. 在 Visual Basic.NET 窗体中利用 DataAdapter 对象对 zgda 数据库中 zgb 数据表的数据进行添加和修改。

第13章 数据控件及实例

13.1 数据控件简介

在 Visual Studio 2013 中建立一个具有 Windows 用户界面的 Visual Basic 应用程序项目,单击"工具箱"窗口,在弹出的工具箱窗口单击"数据"标题栏,出现如图 13-1 所示的数据控件,其中包含着进行数据访问的常用控件。

图 13-1　数据控件

这些控件的功能如下。

（1）DataSet。在上一章介绍过,这是一个集合对象,可以包含任意数据的数据表、表的约束、索引和关系。

（2）DataGridView。显示任何表格化数据。

（3）BindingSource。建立数据源、产生数据连接、执行数据命令。

（4）BindingNavigator。是用于绑定数据源的数据导航控件。

（5）Chart。是用于显示图表的 Windows 窗体控件。

13.2　DataGridView 控件

DataGridView 控件能够以网格的形式在 Windows 应用程序窗体中显示数据,包括文本、数字、日期、数组等内容,支持丰富的事件模型,能进行自定义的格式设置,还可以进行灵活的大小调整及选择。用 DataGridView 控件,可以显示和编辑来自多种不同类型的数据源的表格数据。它只需要几行简短的代码就可以把数据显示给用户,同时又支持增、删、改操作。

　　DataGridView 控件及其相关类旨在提供一个灵活的可扩展系统,用于显示和编辑表格数据。这些类全部包含在 System. Windows. Forms 命名空间中,并全部以 DataGridView 作为前缀命名。

　　DataGridView 控件具有极高的可配置性和可扩展性,它提供有大量的属性、方法和事件,可以用来对该控件的外观和行为进行自定义。当需要在 Windows 窗体应用程序中显示表格数据时,请首先考虑使用 DataGridView 控件,然后再考虑使用其他控件。

13.2.1 使用 DataGridView 控件显示数据库记录

1. 建立到数据库表的连接

　　(1) 启动 Visual Studio 2013,新建一个 Visual Basic Windows 窗体应用程序项目,名为 DGView1。

　　(2) 打开"数据源"窗口,单击"添加新数据源"命令,通过数据源配置向导将 NWIND . MDB 数据库连接到此项目,本项目中选择表中的所有表,数据源配置向导窗口最后选项如图 13-2 所示。

图 13-2　数据源配置向导

　　(3) 单击"完成"按钮,关闭"数据源配置向导"。

　　(4) 单击标准工具栏上的"全部保存"按钮。

　　(5) 在"数据源"窗口选择 Employees 表,单击其右边的下拉箭头可以显示绑定到此表的控件列表,如图 13-3 所示。

　　① DataGridView:显示由行和列组成的网格。

② 详细信息：配置 Visual Basic.NET，为拖放到窗体上的表中的字段创建单独控件。

③ 无：将表和用户界面元素或控件间的关联移除。

④ 自定义：用户自行选择显示多个数据库字段的不同控件。

（6）单击 DataGridView 选项，将 Employees 表拖放到窗体上。这样就在窗体上创建了一个名为 EmployeesDataGridView 的 DataGridView 对象，如图 13-4 所示。

图 13-3　数据源窗口

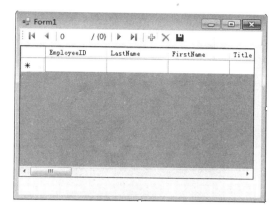

图 13-4　创建 DataGridView 对象

2. 绑定到 DataGridView 对象的数据

（1）在窗体上选择 DataGridView 对象，然后单击对象右上角的向右快捷箭头。出现如图 13-5 所示列表框，其中是与 DataGridView 对象相关的常见属性设置和命令。

（2）在 DataGridView 任务框中单击"预览数据"，出现如图 13-6 所示的"预览数据"对话框，在此对话框中单击"预览"按钮，此功能在实际运行程序之前检查表中数据非常方便。

（3）单击"关闭"按钮，关闭"预览数据"对话框。

3. 从 DataGridView 对象中编辑列

（1）在 DataGridView 任务框中单击"编辑列"命令，出现如图 13-7 所示对话框。

（2）在"选定的列"框中单击 City。

图 13-5　DataGridView 任务框

（3）单击"移除"按钮，可将此列从列表中移除。

（4）单击"确定"按钮，确认以上修改。DataGridView 对象在窗体上显示时就不会出现此列。

（5）同样在 DataGridView 任务框中单击"添加列"可以进行添加列的操作。

4. 在运行时调整 DataGridView 对象

（1）右击窗体中的 DataGridView 对象，从弹出的快捷菜单中选择"属性"命令，打开"属性"窗口。

（2）在"属性"窗口，单击 AllowUserToOrderColumns，将此项的值由 False 改成 True，即可启用手动列重新设置。AllowUserToResizeColumns 属性默认为 True，允许用户调整

图 13-6　"预览数据"对话框

图 13-7　"编辑列"对话框

列的大小。AllowUserToResizeRows 属性默认为 True，允许用户调整行的大小。

　　（3）单击工具栏中的"启动"命令项启动程序运行，窗体如图 13-8 所示。

　　（4）在窗体上的 DataGridView 控件中选中 LastName 列，然后拖动此列至 FirstName 列后，如图 13-9 所示。对比图 13-8 和图 13-9，看到两列的位置发生了调整。

　　（5）在窗体上可以看到 EmployeeID 列的排序是升序排列，单击 EmployeeID 列，列名

图 13-8　窗体上显示整个表

图 13-9　调整列位置后的表

后的箭头变成向下,这时可以观察到此列变成了降序排列,如图 13-10 所示。反复单击列名,即可使该列在升降序排序间转换,列名后的箭头用于指示当前的排序方式。

图 13-10　改变排序后的表

（6）查看或选择表中的记录除了用鼠标单击，还可以使用控件上方的 BindingNavigator
导航栏控件。BindingNavigator 控件是绑定到数据的控件的导航和操作用户界面（UI），使
用该控件，用户可以在 Windows 窗体中导航和操作数据。BindingNavigator 控件由
ToolStrip 和一系列 ToolStripItem 对象组成，完成大多数常见的与数据相关的操作，如添
加数据、删除数据和定位数据。默认情况下，BindingNavigator 控件包含这些标准按钮。使
用 BindingNavigator 控件滚动记录列表，可以查看所有记录，如图 13-11 所示。

图 13-11 滚动浏览记录

（7）将指针置于两个列标题之间时，光标指针变成双向箭头，这时可以调整列宽。

（8）将指针置于两行首之间，光标指针变成双向箭头，这时可以调整行高。

5. 在设计时调整 DataGridView 对象属性

（1）在项目窗口，单击窗体中的 DataGridView 对象，在"属性"窗口单击 Columns 属性
后面的省略号（…）按钮，在出现的"编辑列"对话框中单击 EmployeeID，在属性中将 Width
属性由 100 改为 70，将 HeaderText 属性值改为"员工号"。再在"选定的列"列表中选择
"Title"，将其 Visible 属性值改为"False"，单击"确定"按钮。

（2）单击"启动"按钮，在出现的运行窗体中，可以看到 EmployeeID 列的标题变成了"员
工号"，列宽也变小了，并且不显示表中的"Title"列，如图 13-12 所示。

图 13-12 更改属性后的表

（3）单击 AlternatingRowsDefaultCellStyle 属性后的省略号按钮，出现"CellStyle 生成器"对话框，此对话框用于对具有奇数索引号行中的单元格样式的设定，如图 13-13 所示。

图 13-13　"CellStyle 生成器"对话框

（4）在"CellStyle 生成器"对话框中，将"外观"中的 BackColor 改为浅灰色，将 Font 改为粗斜体，单击"确定"按钮。

（5）单击"启动"按钮，出现窗体如图 13-14 所示。

图 13-14　设置新格式后的表

13.2.2　用代码设置 DataGridView 的属性

1. 标题及内容显示设置

首先将用于设置是否显示列标题行的属性 ColumnsHeadersVisible 设置为 True,然后设置表头标题的文字,如下所示:

```
DataGridView1.Columns(0).HeaderText="学号"    '设置第 1 列的标题为学号
DataGridView1.Columns(1).HeaderText="院系"    '设置第 2 列的标题为院系
DataGridView1.Columns(2).HeaderText="姓名"    '设置第 3 列的标题为姓名
DataGridView1.Columns(3).HeaderText="性别"    '设置第 4 列的标题为性别
DataGridView1.Columns(4).HeaderText="专业"    '设置第 5 列的标题为专业
```

如不显示整个表头,则可将 ColumnsHeadersVisible 属性进行如下设置:

```
DataGridView1.ColumnsHeadersVisible=False
```

如不显示每行左边的行标题,则进行如下设置:

```
DataGridView1.RowHeadersVisible =False
```

如不显示某行或某列,则进行如下设置:

```
DataGridView1.Columns(0).Visible=False
DataGridView1.Rows(0).Visible=False
```

2. 列的位置设置

DataGridView 中列的显示位置用 DisplayIndex 属性设置,使用该属性,可以获取或更改列的显示位置。例如 DisplayIndex 值为 0 时列将显示在最左边。如多个列具相同的 DisplayIndex 值,则先显示最先出现在该集合中的列。

3. 列宽和高度的设置

DataGridView 控件的 AutoSizeColumnsMode 属性和 AutoSizeRowsMode 属性用来设置列宽和行高的自动调整模式,属性的值设置为枚举 DataGridViewAutoSizeColumnsMode 或 DataGridViewAutoSizeRowsMode 中的成员,用法如下:

```
DataGridView1.AutoSizeColumnsMode=DataGridViewAutoSizeColumnsMode.AllCells
            '列宽调整到适合列中所有单元格(包括标头单元格)的内容
DataGridView1.AutoSizeRowsMode=DataGridViewAutoSizeRowsMode.AllCells
            '行高调整到适合行中所有单元格(包括标头单元格)的内容
```

也可以通过以下方法增加列宽,例如将第一列的列宽增加为原来的 2 倍:

```
DataGridView1.Columns(0).Width=DataGridView1.Columns(0).Width * 2
```

4. 单元格显示格式设置

DataGridView 控件的 DefaultCellStyle 属性在未设置其他单元格样式属性的情况下可以用来获取或设置应用于 DataGridView 中的单元格的默认样式。例如要将 DataGridView 控件单元格的默认样式设为字体粗体,背景色蓝色,如下所示:

```
DataGridView1.DefaultCellStyle.Font=New Font (DataGridView1.Font, _
```

```
FontStyle.Bold)
DataGridView1.DefaultCellStyle.BackColor=Color.Blue
```

　　DataGridView 控件的 Rows 和 Columns 属性也具有 DefaultCellStyle 属性,可用来设置 DataGridView 控件中某行或某列的单元格样式,使用方法同 DataGridView 控件。

13.2.3　利用 DataGridView 控件获取数据的代码编写

1. 获取选定单元格的数据

　　使用 DataGridView 控件的 SelectedCells 属性可以获取用户所选定的单元格集合,利用该属性可以访问当前选中的单元格。图 13-15 所示是设置并连接了数据源后的示例 DataGridView 控件,名称为 DataGridView1,以下所示代码都是用于该控件的。

图 13-15　示例 DataGridView 控件

　　SelectedCells 属性返回的是 DataGridViewCell 对象的集合,利用其属性可以获取所选中单元格的值和信息,如下所示:

```
'通过 For Each…Next 循环遍历集合中的每个对象
For Each s As DataGridViewCell In DataGridView1.SelectedCells
    MsgBox("选中单元格的值为" & s.Value)
    MsgBox("列标为" & s.ColumnIndex & ",行标为" & s.RowIndex)
Next
```

　　利用 DataGridView 控件的 CurrentCell 属性可以设置当前单元格,也可以访问当前单元格,用法如下:

```
DataGridView1.CurrentCell=DataGridView1(2, 3)                    '设置当前单元格
MsgBox("当前单元格的值为" & DataGridView1.CurrentCell.Value)       '输出王涛
MsgBox("列标为" & DataGridView1.CurrentCell.ColumnIndex)         '输出 2
MsgBox("行标为" & DataGridView1.CurrentCell.RowIndex)            '输出 3
```

　　DataGridView 控件的 SelectedRows、SelectedColumns 属性可以获取用户所选定的行集合和列集合。如下代码将检查选定的所有行,在消息框中显示选中行的信息值:

```
For Each s As DataGridViewRow In DataGridView1.SelectedRows
    MsgBox("选中行的行标是" & s.Index)
    MsgBox("选中行的第三列的值是" & s.Cells(2).Value)
```

```
Next
```

如下代码将检查选定的所有列,在消息框中显示选中列的信息值,需要注意的是,此时要先将 DataGridView 控件的 SelectionMode 属性更改为 ColumnHeaderSelect 或 FullColumnSelect:

```
For Each s As DataGridViewColumn In DataGridView1.SelectedColumns
    MsgBox("选中列的列标是" & s.Index)
    MsgBox("列标题是" & s.HeaderText)
Next
```

2. 根据单元格内容设定显示格式

有时要根据单元格的值设置不同的显示格式,如下代码可以实现这类功能:

```
Private Sub DataGridView1_CellFormatting(sender As Object, e As DataGridViewCell _
FormattingEventArgs) Handles DataGridView1.CellFormatting
    If DataGridView1.Columns(e.ColumnIndex).HeaderText="性别" Then
        If e.Value="男" Then
            e.CellStyle.ForeColor=Color.Red
            e.CellStyle.BackColor=Color.Yellow
        Else
            e.CellStyle.ForeColor=Color.white
            e.CellStyle.BackColor=Color.Green
        End If
    End If
End Sub
```

以上代码是将"性别"列为"男"的单元格的格式设置成字体为红色、单元格背景色为黄色;为"女"的单元格的格式设置成字体为蓝色、单元格背景色为绿色,效果如图13-16所示。

图 13-16 格式设置后的 DataGridView 控件

3. 设定单元格为只读

使用 ReadOnly 属性可以将 DataGridView 控件、指定行或指定列等的单元格设定为只读,如下所示:

```
DataGridView1.ReadOnly=True                      '所有单元格只读
DataGridView1.Columns(1).ReadOnly=True           '指定列的单元格只读
```

```
DataGridView1.Rows(1).ReadOnly=True          '指定行的单元格只读
DataGridView1(0, 0).ReadOnly=True            '指定单元格只读
DataGridView1.AllowUserToAddRows=False       '不显示添加行的选项
```

4. 显示控件

（1）插入按钮。可以通过代码的形式在 DataGridView 控件中新增一个按钮列，并可设置该列的显示形式，如下所示：

```
Private Sub Button1_Click(sender As Object, e As EventArgs) Handles Button1.Click
    Dim annv As New DataGridViewButtonColumn()
    annv.Name="按钮"
    annv.Text="按钮"
    annv.HeaderText="列标题"
    '按钮的 Text 属性值显示为列中单元格的按钮文本
    annv.UseColumnTextForButtonValue=True
    DataGridView1.Columns.Insert(0, annv)
End Sub
```

启动运行后，单击"插入"按钮，显示结果如图 13-17 所示。

图 13-17　插入按钮后的 DataGridView 控件

（2）插入复选框。插入复选框需要创建一个 DataGridViewCheckBoxColumn 对象，以下代码示例 DataGridViewCheckBoxColumn 对象的创建方法，并显示用户选择的信息。

```
Private Sub Button1_Click(sender As Object, e As EventArgs) Handles Button1.Click
    Dim fxuan As New DataGridViewCheckBoxColumn()
    fxuan.Name="选择"
    DataGridView1.Columns.Insert(0, fxuan)
End Sub
Private Sub DataGridView1_CellClick(sender As Object, e As _
    DataGridViewCellEventArgs) Handles DataGridView1.CellClick
    If DataGridView1.Columns(e.ColumnIndex).Name="选择" Then
        MsgBox("选择了" & DataGridView1.Rows(e.RowIndex).Cells(3).Value)
    End If
End Sub
```

在按钮控件的 Click 事件处理程序中编写创建 DataGridViewCheckBoxColumn 对象并

将其插入 DataGridView 控件中的代码,在名称为 DataGridView1 的控件的 CellClick 事件中编写代码响应对单元格的单击操作,当单击某一复选框单元格时,消息框显示消息告知所选记录的"姓名"字段的值。运行结果如图 13-18 所示。

图 13-18　运行结果图

（3）插入下拉列表

插入下拉列表需要创建一个 DataGridViewComboBoxColumn 对象,然后将对象插入到 DataGridView 对象中。以下代码示例 DataGridViewComboBoxColumn 对象的创建方法。

```
Private Sub Button1_Click(sender As Object, e As EventArgs) Handles Button1.Click
    Dim xllb As New DataGridViewComboBoxColumn()
    xllb.Name="下拉列表"
    xllb.DisplayIndex=1
    xllb.HeaderText="下拉列表"
    xllb.DataSource=Db1DataSet.stu
    xllb.DisplayMember="学号"
    DataGridView1.Columns.Add(xllb)
End Sub
```

程序段中的语句 xllb.DisplayIndex＝1 使新建的下拉列表加在表中第二列的位置。通过 DataGridViewComboBoxColumn 对象 xllb 的 DataSource 属性设置填充组合框的数据源,通过设置 xllb 的 DisplayMember 属性让下拉列表中显示数据表中"学号"列的值。程序运行结果如图 13-19 所示。

图 13-19　插入下拉列表后的 DataGridView 控件

13.3 数据绑定控件

13.3.1 数据绑定

数据绑定是.NET 提供的能够实现从数据库中提取数据、在屏幕上显示数据以及用户在程序界面上查询数据、处理数据、保存数据的功能。利用数据绑定技术，可以把打开的数据表中的某个或者某些字段绑定到在命名空间 System. Windows. Forms 中定义的 WinForm 控件（如 Label 控件、TextBox 控件、ComBox 控件等）中的某些属性上，从而利用这些控件显示数据表中的记录信息。

数据绑定搭建了用户界面控件和数据源之间的桥梁。把用户界面上的控件绑定到数据源后，对数据源的修改就会直接反映到用户界面上，而用户界面上数据的修改也会引发对数据源的更新，由此不用编写代码就可以实现用户和数据之间的交互。数据绑定分为简单数据绑定和复杂数据绑定。

1. 简单的数据绑定

简单数据绑定的对象通常都是诸如 TextBox、Label 等只显示单个值的控件，将一个控件绑定到单个数据元素，控件上的任何属性都可以绑定到数据库中的字段。

用代码设置简单数据绑定的语法如下：

```
控件.DataBindings.Add ("propertyName", dataSource, "dataMember")
```

在上面的参数中，propertyName 表示与数据库中字段绑定的控件属性的名称，dataSource 是数据源的名称，dataMember 用来设置要绑定到的指定列的名称。

例如，下面的代码将一个文本框控件的 Text 属性与一个表的"姓名"列绑定：

```
TextBox1.DataBindings.Add("Text", Db1DataSet.stu, 姓名")
```

2. 复杂的数据绑定

复杂数据绑定是将一个控件绑定到多个数据元素，即是基于列表的数据绑定。例如在前面的示例中就介绍过将 DataGridView 控件绑定到数据表，这就是复杂的数据绑定，它是将控件与数据表中的多个数据的绑定。

能够实现复杂数据绑定的控件还包括 ListBox 和 ComboBox 等。下面介绍利用 ListBox 和 ComboBox 控件如何实现数据绑定。

（1）ListBox 数据绑定。

① 创建工程，新建数据源后从"工具箱"中选择 ListBox 控件拖到窗体中，单击控件右上的小箭头标识符号，调出"智能任务"窗口，如图 13-20 所示。

② 在"智能任务"窗口中选择"使用数据绑定项"，在"数据源"下拉列表中选择所建数据源中的某个表，假设此时选择前面例子所创建数据源中的 stu 表，在"显示成员"下拉列表中选择"姓名"，在"值成员"下拉列表中选择"姓名"，如图 13-21 所示。这里的显示成员和值成员是有区别的，区别在于显示成员对应于显示的内容，而在内存存储的是值成员。

③ 单击"启动"按钮，在 ListBox 控件中显示选定的数据源 stu 表中所有"姓名"列的数据，如图 13-22 所示。

图 13-20　ListBox 控件的智能任务窗口

图 13-21　设置 ListBox 控件

图 13-22　ListBox 控件绑定数据运行结果

（2）ComboBox 数据绑定。ComboBox 控件数据绑定的方法和 ListBox 控件数据绑定的方法基本相同。

① 创建工程，新建数据源后从"工具箱"中选择 ComboBox 控件拖到窗体中，单击控件右上的小箭头标识符号，调出"智能任务"窗口，在"智能任务"窗口中选择"使用数据绑定项"，在"数据源"下拉列表中选择"stu"表，在"显示成员"下拉列表中选择"专业"，在"值成员"下拉列表中选择"专业"，如图 13-23 所示。

② 单击"启动"按钮，在 ComboBox 控件中显示选定的数据源 stu 表中所有"专业"列的数据，如图 13-24 所示。

图 13-23　设置 ComboBox 控件

图 13-24　ComboBox 控件绑定数据运行结果

13.3.2　数据绑定控件 BindingSource

数据绑定控件 BindingSource 的功能是可以绑定多个控件,它首先要与数据源建立连接,然后窗体中的控件与 BindingSource 绑定,从而当控件发生改变时可以自动更新数据,数据改变时也可自动更新控件。

可以将 BindingSource 组件绑定到简单数据源,如对象的单个属性。也可以绑定到复杂数据源,如数据库表。BindingSource 组件作为一个媒介提供绑定和货币管理服务。在设计或运行时,通过将 BindingSource 组件的 DataSource 属性和 DataMember 属性分别设置为数据库和表,可以将该组件绑定到复杂数据源。从图 13-25 可以看到在数据绑定结构中,BindingSource 组件适合放置的位置。

图 13-25　数据绑定结构

BindingSource 控件常用的属性如表 13-1 所示。

表 13-1　BindingSource 控件常用的属性

属　　　性	说　　　明
Name	指示代码中用来标识该对象的名称
AllowNew	确定是否允许向列表中添加新项
DataMember	指示与 BindingSource 绑定的 DataSource 的子列表

属　性	说　　明
DataSource	指示 BindingSource 的数据源
Filter	指示用于筛选的表达式
Sort	指示用于对由数据源返回的行集合排序的数据库列的名称
Modifiers	指示对象的可见性级别

BindingSource 控件常用的方法如表 13-2 所示。

表 13-2　BindingSource 控件常用的方法

方　　法	说　　明
Add	将现有的项添加到内部列表中
Clear	从列表中移除所有元素
Find	在数据源中查找指定的项并返回项的索引
MoveFirst	移至列表中的第一项
MoveLast	移至列表中的最后一项
MoveNext	移至列表中的下一项
MovePrevious	移至列表中的上一项
RemoveCurrent	从列表中移除当前项

数据绑定控件 BindingSource 的具体使用方法如下：

（1）创建工程，新建数据源，将数据库"图书信息.MDB"连接到此项目，此数据库中有一个描述图书信息的表，表名为"图书信息表"。

（2）打开"工具箱"窗口，双击"数据"组中的 BindingSource 控件。选中新添加的控件，在其"属性"窗口中分别设置 DataSource 属性值为项目数据源中的"图书信息 DataSet"，DataMember 属性为"图书信息表"。

（3）在窗体上添加"工具箱"窗口中"数据"组中的 DataGridView 控件，单击控件右上角的向右快捷箭头，在弹出的任务窗口的"选择数据源"下拉列表中选择上个步骤创建的 BindingSource 控件，名称为"BindingSource1"，如图 13-26 所示。

（4）在窗体上继续添加如图 13-27 所示的控件，并设置 ComboBox 控件的 DropDownStyle 属性为 DropDownList，Items 属性值为"书号"和"价格"。

（5）编写如下代码，实现记录的上翻、下翻等浏览以及按"书号"或"价格"对记录的排序操作。

```
'浏览首记录
Private Sub Button1_Click(sender As Object, e As EventArgs) Handles Button1.Click
    BindingSource1.MoveFirst()
End Sub
'浏览上一条记录
Private Sub Button2_Click(sender As Object, e As EventArgs) Handles Button2.Click
```

图 13-26　设置 DataGridView 控件

图 13-27　界面图

```vb
    BindingSource1.MovePrevious()
End Sub
'浏览下一条记录
Private Sub Button3_Click(sender As Object, e As EventArgs) Handles Button3.Click
    BindingSource1.MoveNext()
End Sub
'浏览尾记录
Private Sub Button4_Click(sender As Object, e As EventArgs) Handles Button4.Click
    BindingSource1.MoveLast()
End Sub
'排序
Private Sub ComboBox1_SelectedIndexChanged(sender As Object, e As EventArgs) _
    Handles ComboBox1.SelectedIndexChanged
    If ComboBox1.Text="书号" Then
        BindingSource1.Sort="书号"
    Else
        BindingSource1.Sort="价格"
    End If
End Sub
```

通过 BindingSource 控件的以"Move"开头的一类方法实现数据记录的浏览操作,在 ComboBox 控件的 SelectedIndexChanged 事件处理程序中,通过设置 BindingSource 控件的 Sort 属性来控制与其绑定的 DataGridView 中的数据的显示方式。选择了按"价格"排序后的程序运行结果如图 13-28 所示。

图 13-28　按"价格"排序后的运行结果图

13.4　数据导航控件 BindingNavigator

BindingNavigator 控件表示在窗体上定位和操作数据的标准化方法。多数情况下,BindingNavigator 与 BindingSource 控件成对出现,用于浏览窗体上的数据记录,并与它们交互。在这些情况下,BindingNavigator 控件的 BindingSource 属性被设置为与数据源关联的 BindingSource 组件。

13.4.1　BindingNavigator 的结构

默认情况下,BindingNavigator 控件的用户界面(UI)由一系列 ToolStrip 按钮、文本框和静态文本元素组成,用于进行大多数常见的数据相关操作(如添加数据、删除数据和在数据中导航)。每个控件都可以通过 BindingNavigator 控件的关联成员进行检索或设置。BindingNavigator 控件的结构如图 13-29 所示。

图 13-29　BindingNavigator 控件

BindingNavigator 中包含的这些控件的功能如下。

(1) AddNewItem 按钮:将新行插入到基础数据源。

(2) DeleteItem 按钮:从基础数据源删除当前行。

(3) MoveFirstItem 按钮:移动到基础数据源的第一项。

(4) MoveLastItem 按钮:移动到基础数据源的最后一项。

（5）MoveNextItem 按钮：移动到基础数据源的下一项。

（6）MovePreviousItem 按钮：移动到基础数据源的上一项。

（7）PositionItem 文本框：返回基础数据源内的当前位置。

（8）CountItem 文本框：返回基础数据源内总的项数。

上述的每个控件，BindingSource 组件中都有一个对应的成员，这些成员以编程方式提供相同功能。例如，MoveFirstItem 按钮对应于 BindingSource 组件的 MoveFirst 方法，DeleteItem 按钮对应于 RemoveCurrent 方法等，这里就不详细介绍了。

13.4.2　在窗体中添加 BindingNavigator 的方法

以下通过示例的方式介绍在窗体中添加 BindingNavigator 的方法：

（1）新建一个名为 BDN 的 Visual Basic 项目。

（2）数据源设置为前面所使用过的数据库 NWIND. MDB。

（3）在"数据源"窗口中单击 Orders 表，然后单击右边的下拉箭头，单击 DataGridView 选项，然后将 Orders 表拖放到窗体左侧。这时，Visual Studio 2013 在窗体顶部创建一个导航栏，将数据集 NWINDDataSet、数据绑定控件 OrdersBindingSource、表适配器 OrdersTableAdapter 和绑定的导航组件添加到组件盘，在窗体上创建了一个名为 "OrdersDataGridView"的 DataGridView 对象，如图 13-30 所示。

图 13-30　添加导航组件的窗体

（4）在"数据源"窗口将另一个 Products 表拖放到窗体右侧，Visual Studio 2013 在窗体上又创建一个名为 ProductsDataGridView 的 DataGridView 对象，同时向组件盘中添加了两个新对象：ProductsBindingSource、ProductsTableAdapter，如图 13-31 所示。

（5）向窗体中添加另一个导航栏，以使两个 DataGridView 对象都各有一个导航栏。在工具箱中双击 BindingNavigator 控件，将向组件盘中添加另一个名为 BindingNavigator1 的导航对象，并在窗体顶部添加另一个导航栏，如图 13-32 所示。

（6）在"属性"窗口将 BindingNavigator1 的 Name 属性值改为 ProductsBindingNavigator，之后将其 BindingSource 属性值改为 ProductsBindingSource。这时新添加的导航栏和 "Products"表之间已建立连接。

（7）单击工具栏上的"启动"按钮，可以看到窗体中有两个导航栏，分别用于两个数据表

图 13-31　向窗体中添加新对象

图 13-32　向窗体中添加一个新导航栏

中的记录浏览等操作,如图 13-33 所示。

图 13-33　两个导航栏工作的窗体

13.5　图表控件 Chart

利用图表控件用户可以直接在窗体上插入图表,其为图形统计和报表图像显示提供了很好的解决办法,并给使用者带来了极大的方便性。图表控件的功能比较强大,可以支持各种各样的图形显示,常见的有点状图、柱状图、曲线图、面积图等。

图表控件 Chart 的使用方法比较简单,主要是要设置好用于填充图表序列的数据源、图表类型以及用于绑定到图表不同序列的数据源成员。具体用法如下:

(1)新建一个名为"Chart 示例"的 Visual Basic 项目。

(2)添加数据源。将数据库"学生信息.MDB"连接到此项目,此数据库中有一个描述学生成绩的表,表名为"成绩表"。

(3)打开"工具箱"窗口,双击"数据"组中的 BindingSource 控件。选中新添加的名称为"BindingSource1"的控件,在其"属性"窗口中分别设置 DataSource 属性值为项目数据源中的"学生信息 DataSet",DataMember 属性为"成绩表"。

(4)在窗体上添加"工具箱"窗口中"数据"组中的 Chart 控件,设置其 DataSource 属性值为 BindingSource1 控件,此时即将填充 Chart 控件的数据源设置为"成绩表"。

(5)设置 Chart 控件的 Series 集合属性。单击 Series 属性后面的省略号按钮,打开"Series 集合编辑器"对话框,设置"数据"组中的 Name 属性为"成绩",即将数据系列的名称设为"成绩"。"图表"组中的 ChartType 属性用于设置图表类型,此时选择默认值 Column,即柱状图,之后将"数据源"组中的 XValueMember 和 YValueMembers 属性分别设置为"姓名"和"成绩",即将图表的 X 值绑定到"成绩表"的"姓名"列,Y 值绑定到"成绩表"的"成绩"列。设置完成后单击"确定"按钮关闭对话框。

(6)单击工具栏上的"启动"按钮,可以在窗体上以柱状图表的形式浏览"成绩表"中的指定数据,如图 13-34 所示。

图 13-34　Chart 图表控件

13.6　数据库项目实例

13.6.1　学生信息管理系统简介

学生信息管理系统主要实现对学生学籍管理、班级管理、课程管理、成绩管理。系统包括 5 个基本模块:登录子系统、学籍管理子系统、班级管理子系统、课程管理子系统、成绩管理子系统。系统的登录界面如图 13-35 所示。

系统内置若干个用户名及密码，输入正确就可以登录系统。进入系统后，出现系统菜单，如图 13-36 所示。系统菜单中包括 4 个菜单项：学籍管理、班级管理、课程管理和成绩管理。学籍管理菜单中包括 3 个子菜单：查询学籍信息、修改学籍信息、添加学籍信息。同样，班级管理菜单中包括 3 个子菜单：查询班级信息、修改班级信息、添加班级信息。课程管理和成绩管理菜单中也分别包括查询、修改、添加 3 个功能菜单。

图 13-35　系统登录界面

图 13-36　系统菜单

13.6.2　数据库设计

由于本系统设计相对简单，所以采用 Access 数据库。数据库中包括 5 个基本信息表，分别是用户信息表、学生信息表、班级信息表、课程信息表、成绩信息表。

（1）用户信息表用来存储系统登录用户的信息，结构如表 13-3 所示。

表 13-3　用户信息表结构

字　段　名	类　　型	字　段　名	类　　型
用户编码	数字（主键）	密码	文本
用户名	文本	用户描述	文本

（2）学生信息表用来存储学生学籍的基本信息，结构如表 13-4 所示。

表 13-4　学生信息表结构

字　段　名	类　　型	说　　明	字　段　名	类　　型	说　　明
学生学号	文本（主键）	唯一	政治面貌	文本	可为空
班级名称	文本	不可为空	入校日期	日期/时间	不可为空
学生姓名	文本	不可为空	寝室	文本	不可为空
性别	文本	男或女	家庭住址	文本	可为空
出生日期	日期/时间	不可为空			

（3）班级信息表用来存储班级的基本信息，结构如表 13-5 所示。

表 13-5　班级信息表结构

字　段　名	类　型	说　明
班号	数字(主键)	唯一
班级名称	文本	含系部专业信息
创建日期	日期/时间	不可为空

（4）课程信息表的结构如表 13-6 所示。

表 13-6　课程信息表结构

字　段　名	类　型	说　明
课程号	数字(主键)	不可为空
课程名称	文本	不可为空
课程类别	文本	含考试或考查信息
课程描述	文本	可为空

（5）成绩信息表结构如表 13-7 所示。

表 13-7　成绩信息表结构

字　段　名	类　型	说　明
学生学号	数字	不可为空
学生姓名	文本	不可为空
所学课程总评成绩	数字	介于 0—100 之间

13.6.3　重点子系统功能实现

本系统是针对数据库项目的开发,基本上都是对数据库表的查询、添加、删除、修改。有前面的章节的学习基础,大部分都可以自行设计编写,这里只介绍部分具代表性的功能代码。

1. 登录子系统

在 Visual Studio 2013 中新建 Visual Basic Windows 窗体应用程序项目,名为"学生信息管理系统",在窗体中添加图 13-35 中的控件,控件属性如表 13-8 所示。

表 13-8　控件属性

控 件 名 称	Text 属性值	控 件 名 称	Text 属性值
Form1	学生信息管理系统登录界面	TextBox1	""
GroupBox1	登录信息	TextBox2	""
Lable1	用户名	Button1	登录
Lable2	密码	Button2	取消

"登录"按钮的代码如下：

```
Private Sub Button1_Click(sender As Object, e As EventArgs) Handles Button1.Click
    Dim Conn As New OleDb.OleDbConnection()
    Dim Cmd As OleDb.OleDbCommand
    Dim Rd As OleDb.OleDbDataReader
    Dim SQLstring As String
    Conn.ConnectionString=("Provider=Microsoft.Jet.OLEDB.4.0;" & _
                            "Data Source=d:\学生信息管理系统.mdb")
    Conn.Open()
    SQLstring="Select * From 用户信息表 Where 用户名='" & _
        TextBox1.Text & "' And 密码='" & TextBox2.Text & "'"
    Cmd=New OleDb.OleDbCommand(SQLstring, Conn)
    Rd=Cmd.ExecuteReader()
    If Rd.Read() Then
        Form2.Show()
        Me.Hide()
    Else
        MsgBox("密码或用户名错误!", MsgBoxStyle.Critical+MsgBoxStyle.OkOnly, _
        "错误提示!")
        TextBox1.Text=""
        TextBox2.Text=""
        TextBox1.Focus()
    End If
    Rd.Close()
    Conn.Close()
End Sub
```

2. 学籍管理子系统中查询学籍信息的功能实现

执行"学籍管理"|"查询学籍信息"菜单命令，出现如图 13-37 所示的窗口。

图 13-37　查询学籍信息窗口

在此窗口，可以选择学生学号，对学生的学籍信息进行查询，对应学号学生的信息在相应文本框中显示。设计过程如下。

（1）窗体界面设计。根据图 13-37，从数据源中将对应的属性或属性集拖放到窗体上。

（2）数据绑定的设计。将界面上所需数据都从数据源拖放到窗体上，因为是基于学生学号的绑定，所以在"学生学号"的下拉列表中选择 ComboBox 作为学号的访问控件并拖放到窗体上。再通过 ComboBox 操作的"智能任务"窗口完成其与"学生·学号"列的数据绑定。

启动运行程序后，在 ComboBox 控件中选择学生学号，显示如图 13-38 所示。

图 13-38　选择学生学号后的查询窗口

习　题　13

一、简答题

1. 使用 Visual Studio 2013 编写 Visual Basic 应用程序，可使用哪些数据控件？各自都具有哪些功能？

2. 什么是数据绑定？分为哪两种？

3. 简述使用 DataGridView 控件显示数据库记录的过程。

4. 简述在窗体中添加多个 BindingNavigator 的方法。

二、程序设计题

1. 编写程序，在 DataGridView 控件中实现奇数行背景色和偶数行背景色不同，奇数行背景色为 Blue，偶数行背景色为 Gray。

2. 创建一张职工信息数据表，设计利用控件 DataGridView 显示此表的信息。

第 14 章 ASP.NET 动态网页开发初步

在 Internet 迅速发展的今天,网页的制作与网站的架设越来越受到人们的重视和喜爱。要建立一个网站,有众多开发技术方案可供选择,其中,Microsoft 推出的 ASP.NET 凭借其声誉和强大的技术实力赢得了无数网站开发者的青睐。

通过前面章节的学习,已经熟悉了利用 Visual Basic.NET 来开发 Windows 窗体应用程序,创建基于客户/服务器(C/S)模式的应用系统。其实,.NET 的最大优势在于开发基于网络的 Web 应用程序,架设基于浏览器/服务器(B/S)模式的应用系统。本章将结合 Visual Studio 2013、ASP.NET 和 Access 数据库开发环境,采取实例演示和操作过程图解的形式,引导大家快速进入动态网页 Web 应用程序的开发。

14.1 ASP.NET 动态网页简介

14.1.1 网页的概念

网页是 Web 中的基本文档,它一般用 HTML 语言或者其他语言(如 VBScript、JavaScript、PHP、JSP、ASP、ASP.NET)编写的,因此网页文件的扩展名一般为.htm、.html、.php、.jsp、.asp、.aspx 等。网页是一种多媒体作品,在网页中可以嵌入文本、图形、音频和视频信息。

网页的设计与制作是一门综合性较强的技能,除了需要先进的工具之外,学习者还必须掌握网络的一些概念和服务器系统配置,图形图像处理,网页的制作、编辑、维护等多方面的知识,才能达到比较专业的水准。

根据网页执行过程的不同,可以将网页分为静态网页和动态网页两大类。其中,静态网页中也可以使用网页的动态表现技术(如 flash 动画);动态网页是指网页的内容更新技术,其关键和难点是网页对后台数据库的访问技术。

1. 静态网页

静态网页是在发送到浏览器时不进行修改的页。这类网页文件里没有程序代码,只有 HTML 标记,一般以后缀.htm 或.html 存放。制作工具可以是记事本、EditPlus 等纯文本编写工具,也可以是 FrontPage、SharePoint、DreamWeaver 等所见即所得的工具。严格来说,"静态网页"可能不是完全静态的。例如,一个鼠标经过图像或一个 Flash 内容(SWF 文件)可以使静态网页活动起来。当 Web 服务器接收到对静态网页的请求时,服务器将读取该请求,查找该页,然后将其发送到发出请求的浏览器,如图 14-1 所示。

静态网页的缺点是:如果要修改网页,必须修改源

图 14-1　静态网页的执行过程

代码,并重新上传。

2. 动态网页

所谓动态网页,就是网页内含有程序代码,并会被服务器端执行。动态网页文件不仅含有 HTML 标记,而且含有程序代码,这种网页的后缀一般根据不同的程序设计语言而不同,如.asp、.jsp、.aspx 等。用户要浏览这种网页时必须由服务器端先执行程序后,再将执行完的结果下载给客户端的浏览器。由于执行程序时的条件不同,所以执行的结果也可能会有所不同,所以称为动态网页。

复杂的动态网页不仅包含应用程序,还可能通过嵌入的程序代码在服务器端使用数据库,浏览器浏览使用数据库的动态网页的过程如图 14-2 所示。

图 14-2　含数据库的动态网页

从图 14-2 中可以看出含数据库的动态网页的执行过程如下:

(1) 浏览器向网络中的 Web 服务器发出请求,指向某个动态网页。

(2) Web 服务器接受请求信号后,将该网页送至应用程序服务器。

(3) 应用程序服务器查找网页中的应用程序指令。

(4) 应用程序服务器将查询指令发送到数据库驱动程序。

(5) 数据库驱动程序对数据库进行查询。

(6) 记录集/数据集被返回给数据库驱动程序。

(7) 驱动程序再将记录集/数据集送至应用程序服务器。

(8) 应用程序服务器将数据插入网页中,此时动态网页变为静态网页。

(9) Web 服务器将完成的静态网页传给浏览器。

(10) 浏览器接到 Web 服务器送来的信号后开始解读 HTML 标签并将其转换,有时还执行脚本程序,然后将结果显示出来。

从执行的过程来看,使用数据库的动态网页是最复杂的,因此在设计时也是最容易出错的。网页设计中,网页对数据库的访问技术是网页设计中的重点和难点,所以网页设计爱好者一般都会对使用数据库的网页下很大的气力去研究,不但要考虑网页的执行效率,还要考虑网页的兼容性。

14.1.2 Web 语言

网页中涉及的语言有十几种，如 HTML、VBScript、JavaScript、JSP、PHP、ASP、ASP.NET 等，这里仅给出大家最常接触到的几种。ASP.NET 程序和 ASP 程序相似，都是由 HTML 网页标记和 ASP.NET 程序代码组成。作为 ASP.NET 的特长，ASP.NET 程序代码既可以与 HTML 标记混合编写，也可以将程序代码和 HTML 标记分开，以保证程序的可读性，同时也可以使开发小组成员并行工作。编写 ASP.NET 应用程序，同样需要掌握常用的 HTML 标记。

1. HTML 语言

HTML(超文本标记语言)是一种描述文档结构的标注语言，它使用了一些约定的标记对 WWW 上的各种信息进行标注。当用户浏览 WWW 上的信息时，浏览器会自动解释这些标记的含义，并按照一定的格式在屏幕上显示这些被标记的文件。HTML 的优点是其跨平台性，即任何可以运行浏览器的计算机都能阅读并显示 HTML 文件，不管其操作系统是什么，而且显示结果相同。

HTML 代码的最基本的特点是：在代码中有很多<>括号的代码，这就是 HTML 语言的标记符号；代码主要由 head、body 两部分构成；代码中有很多成对出现的标记，表示结束的标记要多一个反斜杠。

下面是部分常用的 HTML 标记。

<html>和</html>：超文本的开始和结束。

<head>和</head>：超文本标题的开始和结束，但这并不是必需的。在头部标记中可以使用<title>，<base>，<link>，<meta>等标记，这些标记的主要作用是对该网页文件的一些参数作说明。

<title>和</title>：超文本窗口标题的开始和结束，它被显示在浏览器顶端的标题栏中。

<meta>：是用来描述 html 文档的元信息，即文档自身的信息。

<body>和</body>：正文的开始和结束，它被显示在浏览器中。其中可以包含许多元素，是 HTML 语言的核心部分。

<p>…</p>：段落标记。将标记中的内容作为一个段落显示，段落的前后都有空行。

<hn>：标题标记。从<h1>到<h14>共有六个标题标记。

：换行标记。用于定义文字之间的换行。

<hr>：分隔线标记。用于画一条水平线，分隔文本。

<font> </font>：字体样式控制标记，控制文字的显示外观。

 ：这是空格符的 HTML 代码。

<table> </table>：用于定义一个表格。

<caption> </caption>：用于定义表格的标题。

<tr> </tr>：用于定义表格的一行。

<th> </th>：用于定义一列的标题。

<td> </td>：用于定义一列的内容。

<a>＜/a＞：标记,用于网页文件的超链接。

2. ASP

Active Server Pages(简称 ASP)是功能强大且易于学习的脚本编程工具。在目前的网站架设服务器端的程序语言中,ASP 凭借微软在计算机界的占有率优势,已成为最流行的程序语言,从早期的 1.0 版本一直发展到 3.0 版本,由于支持脚本语言(VBScript、JavaScript 和 HTML 等)并采用解释的方式执行,利用它可创建动态的、快速的、交互性的 Web 站点。其优点是学习较为简单,容易上手;缺点是程序代码比较繁琐杂乱,使程序的体积趋于庞大,在服务器端执行时的效率比较低。

3. ASP.NET

ASP.NET 是为了建立动态 Web 应用程序而重新打造的全新技术。它可以在 Visual Studio 2013 中开发,支持所见即所得、拖放控件和自动部署等功能,使开发效率大大提高。微软 ASP.NET 网络应用程序操作平台的优势主要体现在以下几个方面。

(1) 用户界面和业务逻辑的分离。ASP.NET 提供了 Web 窗体和标准控件,允许开发人员在可视方式下选定页面上的控件的类型,不必在 HTML 用户界面标记中输入;同时,页面的 HTML 文件中的 Code Behide 属性,指明了业务逻辑文件的位置,这样实现了 HTML 与业务逻辑的分离。

(2) 灵活的代码编译。ASP 页面在每次运行时,都需要解释器解释其中的脚本代码;但 ASP.NET 页面只是在第一次被请求时被编译进.NET 类中,以后的请求就从类缓存中直接调出,提高了工作效率。如果修改了 ASP .NET 页面的源代码,ASP .NET 运行时自动检测,重新被编译进.NET 类中。

(3) 更多的脚本语言支持。ASP 的脚本语言,通常是 VBScript 和 JScript。但在.NET 框架中,可以使用 Visual Basic、Visual C♯、Visual F♯、Visual C++ 等多种开发语言。

(4) 完整的浏览器支持。ASP .NET 运行环境在处理控件时,它自动从 HTTP 请求文件头中识别出浏览器的类型,然后生成适合于该浏览器的页面,这样,开发人员就不必花费大量的时间去考虑某种浏览器的性能问题。

14.1.3 ASP.NET 环境配置

1. 硬件环境

运行 ASP.NET 的硬件环境当然是越高档越好,这样安装和执行都会很快。若采用 Microsoft Visual Studio 2013 作为开发环境时,以下是其安装与配置建议。

最低要求:1.6 GHz 的 CPU、1GB 的 RAM、1024×748 的显示器、10GB 的可用硬盘空间。

建议配置 2.2 GHz 或速度更快的 CPU、1GB 或更大容量的 RAM、1280×1024 的显示器、7200RPM 或更高转速的硬盘。

2. 支持 Visual Studio 2013 的操作系统

当前支持 Visual Studio 2013 开发环境的操作系统包括:Windows 7 SP1、Windows 8、Windows 8.1、Windows Server 2008 和 Windows Server 2012。

3. 添加 Internet 信息服务(IIS,Internet Information Services)

执行"开始"|"设置"|"控制面板"菜单命令,在弹出的"控制面板"对话框中选择"添加/

删除程序"，在弹出的对话框中单击"添加/删除 Windows 组件"，将系统安装盘放入光驱，在 Windows 组件向导对话框中单击"下一步"按钮，直至安装完成。Windows 组件向导对话框，如图 14-3 所示。

图 14-3　Windows 组件向导对话框

安装完毕后，在浏览器中输入 http://localhost，能够显示欢迎文字，表示安装成功。

服务器名称对应于服务器的根文件夹，根文件夹（在 Windows 计算机上）通常是 C:\Inetpub\wwwroot。通过在计算机上运行的浏览器地址栏中输入以下 URL 可以打开存储在根文件夹中的任何 Web 页：

```
http://your_server_name/your_file_name
http://localhost/虚拟目录/主页
http://127.0.0.1//虚拟目录/主页
```

说明：由于 Microsoft Visual Studio 2013 内置了一个小型的 Web 服务器，已经具备了开发和调试 ASP.NET 网页的条件，所以，也可以不必通过安装 IIS 来配置 Web 服务器。

14.1.4　创建 ASP.NET 网站

【例 14-1】　使用 Visual Studio 2013 环境，利用 Label、Textbox、Button、RadioButtonList、CheckBoxList 等 Web 标准控件设计如图 14-5 所示的页面，实现个人爱好在线调查。

新建 ASP.NET 网站，如图 14-4 所示。

1. 创建 ASP.NET 网站

（1）执行"开始"|"所有程序"|Microsoft Visual Studio 2013 菜单命令，启动 Microsoft Visual Studio 2013。

（2）执行"文件"|"新建网站"菜单命令，打开"新建网站"对话框。

（3）在"模板"列表中选择 Visual Basic，选择"ASP.NET 空网站"，在"Web 位置"文本框中输入网站保存的位置及名称，单击"确定"按钮。

新建网站文件结构如图 14-5 所示。

图 14-4 "新建网站"对话框

图 14-5 新建网站文件结构

2. 利用工具箱中的相关控件设计应用程序界面

执行"网站"|"添加新项"|"Web 窗体"菜单命令,添加网页 ex14-1.aspx,如图 14-6 所示。

图 14-6 添加新项对话框

然后通过工具箱的 HTML 控件,在页面上添加一个表格,并将其修改为 4 行 2 列。通过工具箱的标准控件加入 3 个 Label,一个 RadioButtonList 控件和一个 CheckBoxList 控件,同时需修改 RadioButtonList 控件和 CheckBoxList 控件的 RepeatDirection 属性分别设置为 Horizontal 和 Vertical，页面设置如图 14-7 所示，运行效果如图 14-8 所示。

图 14-7　页面设计　　　　　　　　　　　图 14-8　运行效果

3．功能代码的编写

在 Button 控件上双击，在打开的代码窗口中编写如下代码：

```
Protected Sub Button1_Click(sender As Object, e As EventArgs) Handles Button1.Click
    Label1.Text="您的大名是：" & TextBox1.Text
    If RadioButtonList1.SelectedIndex>-1 Then
        Label2.Text="您的性别是：" & RadioButtonList1.SelectedItem.Text
    End If


    Dim str1 As String, i As Integer
    str1="您的爱好是："
    For i=0 To CheckBoxList1.Items.Count-1
        If CheckBoxList1.Items(i).Selected Then
            str1=str1+CheckBoxList1.Items(i).Text & "、"
        End If
    Next
    Label3.Text=str1
End Sub
```

14.1.5　表单数据验证

网页表单的用途是提供用户输入信息，为避免用户输入一些不规范的信息，就必须要在网页程序中加入检查功能，这种功能就是表单验证功能。在 ASP.NET 中有专门的表单验证控件用于表单信息的验证，这种验证模式称为客户端验证模式，一般情况，在 ASP.NET 程序中大都使用客户端验证。另外，对于一些必须在服务器端验证的数据，ASP.NET 验证控件也提供服务器端验证工作模式。

1．表单验证控件分类

网页表单验证控件和 Web 控件一样，都属于 System. UI. WebControls 命名空间，

ASP.NET 的验证控件有表 14-1 所列的几种。

表 14-1　表单验证控件

控　　件	名　　称	说　　明
RequiredFieldValidator	输入验证	验证是否已输入数据
CompareValidator	比较验证	将用户输入的数据与另一个数据进行比较
RangeValidator	范围验证	验证输入的数据是否在指定的范围内
RegularExpressionValidator	格式验证	验证输入的数据是否符合指定的格式规范
CustomValidator	用户验证	自定义验证程序
ValidationSummary	验证汇总	显示未通过验证的控件的信息

在一个网页程序中可以利用上述的几种验证控件对表单数据进行验证,如果一个网页中所有验证控件都验证通过,那么该网页自身的 Page 对象的 IsValid 属性将会是 True 值。反之,如果网页 Page 对象的 IsValid 属性是 False 值,则说明网页中至少有一个验证控件未能验证通过。

2. 可以验证的表单控件

在网页表单中可以使用多种表单控件,但并非所有控件都能使用验证控件。可以使用验证控件的表单控件如表 14-2 所示。

表 14-2　可以使用验证控件的表单控件

表单控件类别	控件名称	可验证的属性
HTML 控件	InputText	Value
	TextArea	Value
	Select	Value
	InputFile	Text
Web 控件	TextBox	Text
	ListBox	SelectedItem. Value
	DropDownList	SelectedItem. Value
	RadioButtonList	SelectedItem. Value

3. 表单验证控件公有属性

由于验证控件和 Web 控件是同一类控件,因此验证控件也具有 Web 控件的基本属性。另外,验证控件本身属于 BaseValidator 类,因此也具有 BaseValidator 类的属性。常用的属性有以下几个。

(1) ComtrolToValidate:要验证的控件的名称。

(2) Enabled:该验证控件是否有效,默认为 True。

(3) Text:未通过验证时要显示的信息。

(4) ErrorMessage:未通过验证时要显示的信息(可供 ValidationSummary 控件使用)。

（5）Display：错误信息的显示方式。有 3 种取值：

① None 不在网页中显示出错信息；

② Static 在网页中保留出错信息显示的位置；

③ Dynamic 未通过验证时才在显示区域显示出错信息。

14.2 ASP.NET 内置对象

ASP.NET 程序的核心是对象，ASP.NET 必须依靠.NET Framework 对象库中的对象才能组成功能强大的 Web 应用程序。可以说，掌握了 ASP.NET 对象就掌握了大部分的 ASP.NET 编程方法。在 ASP.NET 众多的对象中，Response、Request、Server、Application、Session 等几个对象是最常用的。

14.2.1 ASP.NET 对象简介

1. .NET Framework 对象类库及名称空间

整个.NET Framework 的主体就是一个对象类库，ASP.NET 依靠这些对象库中的对象才能组成功能强大的 Web 应用程序。.NET Framework 中包含有上百个类，这些类已经提供了很多基本的功能，在开发应用程序时可以方便地使用，快速地完成开发工作。.NET 中的这些数量众多的类库被放在不同的名称空间中进行管理的。ASP.NET 常用的名称空间有下面一些，其他的名称空间在使用时可以参看相关资料。

（1）System. Web. UI：该空间中存放的类主要用于建立网页中的各种控件，如按钮、标签等。要注意的是网页本身也是一个 Page 类。该空间可以自动导入到网页中，即在网页中可以直接使用。

（2）System. Web。该空间中主要存放建立网站所需要的类。主要包括有关当前 HTTP 请求的 HttpRequest 类、管理对客户端 HTTP 输出的 HttpResponse 类、Cookie 操作类、文件传输类等。该空间也是自动导入到网页中的。

（3）System. Data。主要包含 ADO.NET 相关操作的类。该空间需要导入。

（4）System. Data. OleDb。主要包含用于操作 OleDb 数据的类。该空间需要导入。

（5）System. Data. SqlClient。主要包含用于操作 SQL Server 数据的类。该空间需要导入。

（6）System. IO。主要包含在数据流和文件之间进行同步、异步读写操作的类。

（7）System. XML。主要包含处理 XML 数据的类。

2. 使用名称空间的注意事项

.NET Framework 中的名称空间是层次结构，层次之间以点号（.）连接。导入指定的空间后，其子空间并未包含在内。例如，在程序需要访问 Access 数据库时，在导入 System.Data 空间后，还需要导入 System. Data. OleDb 子空间，才能使用 System. Data. OleDb 空间中的类。

编程时如果需要使用某空间中的类，应该先将空间导入，再以定义变量的形式将类实例化为一个对象才能使用。但 System. Web. UI 空间、System. Web 空间是自动导入的，可以直接实例化对象。每一类对象的功能主要由属性、方法实现，因此，学习对象的重点就是掌握对象的属性和方法。

3. Page 类

（1）Page 类的功能和用法。Page 类是 System. Web. UI 空间的类，当从 Web 服务器上请求一个 ASP.NET 页面时，服务器端的 ASP.NET 模块（aspnet_isapi. dll）会为请求的页面文件生成一个继承自 Page 类的新类 aspx，因此 aspx 文件可以直接访问 Page 类中的属性和方法，实际上可以将访问每一个 ASP.NET 文件看成是 Page 类的对象实例。Page 对象可以引发的事件过程如表 14-3 所示。

表 14-3　page 类常用事件

事件名称	事件处理过程	说　　明
Init	Page_init	初始化网页控件时发生
Load	Page_load	ASP. NET 程序加载时发生
Prerender	Page_prerender	建立网页控件前，更新时发生
Unload	Page_unload	关闭或卸载 ASP. NET 程序时发生

（2）Page 对象常用属性。Page 对象常用属性包括：Response、Request、Server、Application、Session、Cookies 等。在访问这些属性时，Page 类会返回属性相对应的 HTTP 类的一个对象。也就是说：在 ASP.NET 程序中可以直接使用以上对象实现程序的功能。

① Request 对象：可以保存 Web Client 端送往 Web Server 端的所有信息。

② Response 对象：是将信息从 Web Server 端传送到 Web Client 端。可以使用它实现页面的跳转或 Cookie 值的设定。ASP.NET 程序的输出功能主要使用 Response 对象完成。

③ Server 对象：主要功能是执行与 Web 服务器直接相关的一些操作，它包含有几个重要的方法，Server 对象的功能主要就靠这些方法体现。

④ Session 对象：能够记录用户每一次上线的个人信息，它相当于每个上线用户的私有变量集合。它随着用户的上线而产生，随着用户的下线或强制解除而终止。

⑤ Application 对象：能够记录所有 ASP.NET 程序共有的信息，它相当于所有上线用户的公共变量集合。Application 对象伴随着 Web 应用程序的开始运行而产生，随着 Web 应用程序的运行结束而终止。

⑥ Cookies 对象：该对象是 Request 对象、Response 对象中的成员。利用 Cookies 对象可以将用户的个人信息存放在客户端。

在 ASP.NET 程序中使用对象时，必须严格按照语法要求进行书写。由于对象的功能主要是由方法和属性体现，因此对于每一个要使用的对象必须先熟悉它内含的方法和属性。用对象的方法和使用一般的函数相似，使用对象的属性和使用一般的变量相似。另外，有些内置对象可以包含多个相同类型的属性值，这些相同类型的属性值称为属性集合，对属性集合的使用与数组变量相似。ASP.NET 程序中对象的名称不区分大小写，但习惯上，对象名的第一个字母都是大写的。

14. 2. 2　Response 对象

Response 对象最基本的功能是传送字符串到客户端。其常用的方法和属性有：

1. Response 对象的 Redirect 方法

Response 对象的 Redirect 方法的作用是：进行页面的重定向，即实现页面的跳转。使用 Redirect 方法的语法如下：

```
Response.Redirect(URL)
```

参数 URL：浏览器重定向到的统一资源定位符(URL)。

```
Response.Redirect("http://www.zzuli.edu.cn")
```

2. Response 对象的 Write 方法

Response 对象的 Write 方法的作用是，将字符串传递给浏览器并显示出来。使用 Write 方法的语法如下：

```
Response.Write(variant)
```

参数 variant：需要输出的数据。该参数可以是任何 Visual Basic.NET 的数据类型，包括字符、字符串和整数。以下示例用 Response.Write 方法将输出发送到客户端。

```
Response.Write("Hello, everyone!")
```

3. Response 对象的 End 方法

Response 对象的 End 方法的作用是停止当前程序的执行。这在调试程序时很有用。使用 End 方法的语法如下：

```
Response.End()
```

4. Response 对象的 Buffer 属性

Response 对象的 Buffer 属性用来设置是否在服务器启用缓存功能。

```
Response.Buffer=true     '启用缓存功能
Response.Buffer=false    '不启用缓存功能
```

14.2.3　Request 对象

在互联网环境中，每一个 Web 服务器都会接受数以万计客户的访问，这些用户的上网条件和环境是不尽相同的。为了贴切、周到地为每一类用户提供服务，Web 服务器就必须要了解用户端的环境信息，另外，Web 表单信息的传递以及查询服务器环境信息等工作也经常需要。在 ASP.NET 程序中可以使用 Request 对象取得上述信息。

Request 对象的重要属性包括以下几个。

1. UserHostAddress 属性

UserHostAddress 属性的作用是获取客户的 IP 地址。此属性很有实用意义。

```
Response.Write("当前客户的 IP 地址是: " & Request.UserHostAddress)
```

2. QueryString 属性

QueryString 属性的作用：是获取从其他页面传来的参数。当表单使用 GET 方法向 ASP.NET 程序传送数据时，数据将被保存在 QueryString 集合中。HTTP 查询传送的数据是从问号"?"开始的,通常,使用表单传送数据时,数据会以变量名＝变量值的形式来传递。若有多个数据要传送时,各数据之间用"&"符号连接,数据的开始必须用"?"开始。

【例 14-2】 利用 Request 对象的 QueryString 属性,实现不同页面之间的数据传递。

（1）页面设计。

ex14-2a. aspx 页面,添加 label1、textbox1、button1 控件;

ex14-2b. aspx 页面,添加 label1 控件。

（2）程序实现代码。

ex14-2a. aspx. vb 代码:

```
Protected Sub Button1_Click(sender As Object, e As EventArgs) Handles Button1.Click
    Dim name As String=TextBox1.Text
    Response.Redirect("ex14-2b.aspx?name=" & name)
End Sub
```

ex14-2b. aspx. vb 代码:

```
Protected Sub Page_Load(sender As Object, e As EventArgs) Handles Me.Load
    Label1.Text="你的大名是:" & Request.QueryString("name")
End Sub
```

设置 ex14-2a 为起始页,调试程序,在 ex14-2a 页面文本框中录入姓名"包空军",单击"转 ex14-2b 页面"按钮,浏览器显示页面跳转到 ex14-2b,同时通过 Request 对象的 QueryString 属性,实现不同页面之间的数据传递。浏览器显示效果如图 14-9 和图 14-10 所示。

图 14-9　ex14-2a 运行效果　　　　　图 14-10　ex14-2b 运行效果

3. Browser 属性

【例 14-3】 利用 Request 对象的 Browser 属性,获取客户端的浏览器方面的详细信息。浏览器信息检测,如图 14-11 所示。

图 14-11　浏览器信息一览表

程序实现代码为:

```
Protected Sub Page_Load(sender As Object, e As EventArgs) Handles Me.Load
    Dim bc As HttpBrowserCapabilities=Request.Browser
    Response.Write("<p>浏览器信息一览表</p>")
    Response.Write("类型：" & bc.Type & "<br>")
    Response.Write("名称：" & bc.Browser & "<br>")
    Response.Write("版本：" & bc.Version & "<br>")
    Response.Write("操作系统平台：" & bc.Platform & "<br>")
    Response.Write("是否测试版：" & bc.Beta & "<br>")
    Response.Write("是否支持框架：" & bc.Frames & "<br>")
    Response.Write("是否支持表格：" & bc.Tables & "<br>")
    Response.Write("是否支持VB Script：" & bc.VBScript & "<br>")
    Response.Write("是否支持Java Applets：" & bc.JavaApplets & "<br>")
    Response.Write("是否支持ActiveX控件：" & bc.ActiveXControls & "<br>")
End Sub
```

4. ServerVariable 属性

【例 14-4】 利用 Request 对象的 ServerVariable 属性，获取服务器的相关信息，如图 14-12 所示。程序实现代码如下：

```
Protected Sub Page_Load(sender As Object, e As EventArgs) Handles Me.Load
    Response.Write("服务器信息列表<br><br>")
    Response.Write("相对路径：" & Request.ServerVariables.Item("path_info") & _
        "<br>")
    Response.Write("绝对路径：" & Request.ServerVariables.Item("Path_Translated") _
        & "<br>")
    Response.Write("服务器名称：" & Request.ServerVariables.Item("server_name") & _
        "<br>")
    Response.Write("服务器端口：" & Request.ServerVariables.Item("server_port") & _
        "<br>")
End sub
```

图 14-12　网站服务器信息列表

14.2.4　Server 对象

Server 对象的常用方法有以下几种。

1. MapPath 方法

MapPath 方法的作用是将相对路径转换为绝对路径。在每新建一个项目的时候，都要创建一个文件夹，该文件夹所在处就是相对路径的根目录。

使用 MapPath 方法的语法如下：

```
Server.MapPath(Path)
```

参数 Path：指定要映射物理目录的相对或虚拟路径。若 Path 以一个正斜杠（～/）开始，则 MapPath 方法返回路径时将 Path 视为完整的虚拟路径。若 Path 不是以斜杠开始，则 MapPath 方法返回与本文件中已有的路径相对的路径。因此可以利用这个环境变量取得当前网页的实际路径。

【例 14-5】 利用 server.mappath 方法，实现文件真实路径的自动查找。

程序实现代码：

```
Partial Class ex14_5
    Inherits System.Web.UI.Page
    Protected Sub Page_Load(sender As Object, e As EventArgs) Handles Me.Load
    Response.Write("网站根目录绝对路径: " & Server.MapPath("~ /") & "<br>")
    Response.Write("本网页路径: " & Server.MapPath("ex14-5.aspx") & "<br>")
    End Sub
End Class
```

程序调试运行后效果如图 14-13 所示。

图 14-13　文件路径检测

2. Transfer 方法

Transfer 方法的作用是将当前网页重定向到另一页面中，Transfer 方法和 Response 对象的 Redirect 方法的作用很相似。Server.Transfer 实现页面重定向时，但浏览器地址栏中的数据不变化。

【例 14-6】 利用 server 对象的 transfer 方法实现控制权转移。

分别设计网页 ex14-6a.aspx 和 ex14-6b.aspx，然后添加后台代码如下：

ex14-6a 程序代码：

```
Private Sub Page_Load(sender As Object, e As EventArgs) Handles MyBase.Load
    Response.Write("<p>调用 transfer 之前</p><hr>")
    Response.Write("<p>调用 transfer 之后</p>")
    Server.Transfer("ex14-6b.aspx")
End Sub
```

ex14-6b 程序代码：

```
Private Sub Page_Load (sender As Object, e As EventArgs) Handles MyBase.Load
    Response.Write("<p align=left>你好,")
    Response.Write("欢迎加入 Web 应用程序学习。</p><hr>")
End Sub
```

设置 ex14-6a. aspx 为起始页,调试程序显示如图 14-14 的效果。说明通过 Server 对象的 Transfer 方法跳转到了 ex14-6b. aspx 页面,但地址栏中仍然显示原来的地址,即浏览器地址栏中的数据并不变化,所以该方法在页面访问中有一定的安全性。

图 14-14 切换页面后地址栏信息没有变化

14.2.5 Application 和 Session 对象

Application 对象主要功能就是为 Web 应用程序提供全局变量,在 Application 对象中每个浏览器的信息是共享的;而 Session 对象主要功能就是为 Web 应用程序提供局部变量,在 Session 对象中每个浏览器的信息是专有的。

虽然 Application 对象、Session 对象没有内置的属性,但是可以由用户根据需要自行定义。设置自定义属性的语法如下:

```
Application(属性名)=值
Session(属性名)=值
```

其中,自定义属性的值可以是字符串、数值等数据。

Application 对象有两个方法:Lock 方法和 Unlock 方法。Lock 方法用于锁住 Application 对象,这样一来除当前用户外,其他的用户就不能再存储该 Application 对象。当前用户操作完 Application 对象后可以用 Unlock 方法解锁该 Application 对象,其他的用户就可正常使用该 Application 对象了。这就是所谓的排他处理。

【例 14-7】 利用 Session 和 Application 对象,实现网站登录计数。
程序实现代码如下:

```
Protected Sub Page_Load(sender As Object, e As EventArgs) Handles Me.Load
    If Page.Session.IsNewSession Then        '判断是否为新的会话
        Application.Lock()                   '首先对 Application 对象进行锁定
        '对 Application 对象中的 Counter 变量进行递增赋值
        Application.Set("Counter", Application("Counter")+1)
        Application.UnLock()                 '解除对 Application 对象的锁定
    End If
    '显示 Counter 变量
    Label1.Text="您是第" & Application("Counter") & "位访客"
    Label2.Text="最新一次浏览日期时间: " & System.DateTime.Now()
End Sub
```

运行效果如图 14-15 所示。

图 14-15　实现网站登录计数

14.3　利用数据控件属性配置实现对数据的操作

网页设计中,常常需要将数据库中的数据通过数据表格形式显示出来。ASP.NET 提供了一组无须编写代码即可连接数据库、读出数据并将数据显示出来的数据控件。

ASP.NET 数据控件分为两大类:一类是实现数据库连接并读取指定数据表数据的数据源控件,这类控件没有数据显示功能;第二类是结合数据源控件显示数据的控件。图 14-16 是数据库、数据源控件和数据显示控件三者的关系示意图。

图 14-16　数据相关控件

要在 ASP.NET 页面中将读取的数据显示出来,首先要与已创建的数据库建立连接。连接数据库,通过配置 SQL 查询语句选择数据库中某个表数据。

在 ASP.NET 中,可以用两种方式实现数据库操作。

方法 1:是使用数据源控件方式连接数据库、读取数据,然后用数据显示控件显示,这种方式使用简单,可以无须编写任何代码,开发效率较高。

方法 2:是使用 ADO.NET 对象,通过编写代码实现同样的目的,这方式高度灵活,属于数据库高级操作的内容。

下面通过实例介绍使用数据源控件方式连接数据库的操作。

【例 14-8】　假设已创建 Access 数据库并保存为 D:\chapter14\app_data\Student .mdb,数据库 Student.mdb 中包含 score 成绩表以及初始录入的表数据。使用数据库操作方法 1,即通过 AccessDataSource 数据源控件方式连接数据库、读取数据,然后使用 GridView 表格视图控件,在页面上显示 Access 数据库 student.mdb 中成绩表 score 的数据。要实现本例的功能,首先需要进行连接数据库,选取数据的操作。

14.3.1　配置数据源

1. 添加数据库

新建 Web 窗体，保存为 ex14-8.aspx。通过"网站"/"添加 ASP.NET 文件夹"/"App-Data"创建数据库文件夹。右击 App_Data 文件夹，在快捷菜单中选择"添加现有项"，在弹出的对话框中选择 App_Data\Student.mdb 文件，将数据库添加到项目中，如图 14-17 所示。Access 数据库通常保存在 App_Data 文件夹中，以避免非法用户通过输入网址方式下载整个数据库。

2. 使用数据源控件

添加数据库后，可以使用数据源控件连接数据库。将 SqlDataSource 数据源控件从"工具箱"的"数据"选项卡拖到 Web 窗体，初始界面如图 14-18 所示。

图 14-17　添加 Student.mdb 数据库　　　图 14-18　添加 SqlDataSource 数据源控件初始界面

单击"配置数据源"，弹出"配置数据源"对话框窗口，通过"浏览"按钮，弹出"选择数据库"对话框窗口，如图 14-19 所示。

图 14-19　配置数据源-选择数据库

配置 Select 语句，如图 14-20 所示。

完成数据的测试操作，如图 14-21 所示。

AccessDataSource 数据源控件，负责与数据库建立连接，并按向导配置的 SQL 查询选择数据，但不负责数据的显示。若要显示数据，必须使用数据显示控件。

14.3.2　使用 GridView 显示数据

GridView 控件提供了显示数据库中指定数据表数据的功能。在显示数据之前，必须使用数据源控件建立与数据库的连接，然后配置 SQL 查询语句，实现对数据的查询。GridView 控件与数据源控件建立连接，实现将查询结果显示出来。整个过程无须编写代码。

操作步骤如下：

图 14-20 配置数据源-配置 SQL 语句

图 14-21 配置数据源-测试 SQL 查询

将"工具箱"的"数据"选项卡中的 GridView 控件 双击或拖放在 Web 窗体。在图 14-22 出现的任务向导出现的"选择数据源"下拉列表中,选择刚才建立的 AccessDataSource1 数据源控件。GridView 控件右上角的为智能标记,单击即可显示/隐藏任务向导。图 14-23 所示为已和数据源建立连接的 GridView 表格视图。

首次启用调试时,由于系统默认禁用调试,即在网站的公共配置文件 Web.config 中 compilation debug="false",所以,按 F5 键运行,可能会出现如图 14-24 所示的出错提示对话框窗口,单击"确定"按钮,系统自动配置 compilation debug="true",启用调试。运行结果如图 14-25 所示。

图 14-22　添加和配置 GridView

图 14-23　与数据源建立连接的 GridView 表格视图

图 14-24　未启用调试警告

图 14-25　运行结果

1．GridView 分页功能

如果表格数据太多,则在客户端一次性下载和显示将造成浏览器页面显示的呆滞停顿。如果记录数超过 20 行,可以考虑进行分页显示。GridView 控件通过设置分页属性,可以实现自动分页功能,而无须编写程序代码。

以下是与数据分页显示相关的几个属性。

（1）AllowPaging 属性：是否容许分页；如果要实现数据分页显示,必须先设置该属性为 True;否则,其他分页相关属性也将无效。

（2）PageSize 属性：每一页显示的记录数。设置 AllowPaging 属性后,PageSize 属性才能起作用。该属性值默认为 10。该例中设置 PageSize＝5,如果表中的记录数超过 5,将出现下一页和上一页或页数的链接。

（3）PagerSettings 属性：对数据页导航方式和样式的设置,包含许多子属性。其中,Mode 子属性为页导航样式属性,即设置分页后,当记录超过记录数时,出现在控件下方（可以通过 Position 设置在上方或上下方都显示）的页导航链接。Mode 的选择可以有 4 种形式,如图 14-26 所示。

如果 Mode 为 NextPrevious 或 NextPreviousFirstLast,可以通过设置 PagerSettings 以下 4 个属性,采用中文信息提供导航接文字。FirstPageText＝"第一页";LastPageText＝"最后一页";NextPageText＝"下一页";PreviousPageText＝"上一页"。中文文字导航效果如图 14-27 所示。

图 14-26　分页显示模式 Mode 的可选项

图 14-27　中文文字导航效果

2. GridView 排序的实现

GridView 控件默认按 SQL 查询结果排序。若设置 AllowSorting 属性为 True,单击 GridView 表格控件的列名时,可以对显示的数据进行动态排序。这样,在 ASP.NET 程序运行后,单击每一列的列表题即可实现动态排序,如图 14-28 所示。

如果不想将全部数据列设置为排序,可以打开 GridView 的 Columns 集合属性,将不希望单击列名时执行排序功能的列的排序属性 SortExpression 设置为空。例如在本例中选定"姓名",在其 BoundField 属性列表中,将 SortExpression 属性中的原值"姓名"清空,如图 14-29 所示。

图 14-28　按"计算机"列排序的结果

如果要单击某一列实现同时按多列排序,可在图 14-30 中设置排序表达式属性 SortExpression,例如：如果单击姓名列实现按姓名排序;如果有同名按计算机分数排序;可以设置姓名的排序表达式 SortExpression 的值为"姓名,计算机",即"姓名"为第一排序关键字,"计算机"为第二排序关键字,依此类推,增加的排序字段以","号分隔,如图 14-30 所示。

设置"姓名,计算机"排序关键字排序的结果,如图 14-31 所示。

图 14-29　取消"姓名"列排序功能

图 14-30　多列排序设置

图 14-31　按"姓名,计算机"排序效果

3. GridView 的编辑功能

GridView 控件具有更新数据、删除数据的一般编辑功能,但不具有添加新记录的功能。如果要添加记录,可以使用后面介绍的其他数据控件。GridView 的编辑功能一般用于后台数据管理中,实现数据修改或删除功能;或者是客户订单的自我管理中。要为 GridView 控件添加编辑功能,可以使用下列步骤设置相关属性,而无须编写代码。

(1) 选中 GridView 控件,单击 Columns 属性右边的"…"按钮,弹出"字段"对话框,如图 14-32 所示。在"可用字段"中找到并展开"CommandFiled",将"CommandFiled"下面列出的"编辑、更新、取消"和"删除"栏,单击"添加"按钮,即可添加到"选定的字段"中。

添加了"编辑"和"删除"功能的 GridView 控件如图 14-33 所示。

(2) 按 F5 键,运行后,单击"编辑"链接按钮,将看到图 14-34 所示编辑界面。输入修改后的数据后,单击"更新"链接按钮,将把修改后的数据保存到数据库;单击"取消"链接按钮,则不修改当前记录内容。

图 14-32　"字段"对话框

学号	姓名	计算机	英语	高等数学		
0	abc	0	0	0	编辑	删除
1	abc	1	1	1	编辑	删除
2	abc	2	2	2	编辑	删除
3	abc	3	3	3	编辑	删除
4	abc	4	4	4	编辑	删除

SqlDataSource - SqlDataSource1
下一页 最后一页

图 14-33　添加"编辑"和"删除"功能的 GridView

http://localhost:50650/ex14-8.aspx　　localhost

学号	姓名	计算机	英语	高等数学		
2014030102	张良	78	88	99	更新 取消	
2014030103	程功	87	68	78	编辑	删除
2014030104	郝兵	65	90	56	编辑	删除
2014030105	田壮	99	78	78	编辑	删除
2014030106	施恩	76	67	89	编辑	删除

下一页 最后一页

图 14-34　编辑界面

（3）单击"更新"链接按钮，可能弹出错误提示，如图 14-35 所示。

错误的原因是在配置数据源控件 AccessDataSource 时，只配置了 SELECT（选择数据）SQL 命令，未相应配置 UPDATE（更新）和 DELETE（删除）的 SQL 命令。此时，可以再次对数据源控件 AccessDataSource 进行配置：在 WEB 窗体中选中 AccessDataSource 控件，

图 14-35　更新时的错误提示

单击控件右上角的智能标记，依次按图 14-18～图 14-20 的步骤操作。在图 14-20 中单击"高级"按钮，弹出"高级 SQL 生成选项"对话框，选中"生成 INSERT、UPDATE 和 DELETE 语句"，如图 14-36 所示。

图 14-36　配置 UPDATE 和 DELETE 的 SQL 命令

（4）按 F5 键运行，再次更新数据时不再出现错误提示。如果表中无关键字，将无法设置自动配置 INSERT、UPDATE 和 DELET 语句，即图 14-36 中的"高级 SQL 生成项"对话框无法操作。

关键字字段不容许更新；如果希望某一列不容许更新，而该列又不是关键字字段，可以在"字段"对话框中选中该列，将其 ReadOnly 属性设置为 True，同时，必须修改 AccessDataSource 控件的 UpdateQuery 属性，删除对该列的更新！

在 Web 窗体中选中 AccessDataSource 控件，在"属性"窗口中可以看到配置的 SQL 的 SELECT、UPDATE 和 DELETE 文本，如图 14-37 所示。

在"命令和参数编辑器"中，可以通过"查询生成器"向导新建更新查询或修改当前更新查询；其中，问号？表示需要传递的参数，这里的参数值是 GridView 控件运行时编辑状态中对应的文本框输入的数据，GridView 控件将实现智能关联，如图 14-38 所示。

如果某一列不希望修改（即该列已设置为只读），在图 14-40 所示对话框中必须删除该字段和对应参数。例如，将"姓名"列设置为只读，则命令改为：

```
UPDATE [成绩] SET  [计算机]=？，[数学]=？，[英语]=？WHERE [学号]=？
```

否则，"姓名"字段在执行更新时将被更新为空。

图 14-37 AccessDataSource 控件的属性

图 14-38 "UPDATE 属性"编辑向导

4. 自定义 GridView 的外观

如果觉得原始 GridView 控件运行时外观过于平淡、简单,可以使用自定义外观样式属性对 GridView 控件进行设置,也可以通过"自动套用格式"功能自动套用 ASP.NET 内部提供的 17 种样式。

(1) 使用自动套用格式。在 Web 窗体中选中 GridView1 控件,单击智能标记,选择"自动套用格式"选项,在弹出的"自动套用格式对话框"中选择样式。这里选择"彩色"类型格式,按 F5 键,运行后可以看到自动套用格式的结果,如图 14-39 所示。

图 14-39 自动套用格式-"彩色"格式效果

(2) 使用自定义格式。单击 GridView1 控件,显示出 GridView1"属性"窗口,分别设置以下对应的选项,可以根据个人爱好设置前景色、背景色、字体样式以及颜色、单元格内对齐方式、边框样式等,设计出更加自由灵活的显示样式,如图 14-40 所示。

① Caption。表格标题。

图 14-40　GridView 控件自定义格式使用各个区域示意

② HeaderStyle。表格行头标题样式。

③ EditRowStyle。编辑状态时的行样式。

④ AlternatingRowStyle。交替出现的行样式。

⑤ RowStyle。正常状态下行的样式。

⑥ FooterStyle。表格底部行样式。

⑦ PagerStyle。页导航行样式。

这些样式属性均包含子样式，其设置方法相似；了解了这些样式代表的含义后，将很容易定义自己需要的表格外观。

14.3.3　使用 DetailsView 显示明细表数据

在数据库中有多个相关联的数据表时，就需要采用主表与明细表的方式来显示数据。通常，在主表中列出所有记录，当选择其中某条记录时，通过读取明细表的数据，在页面其他位置显示该条记录的其他相关信息。

【例 14-9】　以学生信息表 stu 为主表，成绩表 score 为明细表。设计利用 GridView 列表视图控件显示 stu 主表数据信息，当选中某条记录时，通过 DetailsView 细节视图控件显示明细表的数据信息，效果如图 14-41 所示。

图 14-41　主表/明细表显示效果

操作步骤如下：

1. 添加"学生信息表"与"成绩表"

添加一个"学生信息"表 stu，"学号"是学生信息表的主键；添加一个成绩表 score，实现学生信息表和成绩表关联的关键字是"学号"。在表设计时应定义能唯一确定一条记录的关键字,即主键。学生信息表结构如图 14-42 所示。成绩表结构如图 14-43 所示。

字段名称	数据类型
学号	数字
姓名	文本
院系	文本
专业	文本
班级	文本
性别	文本
电话	数字
QQ	数字
图片	文本

图 14-42 "stu"表结构

score

字段名称	数据类型
学号	数字
姓名	文本
计算机	数字
英语	数字
高等数学	数字

图 14-43 "score"表结构

2. 建立表间关系

在 Access 2010 应用程序工作环境中,在"数据库工具"选项卡的"显示/隐藏"分组中单击"关系"按钮,将学生信息表 stu 和成绩表 score 添加到关系视图,并且将学生信息表中的"学号"拖动到成绩表的"学号"中,建立两个表的关系。建立好的关系如图 14-44 所示。

3. 添加主表(stu)显示

(1) 新建 Web 窗体,保存为 ex14-9.aspx。将数据源控件 AccessDataSource 添加到 Web 窗体,并建立与数据库 Student.mdb 中"stu"表的连接和数据选取。

(2) 添加 GridView 控件以显示数据。也可以采用更加快捷方法。如图 14-45 所示,在开发环境菜单栏上选择"视图/服务器资源管理"选项,打开"服务器资源管理"对话框窗口,将主表 stu 拖动到 ex14-9.aspx 页面,则自动产生 AccessDataSource 和 GridView 布局。

图 14-44 stu 与 score 表建立的关系

图 14-45 自动建立 AccessDataSource 和 GridView

(3) 完成主表添加的界面如图 14-46 所示。为了使表格行可以单击选中,通过智能标记设置"启用分页"、"启用排序"和"启用选定内容"选项。

4. 添加明细表显示

明细表的显示通过细节视图控件 DetailsView 实现。原理是取得主表中选定行的主关键字,并以主表中的主关键字作为选取数据的条件,选择数据显示。

(1) 添加数据连接控件。每个数据源控件只能连接并打开一个表,为了使细节视图控件显示另一个表数据,必须再添加一个数据源控件。这里添加的数据源控件 ID 默认为 AccessDataSource2,连接数据库的操作步骤同前,区别是在配置 Select 语句时必须添加 WHERE 子句,如图 14-47 所示。

图 14-46 主表添加后 WEB 窗体布局

图 14-47 连接"score"表，按条件选择数据

单击 WEHERE 按钮，弹出"添加 WHERE 子句"对话框，按图 14-48 中的标识顺序操作即可。

单击"添加"按钮和"确定"按钮后，选择内容自动产生条件表达式，并且在"WHERE 子句"位置下方显示出来，如图 14-49 所示。

执行"下一步"按钮直到完成，从而完成明细表数据来源的配置。

注意：GridView1 中的 SelectedValue 属性值是指其在 DataKeyNames 属性中指定的 stu 表中的关键字。如果表中有多个关键字，则为第一个关键字，这里是"学号"。

（2）添加 DetailsView 控件。将"工具箱"中的 DetailsView 控件拖到 Web 窗体，设置其

图 14-48　配置 WHERE 条件表达式

图 14-49　配置好的 SQL 表达式

数据源为 AccessDataSource2，如图 14-50 所示。

图 14-50　DetailsView 控件使用

　　DetailsView 控件每页只显示一条记录，不但可以具有 GridView 控件的实现更新、删除的编辑功能，还可以实现新增记录功能，这是 GirdView 控件不具有的。因此 DetailsView 控件样式属性中，还多了 InsertRowStyle 属性设置插入状态的样式。

5．运行结果

　　将 Ex14-9.aspx 设置为起始页，按 F5 键运行，效果如图 14-41 所示。

14.3.4 使用 DataList 控件显示数据

GridView 和 DetailsView 控件只能按表格显示记录，DataList 和 Repeater 控件则可以实现自定义布局方式显示数据，从而给数据的显示添加了更多的灵活性和多样化。

DataList 以某种格式显示数据，这种格式可以使用模板和样式进行定义。可以选择将 DataList 控件配置为允许用户编辑或删除信息，还可以用自定义格式显示数据库的行。显示数据所用的格式在项、交替项、选定项和编辑项模板中定义。标头、脚注和分隔符模板也用于自定义 DataList 的整体外观。在模板中包括 Web 服务器控件 Button，可将列表项连接到代码，使用户得以在显示、选择和编辑模式之间进行切换。

【例 14-10】 在数据库 student.mdb 中，将学生信息表 stu 中添加一个"图片"字段，用于存放学生的数码头像照片，用 DataList 控件通过编辑项目模板 ItemTemplate 实现数据按自定义布局显示，效果如图 14-51 所示。

图 14-51 使用 DataList 自定义布局显示数据

操作步骤：

1. 重建 stu 学生信息表

在 stu 表中添加"图片"字段，存放图片文件名，如图 14-52 所示。

学号	姓名	院系	专业	班级	性别	电话	QQ	图片
2014030101	王强	电气信息工程学院	电气自动化	14-1	男	86317607	652187167	1.jpg
2014030102	张良	电气信息工程学院	电气自动化	14-1	男	86317607	873217648	2.jpg
2014030103	程功	电气信息工程学院	电气自动化	14-1	男	86317607	129277889	3.jpg
2014030104	张红	电气信息工程学院	电气自动化	14-1	女	86317621	653567120	4.jpg
2014030105	田壮	电气信息工程学院	电气自动化	14-1	男	86317607	675653211	5.jpg
2014030106	施恩	电气信息工程学院	电气自动化	14-1	男	86317609	332112566	6.jpg
2014050121	王强	机电工程学院	热能与制冷	14-1	男	86317666	767652111	7.jpg
2014050122	李丽	机电工程学院	热能与制冷	14-1	女	86317677	684311216	8.jpg
2014070201	王强	艺术设计学院	服装设计	14-1	男	86317682	231212332	9.jpg
2014070202	刘玲	艺术设计学院	服装设计	14-1	女	86317699	654543222	10.jpg
2014070203	章燕	艺术设计学院	服装设计	14-1	女	86317699	654323219	11.jpg
2014070204	谢琼	艺术设计学院	服装设计	14-1	女	86317699	765654545	12.jpg

图 14-52 stu 信息表数据

实际图片保存在网站主目录中的文件夹中，本实例保存在主目录下的 pic 文件夹中，图片共有 12 张，名称分别为 1～12.jpg，如图 14-53 所示。如果先新建项目，然后在 D:\chapter14 文件夹中新建 pic 文件夹并添加图片，则可能在"解决方案管理器"中不能马上看到 pic 文件夹。此时,右击项目名称(D:\chapter14),从弹出的快捷菜单中选择"刷新文件夹"命令。此外,也可以通过"添加现有项"的方式将图片文件添加到新建的 pic 文件夹中。

2. 添加数据源控件,选取数据

新建 Web 窗体,保存为 EX14-10.aspx。在 Web 窗体上添加 SqlDataSource 控件,按照第 14.3.1 节的操作步骤连接数据库,这里连接的表是 stu 学生信息表。完成后,添加 DataList1 控件到 Web 窗体,通过 DataList1 控件的智能标记选择数据来源,如图 14-54 所示。

图 14-53　图片文件夹及图片文件

图 14-54　选择数据源

3. 设置属性

DataList 控件不能自动具有分页功能,其默认一条记录显示一组,每组重复显示的方向为垂直显示。在图 14-54 中,数据是按水平方向重复两列显示的,可以通过设置 RepeatColumns 属性值为 2 和 RepeatDirection 属性值为 Horizontal 实现,显示格式如图 14-55 所示。

按 F5 运行程序,将看到运行结果,如图 14-56 所示。从图中可以看到,"图片"位置显示内容只是文本而不是图片。

图 14-55　重复两列显示

图 14-56　运行结果

4. 编辑项目显示模板

为了实现图 14-51 所示显示样式,并将图片显示出来,需要对数据项模板进行编辑。选择 DataList1 控件,通过智能标记选择"编辑模板"选项,进入模板编辑状态,如图 14-57

所示。

图 14-57　模板编辑状态

此时,可以编辑 ItemTemplate 中控件的布局,添加其他 Web 服务器控件以及 Html 服务器控件。使用添加到模板中的控件与在 Web 窗体放置的控件没有区别。为了按照图 14-42 格式显示数据,图片字段显示的信息,在 ItemTemplate 中插入一个 5 行 3 列的表格(在菜单栏上选择"表"/"插入表"选项),将第一列进行单元格合并,并且添加一个标准 web 服务器控件 Image。调整后,ItemTemplate 模板中控件布局如图 14-58 所示。

图 14-58　修改后的模板控件布局

为了使 Image 控件显示 pic 文件夹中的图片,用 Image 控件的智能标记,对 Image 控件的图片来源属性 ImageUrl 进行配置,如图 14-59 所示。

图 14-59　绑定 Image 控件的数据来源

在图 14-59 中,配置 Image 控件的图片来源属性 ImageUrl,在"自定义绑定"框输入以下绑定表达式:"~/pic/" & Eval("图片")。

这里选择"自定义字段"选项的原因,是需要添加文件夹位置"~/pic/"的文本部分。其中：～/pic/：表示主目录中的 pic 文件夹，& 为字符串连接符；Eval("图片")：表示绑定到"图片"字段，即数据来自于"图片"字段中的内容，Eval 函数将 Web 服务器控件属性绑定到数据源中的字段值。

对于其他服务器控件要设置其属性值，可以在图 14-60 中选择"字段绑定"单选按钮，然后选择绑定的字段，即可绑定来自于数据表中的字段值，而无须手工输入。

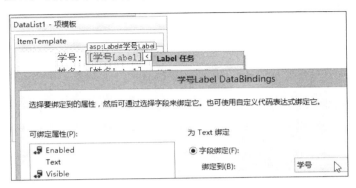

图 14-60 为学号 label 控件绑定数据

为 DataList1 控件设置背景属性，按 F5 键运行程序，将看到图 14-51 所示的运行结果。

14.3.5 使用 Repeater 控件显示数据

Repeater 控件本身不提供显示数据的功能，仅提供 5 个自定义模板，通过在源视图中创建相应的模板实现数据显示布局。与 DataList 控件不同的是，Repeater 控件不能实现多列显示样式，如表 14-4 所示。

表 14-4 Repeater 内置模板及含义

说 明 模 板	属 性
ItemTemplate	包含要为数据源中每个数据项都要呈现一次的 HTML 元素和控件
AlternatingItemTemplate	包含要为数据源中每个数据项都要呈现一次的 HTML 元素和控件。通常，可以使用此模板为交替项创建不同的外观，例如指定一种与在 ItemTemplate 中指定的颜色不同的背景色
HeaderTemplate 和 FooterTemplate	包含在列表的开始和结束处分别呈现的文本和控件
SeparatorTemplate	包含在每项之间呈现的元素。典型的示例可能是一条直线（使用 hr 元素）

【例 14-11】 使用 Repeater 数据控件显示数据库 student.mdb 中的 score 成绩信息表，页面显示效果如图 14-61 所示。

1. 添加数据源控件和 Repeater 数据控件

执行"网站"|"添加新项"菜单命令，新建 Web 窗体，保存为 ex14-11.aspx。在 Web 窗体上添加 AccessDataSource 控件，通过向导连接数据库，并从 score 表中选取"学号"、"姓名"、"计算机"3 个字段的数据；添加 Repeater 控件，选择数据源。界面布局如图 14-62 所示。

图 14-61　Repeater 数据控件显示效果　　　　　图 14-62　为 Repeater 控件指定数据源

2. 创建模板

切换到源视图，可以看到自动生成的标记，如图 14-63 所示。

图 14-63　自动生成的标记

3. 输入代码

在 ＜asp:Repeater＞与 ＜/asp:Repeater＞之间从键盘按＜键时，将自动列出 5 个模板的内容，每个模板的含义见表 14-2。为了以表格形式显示 score 表数据，输入以下标记：

```
<asp:Repeater ID="Repeater1" runat="server" DataSourceID="AccessDataSource1">
<HeaderTemplate>    '标头模板
    <table>
        <tr style ="background-color:red ">
        <td>学号</td><td>姓名</td><td>计算机</td>
        </tr>
</HeaderTemplate>
<ItemTemplate>    '数据项模板
    <tr>
    <td><asp:Label ID="Label1" runat="server" Text='<%#eval("学号") %>'>
    </asp:Label></td>
    <td><asp:Label ID="Label2" runat="server" Text='<%#eval("姓名") %>'>
    </asp:Label></td>
    <td><asp:Label ID="Label3" runat="server" Text='<%#eval("计算机") %>'>
    </asp:Label></td>
    </tr>
</ItemTemplate>

<AlternatingItemTemplate>   '交替项模板
```

```
<tr style ="background-color:Yellow ;color:Red ">
<td><asp:Label ID="Label1" runat="server" Text='<%#eval("学号") %>'>
</asp:Label></td>
<td><asp:Label ID="Label2" runat="server" Text='<%#eval("姓名") %>'>
</asp:Label></td>
<td><asp:Label ID="Label3" runat="server" Text='<%#eval("计算机") %>'>
</asp:Label></td>
</tr>
</AlternatingItemTemplate>

<FooterTemplate>            '脚注模板
       </table>
</FooterTemplate>

</asp:Repeater>
```

按 F5 键,运行后,运行结果如图 14-61 所示。

14.4 利用 ADO.NET 对象编程实现对数据的操作

ADO.NET 是 Microsoft 最新推出的数据访问技术。在 ADO.NET 中借助 Connection、Command、DataReader、DataAdapter、DataSet 等数据访问对象,从而可以非常方便地实现数据库应用程序的开发。以上数据访问对象的属性、方法,以及网页对后台数据库的访问技术可参阅第 13 章的相关内容。

在 ASP.NET 网页中利用 ADO.NET 访问数据库的一般步骤如下。

(1) 创建并使用 OleDbConnection 对象连接到数据库。

(2) 创建并使用 OleDbCommand 对象执行 SQL 语句操作数据表。

(3) 创建并使用 OleDbDataReader 对象只读取数据;或创建并使用 OleDbDataAdapter 对象操作数据,将数据填入 DataSet 对象。

(4) 显示数据。

14.4.1 使用 Repeater 访问数据库

DataReader 对象读取数据是一种向前、只读的方式,无须额外占用服务器内存,数据读取效果比 Dataset 方式高,显示数据方式更加灵活,但是需要额外编写显示数据代码。

要读取数据库中的数据,必须首先创建连接对象连接到数据库,然后通过创建命令对象执行 SQL 命令,将执行 SQL 命令结果通过 DataReader 对象逐一读取,最后通过 Response 的 Write 方法实现数据的输出显示,如图 14-64 所示。

图 14-64 通过 DataReader 访问数据

【例 14-12】 使用 DataReader 对象读取 Access 数据库 student. mdb 中 score 表数据，并将读取的数据以表格形式显示，运行结果如图 14-65 所示。

图 14-65　使用 DataReader 读取数据示例

1. 添加 Web 窗体

执行"网站"|"添加新项"菜单命令，新建 Web 窗体，保存为 ex14-12. aspx。

2. 导入访问数据库命名空间

要使用 ADO.NET 访问数据库，必须先在代码视图中声明操作数据库的对象所在命名空间，即在代码视图中所有代码的最前面使用 Imports 关键字进行命名空间的声明。

访问 Access 数据库声明语法如下：Imports System. Data. OleDb

访问 SQL SERVER 数据库声明语法如下：Imports System. Data. SqlClient

3. 创建连接对象

声明命名空间后，可以使用 OleDb 命名空间的各个对象。

创建连接 Access 数据库的连接对象，语句如下：

```
Dim conn As New OleDbConnection
```

指定数据提供程序和指定数据源位置，即设置其 ConnectionString 属性。代码如下：

```
conn.ConnectionString="provider=Microsoft.Jet.OLEDB.4.0;Data Source=" & _
    Server.MapPath("app_data\student.mdb")
```

实现数据库的连接：conn. Open()。

说明：Server. MapPath 方法将相对主目录下的 app_data\student. mdb 转换为绝对路径。

4. 创建命令对象

```
Dim comm As New OleDbCommand                    '创建执行 SQL 命令的对象
comm.Connection=conn                            '建立与连接数据库对象的关联
comm.CommandText="select * from score"          '设置命令对象准备执行的操作
```

上述 3 行代码也可以简写为一行：

```
Dim comm As New OleDbCommand("select * from score", conn)
```

5. 获取数据读取对象 DataReader

创建命令对象后，通过调用命令对象的 ExecuteReader 方法，返回读取数据记录的 DataReader 对象。代码如下：

```
Dim dr As OleDbDataReader=comm.ExecuteReader
```

OleDbDataReader 对象 dr 相当于数据表记录指针,可以通过 dr 对象获取具体每一条记录的数据。读取数据时,必须至少调用一次 Read 方法,返回 True 时,表示当前记录有数据,并自动将记录指针移动到下一条记录。可以通过 Item 属性读取当前记录每一个字段的值;可以通过 GetName 方法获取表字段名。

6. 完整的代码

```
Imports System.Data.OleDb
Partial Class ex14_12
    Inherits System.Web.UI.Page
    Protected Sub Page_Load(Bsender As Object, e As EventArgs) Handles Me.Load
        Dim conn As New OleDbConnection
        conn.ConnectionString= "provider=Microsoft.Jet.OLEDB.4.0; Data Source=" _
        & Server.MapPath("app_data\student.mdb")
        conn.Open()

        Dim sqlstr As String= "select * from score"
        Dim comm As New OleDbCommand(sqlstr, conn)
        Dim dr As OleDbDataReader
        dr=comm.ExecuteReader

        Response.Write("<table border=1><tr>")
        For i As Integer=0 To dr.FieldCount-1
            Response.Write("<td>" & dr.GetName(i) & "</td>")
        Next
        Response.Write("</tr>")

        While dr.Read
            Response.Write("</tr>")
            For i As Integer=0 To dr.FieldCount-1
                Response.Write("<td>" & dr.Item(i) & "</td>")
            Next
            Response.Write("</tr>")
        End While
        Response.Write("</table>")

        conn.Close()
    End Sub
End Class
```

说明:

(1) ExecuteReader 方法执行配置的 SQL 命令文本,并返回 DataReader 对象访问已经选取的具体数据记录。

(2) FieldCount 为字段数。

(3) GetName(i)方法为取得表格结构中的第 i 个字段名。

（4）Item(i)表示第 i 个字段值。

（5）dr. Read 必须至少调用一次，才可以读取记录数据；只有 Read 方法为 True，表示当前记录包含数据，才可以进行读取；如果为 False，表示没有记录，或已经到了表的最后一条记录了。

14.4.2　通过插入动态代码显示数据

在动态网页的在实际应用中，常常是首先通过设计视图添加表格、控件，预先布局好 Web 网页界面，即预先安排好 Html 控件或 Web 服务器控件，然后通过"源"视图，在需要显示数据的位置插入动态代码。

【例 14-13】　利用在 ASP.NET 中代码视图与源视图中共享 ADO.NET 对象，实现 stu 学生信息表的数据显示。

1. 界面设计

在设计视图中，执行"表"|"插入表"菜单命令，在 Web 窗体（ex14-13. aspx）插入 5 行 3 列的表。合并第 1 列后，添加一个 img 标记的 Html 控件，用于显示个人照片。第 2 列是直接输入的文本，第 3 列是需要插入动态代码的列，准备显示从数据库读取的数据。界面布局如图 6-66 所示。

	学号	
☒	姓名	
	性别	
	院系	
	专业	

图 14-66　界面布局

切换到源视图，可以看到生成的初始标记，主要框架代码如下：

```
<table border="1">
    <tr><td rowspan="5"><img scr=""/></td><td>学号</td><td></td></tr>
        <tr>    <td>姓名</td>    <td>  </td>    </tr>
        <tr>    <td>性别</td>    <td>  </td>    </tr>
        <tr>    <td>院系</td>    <td>  </td>    </tr>
        <tr>    <td>专业</td>    <td>  </td>    </tr>
</table>
```

2. 代码编写

切换到代码视图，编写以下代码：

```
Imports System.Data.OleDb

Partial Class ex14-13
    Inherits System.Web.UI.Page

    '创建两个页面的全局对象，以便在各个过程或函数中都可以使用
    '变量 Dr 为 Public 类型，目的是使 Dr 变量可以在源视图可以使用
```

362

```
    Dim conn As New OleDbConnection
    Dim comm As New OleDbCommand
    Public dr As OleDbDataReader
```

' OpenDB 连接数据库,并读取表数据,在页面装载时调用

```
Sub OpenDB()
    conn.ConnectionString="provider=Microsoft.Jet.OLEDB.4.0;Data Source="& _
    Server.MapPath("app_data\student.mdb")
    conn.Open()
    comm.CommandText="select * from stu"
    comm.Connection=conn
    dr=comm.ExecuteReader
End Sub


Sub CloseDB()
    dr.Close()
    conn.Close()
End Sub
```

' 在页面装载时调用了 OpenDB 过程,此时 Dr 已是可以读取数据记录的指针对象了,
' 在源视图中,可以通过<%%>代码标记使用该对象进行数据读取

```
Protected Sub Page_Load(ByVal sender As Object, ByVal e As System.EventArgs) _
    Handles Me.Load
        OpenDB()
End Sub
```

' CloseDB 关闭数据库,在页面关闭时调用

```
Protected Sub Page_Unload(sender As Object, e As EventArgs) Handles Me.Unload
        CloseDB()
End Sub
End Class
```

3. 在源视图中使用 DataReader 对象显示数据

切换到源视图,在需要显示数据的列位置插入如下动态代码:

```
<table border="1">
    <%While dr.Read%>
        <tr>
            <td rowspan="5">
                <img src="<%="pic/" & dr("图片") %>" /></td>
            <td>学号</td>
            <td><%=dr("学号") %></td>
        </tr>
        <tr>
            <td>姓名</td>
            <td><%=dr("姓名")%></td>
```

```
        </tr>
        <tr>
            <td>性别</td>
            <td><%=dr("性别")%></td>
        </tr>
        <tr>
            <td>院系</td>
            <td><%=dr("院系")%></td>
        </tr>
        <tr>
            <td>专业</td>
            <td><%=dr("专业")%></td>
        </tr>

    <% End While%>
</table>
```

说明：粗体字为手工添加的代码。采用当型循环表示需要根据读取的记录数，重复显示内容。添加动态代码与前面介绍的方法一样，即在<% %>中插入所需要的 ASP.NET代码。这样，可以实现在页面的任意位置显示来自数据库的数据。

4. 运行结果

添加代码后，按 F5 键运行，运行结果如图 14-67 所示。

图 14-67　运行结果

14.4.3　实现数据的动态添加

在动态网页设计中，经常需要进行数据的添加、修改和删除等操作。在 ASP.NET 中，可以方便地使用 ADO.NET 中的命令对象，通过执行动态 SQL 查询语句来完成这些功能。

【例 14-14】　利用动态网页实现为 Access 数据库 student.mdb 中的 score 表添加记录。

1. 界面设计

新建 Web 窗体，保存为 ex14-14.aspx，添加 5 行 6 列的表格，第 1 列文字直接录入，在第 2 列中添加 5 个 TextBox 文本框和一个 Button 按钮,表格下方添加一个 Label 标签,用于显示保存数据是否成功的信息,如图 14-68 所示。单击"保存到数据库"按钮时,实现将文本框中输入的数据保存到 score 表中对应的字段。

2. 代码编写

切换到代码视图,添加以下代码:

图 14-68 界面布局

```vb
Imports System.Data
Imports System.Data.OleDb

Partial Class ex14_14
  Inherits System.Web.UI.Page


  Protected Sub Button1_Click(sender As Object, e As EventArgs) Handles _
    Button1.Click
Dim conn As New OleDbConnection
conn.ConnectionString="provider=Microsoft.Jet.OLEDB.4.0; Data Source=" & _
    Server.MapPath("app_data\student.mdb")
conn.Open()

Dim sql As String="Insert Into score(学号,姓名,计算机,英语,高等数学) "& _
Values ('" TextBox1.Text & "','" & TextBox2.Text & "'," & _
TextBox3.Text & "," TextBox4.Text & "," & TextBox5.Text & ")"
Dim comm As New OleDbCommand(sql, conn)

If comm.ExecuteNonQuery()>0 Then
   Label1.Text="保存成功"
 End If
 conn.Close()


 End Sub
End Class
```

说明:ExecuteNonQuery 方法用于执行不返回查询结果的 SQL 命令语句,如 INSERT、DELETE 和 UPDATE,返回值表示执行操作所影响的记录数,返回值为 0 表示没有任何记录受到命令执行的影响;ExecuteReader 方法用于执行返回结果的查询,如 SELECT,并通过 DataReader 对象读取查询结果。

配置 INSERT 插入记录到表的 SQL 语句,注意字段类型和数据类型对应。这里的学号和姓名是文本类型,其值必须外带单引号,数字类型无须加单引号。

14.4.4 实现数据的动态修改与删除

在网页设计中,如果要修改数据,一般是在显示数据的列表中提供"修改"链接功能,在新开窗口实现数据的修改和保存更新;删除功能一般无须另开窗口,在显示页面中删除数据并刷新数据显示。

【例 14-15】 利用动态网页,实现对 Access 数据库 student. mdb 中的 score 成绩表记录的删除与修改。

1. 界面设计

创建 Web 窗体,保存为 ex14-15a. aspx。实现数据的列表显示,并在行显示的最后一列添加文字链接"修改"和"删除"。界面布局如图 14-69 所示。

学号	姓名	语文	数学	英语	操作
					修改 删除

图 14-69　界面布局示意图

2. 编写代码

添加代码,实现连接数据库,执行 Select 查询结果,并定义页面全局变量 Dr,以便在源视图中可以使用该变量进行数据显示。代码如下:

```
Imports System.Data.OleDb

Partial Class ex14_15a
    Inherits System.Web.UI.Page

'声明共有对象变量
Dim conn As New OleDbConnection
Public dr As OleDbDataReader

'打开数据库,读取数据记录通用过程
Sub openDB()
  conn.ConnectionString= "provider=Microsoft.Jet.OLEDB.4.0;Data Source=" & _
    Server.MapPath("app_data\student.mdb")
    conn.Open()
    Dim sql As String= "select * from score"
    Dim comm As New OleDbCommand(sql, conn)
    dr=comm.ExecuteReader
End Sub

  '关闭数据库通用过程
  Sub CloseDB()
    dr.Close()
    conn.Close()
  End Sub

' 判断加载该页面时是否传递了网址参数 DeleteID,
' 如果检测到该变量,表示在单击"删除"链接时重新定向到本页面
Protected Sub Page_Load(sender As Object, e As EventArgs) Handles Me.Load
    Dim xh As String
    If Request("DeleteID") <>"" Then
        xh=Request("deleteid")
```

```
            DelRecorder(xh)
        End If
        openDB()
    End Sub


'卸载该页面时,关闭数据库
Protected Sub Page_Unload(sender As Object, e As EventArgs) Handles Me.Unload
        CloseDB()
End Sub


'根据"学号"字段删除记录的过程
Sub DelRecorder(ByVal xh As String)
        conn.ConnectionString="provider =Microsoft.Jet.OLEDB.4.0;Data Source=" _
            & Server.MapPath("app_data\student.mdb")
        conn.Open()
        Dim sql As String="delete * from score where 学号='" & xh & "'"
        comm=New OleDbCommand(sql, conn)
        comm.ExecuteNonQuery()
        conn.Close()
    End Sub
End Class
```

3. 源视图标记

编写以上事件代码后,切换到源视图,在源视图标记中插入显示数据的代码标记。在源视图的＜table＞与＜/table＞之间,添加以下粗体字标记:

```
<table border="1" style="font-size: ">        '在页面插入表格时自动生成的标记
    <tr>
        <td style="width: 80px">学号</td>
        <td style="width: 80px">姓名</td>
        <td style="width: 80px">计算机</td>
        <td style="width: 80px">英语</td>
        <td style="width: 80px">高等数学</td>
        <td style="width: 80px">
            操作</td>
    </tr>
<%While dr.Read%>                               '根据记录数,自动重复显示的内容
    <tr>
            <td><%=dr("学号")%></td>
            <td><%=dr("姓名")%></td>
            <td><%=dr("计算机")%></td>
            <td><%=dr("英语")%></td>
            <td><%=dr("高等数学")%></td>
        <td>
            '为文字"修改"和"删除"添加链接
        <a href ="ex14-15b.aspx?EditID=<%=dr("学号") %>">修改</a>
```

```
            <a href ="ex14-15a.aspx?DeleteID=<%=dr("学号") %>">删除</a>
            </td>
            </tr>
<%End While%>
</table>
```

4. 为实现"修改"功能添加 Web 窗体

（1）页面设计。新建 Web 窗体，保存为 ex14-15b.aspx，如图 14-70 所示。

图 14-70　窗体布局

（2）为 ex14-15b 编写事件代码。在 ex14-15a.aspx 页面中单击"修改"链接时转向该页面。打开本页面时，首先检测网址参数 EditID，根据 EditID 参数值，将数据重新显示以便修改。因此，为页面 Page_Load 添加如下代码，实现数据显示：

```
Protected Sub Page_Load(sender As Object, e As EventArgs) Handles Me.Load
    If  Not Page.IsPostBack Then
        Dim xh As String
        xh=Request("EditID")
        DisplayInfo(xh)
    End If
End Sub


Sub DisplayInfo(ByVal xh As String)
    Dim conn As New OleDbConnection
    conn.ConnectionString="provider=Microsoft.Jet.OLEDB.4.0;Data Source=" & _
        Server.MapPath("app_data\student.mdb")
    conn.Open()
    Dim sql As String="select * from score Where 学号='" & xh & "'"
    Dim comm As New OleDbCommand(sql, conn)
    Dim dr As OleDbDataReader
    dr=comm.ExecuteReader
    If dr.Read Then                            '按学号确定唯一记录
        Label1.Text=xh
        TextBox1.Text=dr("姓名")
        TextBox2.Text=dr("计算机")
        TextBox3.Text=dr("英语")
        TextBox4.Text=dr("高等数学")
```

```
        End If
        dr.Close()
        conn.Close()
    End Sub
```

（3）为"保存"按钮添加事件代码：

```
Protected Sub Button1_Click(sender As Object, e As EventArgs) Handles Button1.Click
        Dim conn As New OleDbConnection
        conn.ConnectionString="provider=Microsoft.Jet.OLEDB.4.0;Data Source=" & _
            Server.MapPath("app_data\student.mdb")
        conn.Open()
        Dim sql As String="UPDATE score Set 姓名='" & TextBox1.Text & "',计算机=" & _
            TextBox2.Text & ",英语=" & TextBox3.Text & ",高等数学=" & TextBox4.Text & _
            " Where 学号='" & Label1.Text & "'"
        Dim comm As New OleDbCommand(sql, conn)
        comm.ExecuteNonQuery()
        conn.Close()
        Response.Redirect("ex14-15a.aspx")
End Sub
```

说明：

该段程序在执行 SQL 语句时，是按条件执行 Update 命令，实现数据的修改和更新。

代码执行完毕后，通过 Response. Redirect("ex14-15a. aspx")语句，重新定向到显示数据的 ex14-15a. aspx 页面，可以在 ex14-15a. asp 页面中看到最新修改后的数据。若设置按钮的 PostBackUrl 属性为"ex14-15a. asp"，则可以省略该行语句。

（4）为"取消"按钮添加代码。"取消"操作是直接回到显示数据的页面 ex14-15a. aspx，代码为：

```
Protected Sub Button2_Click(sender As Object, e As EventArgs) Handles Button2.Click
        Response.Redirect("ex14-15a.aspx")
End Sub
```

14.4.5　使用 DataSet 访问数据库

DataSet 可以理解为内存中的数据库，该数据库可以设有一张表（DataTable），也可以有多个表；数据表（DataTable）是有结构的，有行（DataRow）、列（DataColumn）；可以是空表，也可以包含数据；可以建立表与表之间的关系（DataRelation）；可以对其中的表进行查询、修改和追加等操作。由于 DataSet 独立于数据源，DataSet 可以包含应用程序本地的数据，也可以包含来自多个数据源的数据。

数据适配器（OleDbDataAdapter）充当 DataSet 和数据源之间的桥梁。OleDbDataAdapter 通过 Fill 方法将数据从数据源加载到 DataSet 中，并用 Update 将 DataSet 中的更改发回数据源。利用 DataSet 实现对数据库的访问，如图 14-71 所示。该方式可以方便地将读取的数据在数据显示控件中快速显示，无须编写额外的数据显示代码，但是，DataSet 对象需要额外占用服务器的内存，而且数据读取速度稍慢。

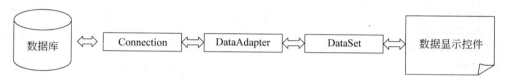

图 14-71　利用 DataSet 访问数据

【例 14-16】 使用 DataSet 实现访问 Access 数据库 student.mdb，并将从数据库中读取的 Score 表数据通过 GridView 控件显示。

1. 界面布局

执行"网站"|"添加新项"菜单命令，新建 Web 窗体，保存为 ex14-16.aspx。将工具箱"数据"选项卡中的 GridView 添加到 Web 窗体。完成后的界面布局如图 14-72 所示。

2. 事件代码

切换到代码视图，在 Page_Load 事件中添加以下代码：

图 14-72　ex14-16 界面布局

```
1  Imports System.Data
2  Imports System.Data.OleDb
3  Partial Class ex14_13
4  Inherits System.Web.UI.Page
5  Protected Sub Page_Load(sender As Object, e As EventArgs) Handles Me.Load
6  Dim conn As New OleDbConnection
7  conn.ConnectionString= "provider=Microsoft.Jet.OLEDB.4.0; Data Source=" & _
    Server.MapPath("app_data\student.mdb")
8  conn.Open()
9  Dim sqlstr As String="select * from score"
10 Dim da As New OleDbDataAdapter(sqlstr, conn)
11 Dim ds As New DataSet
12 da.Fill(ds, "score")
13 GridView1.DataSource=ds.Tables(0).DefaultView
14 GridView1.DataBind()
15 conn.Close()
16 End Sub
17 End Class
```

说明：

第 1 行：DataSet 位于 System.Data 命名空间，这里必须声明。

第 2 行：声明访问 Access 数据库的对象所在的命名空间。

第 6~9 行：创建连接数据库对象，并连接到数据库。

第 11 行：创建数据适配器对象 da，通过已经建立的数据库连接对象，根据配置的 SQL 查询命令，读取数据。

第 12 行：定义并创建数据集对象 ds，相当于在内存中创建了空的数据库，等待填充表结构及数据。

第 13 行：将数据适配器对象 da 读取的数据，填充内存中的数据库 ds，执行该行代码后,ds 对象将包含"score"表结构及所有数据。Fill 方法第一参数是填充对象,第二个参数为填充到 ds 的表名,表名一般与原始表名称相同,也可以是其他自定义名称。

第 14 行:将 GridView 控件的数据来源属性设置为 ds 中的第 1 个表的视图。

数据集对象 ds 中,可以填充多个表的数据,其属性 Tables(内存表索引)或 Tables(内存表名称)可以作为数据控件的数据来源。

DefaultView 是默认属性,可以省略,而"score"必须是行 13 中指定的名称。

第 15 行:数据控件设置好数据来源后,必须进行绑定,即调用 DataBind 方法,数据控件才会显示数据。

3. 运行结果

按 F5 键运行,运行结果如图 14-73 所示。

数据显示控件的选择要依据所需要的显示格式和功能而定。熟练掌握数据控件的使用,有利于缩短 ASP.NET 的数据库应用程序的开发周期;使用 ADO.NET 对象通过编码方式操作数据库,取决于页面显示或操作数据的需要,以及编程者对数据库访问对象和数据绑定技术的熟练应用。

学号	姓名	计算机	英语	高等数学
2014030102	张良	78	67	99
2014030103	程功	87	68	78
2014030104	郝兵	65	90	56
2014030105	田壮	99	78	78
2014030106	施恩	76	67	89
2014050121	王强	68	88	68

图 14-73 ex14-13 运行效果

14.5 ASP.NET 网站的发布

前边介绍了 ASP.NET 标准控件、数据库访问对象和 ASP.NET 内置对象的具体应用和实例,这些是学习制作动态网页,创建动态网站的基础元素。当然,在 Visual Studio 2013 开发环境中还配置有很多便于网页布局和开发的很多控件,如登录控件、验证控件、导航控件,以及可以通过创建用户控件、创建母板页等的方式来统一和简化网页的开发。由于篇幅所限,不再一一介绍了,有兴趣的同学可以参考专门的书籍进一步的深入研究。

网站开发完成后最终的目的则是将其发布到 Internet 上,以提供用户浏览访问。实现的网站发布可以使用两种方法,第一种方法是使用 Visual Studio 2013 开发工具提供的"发布网站"工具。第二种方法是使用 FTP 工具将网站发布到 Internet。下面主要介绍下使用 Visual Studio 2013 开发工具提供的"发布网站"工具发布网站。

(1) 首先打开要发布的网站,在网站的项目名称上右击,从弹出的快捷方式菜单中选择"发布网站"命令,如图 14-74 所示。

图 14-74 选择发布网站

(2) 在"发布网站"窗口的目标位置中用户可以在此处输入一个保存的路径,单击"确定"按钮,网站会被编译并保存到所指定的路径下,用户可以使用所下载的 FTP 工具将所编译的文件上传到指定的 Internet 上,如果要使用开发工具自带的 FTP 工具需要单击▢路径按钮。

（3）在弹出的窗口中,选择"FTP 站点"选项,在该选择中会显示需要填写的相应信息,如服务器地址、目录、用户名及密码如图 14-75 所示。填写完毕后选择"打开"按钮将会返回到"发布网站"窗口,在该窗口中选择"确定"按钮,网站就会发布到 Internet 上。

图 14-75　FTP 站点选项

习　题　14

1. 利用 Visual Studio 2013 集成开发环境,新建网站,制作一个有关个人求职简历的主页。

2. 创建用户注册模块页面,利用数据验证控件进行录入数据的验证。要求用户名不能为空,两次输入的密码应相同,电子邮件包含@字符,生日在 1900 年 1 月 1 日与 2014 年 12 月 31 日区间。

3. 设计一个用户登录模块页面,然后通过账户和密码验证,通过页面跳转命令,实现页面登录到个人主页。

4. 模仿例 14-8,在 Access 2010 中创建数据库,并保存为 Access 2003 格式,其中,创建学生信息表和学生成绩表。在网页中添加 AccessDataSource 数据源控件,通过配置 AccessDataSource 属性来显示学生成绩表的信息。

5. 什么是 ADO.NET? 在 ASP.NET 中有那两种访问数据库的方式? 如何选择?

6. 创建网站,包含用户注册、登录页面、后台用户管理和若干其他页面。其中,注册页面提供用户名和密码等相关信息,并将用户名和密码保存到数据库;用户管理页面实现管理员对普通用户名和密码的修改与删除;用户通过登录页面登录网站时,从数据库中检索是否存在该用户,如果存在,可以登录到网站中的其他页面。

7. 设计一个网上留言板模块,实现在线留言、回复留言。

参 考 文 献

[1] 尚展垒,包空军,陈嫄玲,等. Visual Basic 2008 程序设计技术[M].北京:清华大学出版社,2011.

[2] 龚沛曾. Visual Basic.NET 程序设计教程[M]. 2 版.北京:高等教育出版社,2010.

[3] 张丽苹,汤涌涛,曹丹阳.Visual Basic 2010 从入门到精通[M].北京:清华大学出版社,2013.

[4] 劳眷,李青青,伍超奎,等.Visual Basic 程序设计教程[M].北京:清华大学出版社,2012.

[5] 郑阿奇.Visual Basic.NET 实用教程(基于 Visual Studio 2010)[M]. 2 版.北京:电子工业出版
社,2013.

[6] 严建武,等. ASP.NET 程序设计[M].北京:中国水利水电出版社,2010.

[7] 房大伟,吕双,等. ASP.NET[M].北京:人民邮电出版社,2010.

[8] 哈尔弗森,等. Visual Basic 2008 从入门到精通[M].北京:清华大学出版社,2009.